Lacs et rivières
milieux vivants

Conception et coordination éditoriale : Jean Arbeille
Réalisation éditoriale : Yves Verbeek
Conception graphique et mises en pages : Abigaïl Nunes
Dessins au trait : Jacques Cuisin
Dessins en couleur : Jacques Cuisin, sauf les trois dessins de la page 159, qui sont de Gilles-Loïc Lucien (extraits de l'ouvrage *Arbres d'Europe Occidentale* ; éd. Bordas.)
Fabrication : Jacqueline Harispe

Crédits photographiques : Phot. © **L. Abbadie** : p. 17, 26, 41, 230, 235 ; Phot. © **M. Baudouin** : p. 14, 36, 60, 96, 133 (h), 245 ; Phot. © **Y. Bourgaut** : p. 203 (b), 205 (3ph), 209 (h), 213 (3ph), 217 (h), 219 (3ph) ; Phot. © **A. Christof** : p. 203 (h) ; Phot. © **R. Coutin/O.P.I.E.** : p. 139 (b), 141 (m), 165 (h), 171 (b), 179 h,d), 179 (m) ; Phot. © **J.L. Dommanget/O.P.I.E.** : p. 169 (b), 171 (h), 173 (b), 175 (h), 175 (m), 179 (h,g) ; Phot. © **J. Dournaud** : p. 141 (h), 145 (b), 163 (2ph) ; Phot. © **D. Frachebout** : p. 16, 31, 90, 123, 125, 155 (h,d), 193 (h), 195 (2ph), 199 (2ph), 239 (h) ; Phot. © **P. Garguil** : p. 71, 129, 223 (b) ; Phot. © **D. Guérineau** : p. 221 (h), 223 (h) ; Phot. © **G. Lacroix** et **P. Roch** : p. 6, 12, 24, 35, 38, 43, 45, 72, 73, 75, 81 (2ph), 88, 91, 98, 106, 107, 121, 126, 128, 131 (4ph), 133 (b,g), 133 (b,d), 135 (3ph), 137 (3ph), 139 (h), 139 (m), 141 (b), 143 (4ph), 145 (h), 145 (m,d), 145 (m,g), 147 (3ph), 149 (3ph), 151 (4ph), 153 (4ph), 155 (h,g), 155 (b,g), 155 (b,d), 157 (4ph), 177 (2ph), 197 (h), 207 (2ph), 209 (m), 209 (b), 211 (b), 215 (2ph), 224, 225, 226, 231, 237 ; Phot. © **B. Le Garff** : p. 57, 62, 65, 165 (m), 167 (b), 173 (h), 173 (m), 175 (b), 211 (h), 217 (b), 223 (m) ; Phot. © **R. Le Neuthiec** : p. 119, 161 (3ph) ; Phot. © **F. Lescher-Moutoué** : p. 7, 53 ; Phot. © **A. Martin** : p. 55, 151 (h,d) ; Phot. © **C. Nozières** : p. 239 (b) ; Phot. © **P. Pourriot** : p. 10, 108, 110, 111, 112, 113, 116 ; Phot. © **C. Rougier** : p. 8 ; Phot. © **R. Vernet** : p. 51, 193 (b), p. 197 (b), 201 (2ph).

ISBN 2.04.018492.9
Dépôt légal : Février 1991

ÉCOGUIDES

Lacs et rivières
milieux vivants

Gérard Lacroix

Bordas

SOMMAIRE

LES ECOSYSTEMES D'EAU DOUCE 6

L'eau, la planète et la vie 8
- Un élément vital 8
- Un cycle planétaire 11

Vivre en milieu aquatique 16
- Indispensable: l'oxygène 16
- Densité et flottabilité 21
- Hétérophyllie et hydrodynamisme 22
- Se perpétuer dans l'eau 26
- D'autres valeurs sensorielles 32
- Face au sel ou à la sécheresse 33

Les eaux courantes: des écosystèmes «ouverts» 36
- De la source à la mer 36
- Vitesse et puissance de l'eau 40
- Un «sculpteur» de paysages 44
- Débit, saisons et latitudes 49
- Une évolution longitudinale 54
- Zonation écologique des cours d'eau 56
- Les sources 60
- Le cours supérieur des rivières 61
- Le cours moyen et inférieur des rivières 67

Les eaux stagnantes: des écosystèmes «fermés»? 72
- Du lac à la zone humide 72
- Des origines multiples 76
- Petite géographie lacustre 82
- Les lacs et les lois de la physique 85
- Un peu de chimie lacustre 94
- Le cycle de la matière et les flux d'énergie 101
- Les producteurs primaires 105
- Zooplancton et zoobenthos 111
- Poissons et statut trophique 117

Entre terre et eau 121
- De la roselière à la forêt 121
- Les tourbières 124

GUIDE DES ESPECES D'EAU DOUCE 128

Les végétaux 130
- Les mousses et les ptéridophytes 130
- Les végétaux supérieurs 132

Les animaux 160
- Les plathelminthes et les annélides 160
- Les mollusques 162
- Les arachnides 164
- Les crustacés 166
- Les insectes 168
- Les poissons 180
- Les amphibiens ou batraciens 192
- Les reptiles 200
- Les oiseaux 202
- Les mammifères 220

PRATIQUE DES EAUX DOUCES 224

Les eaux douces et l'aventure humaine 226
- Du Paléolithique aux temps historiques 226
- Vers une domestication croissante 231

Des maux et des remèdes 237
- La menace humaine 237
- Le prix de l'équilibre 243

BIBLIOGRAPHIE 247

INDEX 248

LES ÉCOSYSTÈMES D'EAU DOUCE

L'eau, la planète et la vie

Vivre en milieu aquatique

Les eaux courantes : des écosystèmes « ouverts »

Les eaux stagnantes : des écosystèmes « fermés »

Entre terre et eau

L'eau,
la planète et la vie

Un élément vital

Les photographies du globe terrestre nous ont accoutumés à l'image d'une planète bleue : l'eau domine notre monde. Elle recouvre près des trois quarts de sa surface. Cette étendue gigantesque est formée pour l'essentiel par les océans et, pour une fraction proportionnellement minuscule, par des eaux continentales très diversifiées et distribuées d'une manière qui apparaît elle aussi très inégale.

Pénurie... ou surabondance

En effet, si l'eau est une ressource rare et précieuse dans de nombreuses régions en voie de développement, où moins de 50 litres sont disponibles par jour et par habitant, ses débordements font au contraire des ravages dans d'autres contrées. Et, bien que de graves inondations et d'importantes sécheresses frappent occasionnellement les pays tempérés, l'eau y est une ressource désormais maîtrisée et largement utilisée : la France en consomme de 1 000 à 1 500 litres par jour et par habitant pour satisfaire l'ensemble de ses besoins domestiques, agricoles et industriels. Cette maîtrise ne va pas sans excès et les eaux continentales, riches d'une flore et d'une faune diversifiées, sont maintenant menacées.

L'eau n'a cessé d'influencer l'évolution des communautés humaines. Mais ceci n'est qu'une péripétie récente à l'échelle des temps géologiques. L'histoire de notre planète et celle de l'eau sont depuis toujours intimement liées. L'eau modèle les paysages et contrôle les climats. C'est dans un environnement aquatique que l'histoire de la vie a débuté. Et ce phénomène n'a été possible que parce que l'eau est un corps tout à fait extraordinaire. Elle est le premier constituant des êtres vivants et représente généralement de 50 à 90 % de leur poids. Le maintien de l'équilibre hydrique est ainsi une nécessité vitale pour tous les organismes, quel que soit leur mode de vie.

Une molécule peu conformiste

Les molécules d'eau (H_2O) résultent de la combinaison de deux atomes d'hydrogène et d'un atome d'oxygène. La liaison hydrogène-oxygène est très robuste et l'énergie nécessaire pour dissocier ces atomes est considérable. Les molécules d'eau sont donc très stables. Dissymétriques, elles se comportent comme des dipôles électriques, minuscules aimants fortement liés les uns aux autres. La structure des molécules d'eau et la force des liaisons qui les unissent leur confèrent des propriétés physiques et chimiques souvent étonnantes, dont plusieurs ont eu d'heureuses conséquences sur l'évolution de la vie.

L'eau est, avec le mercure, le seul corps minéral qui demeure liquide à température et à pression ordinaires. Elle bout à 100 °C et se solidifie à 0 °C sous la pression d'une atmosphère : des valeurs bien banales sur notre planète. Et pourtant, la comparaison avec d'autres composés de l'hydrogène de structure similaire (H_2S, H_2Se, H_2Te) indique qu'en raison de sa masse moléculaire, l'eau devrait bouillir à − 90 °C et geler à − 100 °C environ ! La molécule d'eau se comporte heureusement de manière bien peu conformiste.

La chaleur spécifique de l'eau, c'est-à-dire la quantité de chaleur nécessaire pour élever de 1 °C la température de 1 gramme de liquide à 15 °C de température ambiante, a longtemps été utilisée comme unité calorifique de référence (calorie). Cette quantité de chaleur est très importante. Seuls l'hydrogène liquide et le lithium ont une chaleur spécifique supérieure. Ceci confère à l'eau une grande inertie thermique (environ 4 fois plus forte que celle de l'air). En conséquence, l'amplitude annuelle des températures dépasse rarement une vingtaine de degrés dans les lacs tempérés, alors que celle de l'air atteint assez fréquemment 40 °C.

Et elle flotte...

L'évolution de la densité de l'eau en fonction de la température suit un schéma apparemment fantaisiste. Alors que presque tous les corps se contractent et deviennent plus denses lorsque la température diminue, l'eau ne suit cette règle que pour les températures supérieures à 4 °C et se dilate progressivement au-dessous de ce seuil. Elle est ainsi plus légère à l'état solide qu'à l'état liquide et sa densité est maximale à 4 °C. La conséquence de cette propriété nous est très familière : la glace flotte. Si tel n'avait pas été le cas, cette dernière se serait accumulée au fond des lacs et des mers, et les eaux de notre planète dans leur ensemble auraient progressivement gelé.

La dissymétrie des molécules d'eau leur assure de fantastiques capacités de dissolution. L'eau est le solvant le plus universel et constitue, grâce à cette propriété, une substance clé dans la nutrition et le contrôle du métabolisme de tous les êtres vivants. De même, tout plan d'eau est une solution chargée de multiples substances minérales et organiques, qui se révèlent les unes vitales, les autres nocives pour les organismes qui évoluent en milieu aquatique.

DENSITÉ DE L'EAU ET TEMPÉRATURE

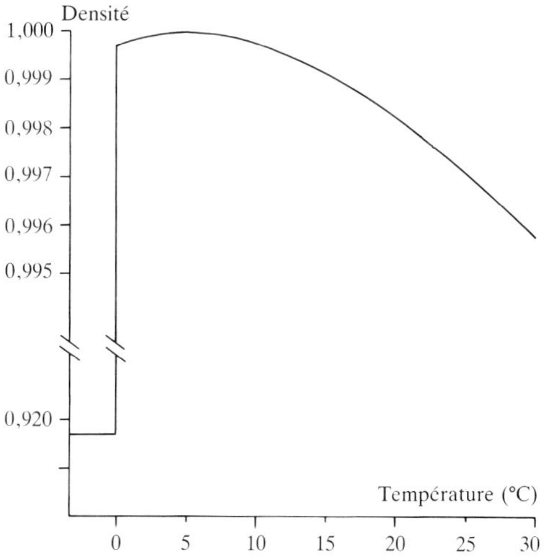

La densité de l'eau est maximale à 4 °C. La glace, ainsi plus légère que l'eau, flotte à sa surface.

Les euglènes (ici Euglena sanguinea*), sont des micro-organismes flagellés mesurant un peu moins de 0,1 mm, qui tirent leur énergie du soleil, grâce à leurs pigments photosynthétiques. L'apparition de la photosynthèse constitua une étape capitale dans l'évolution de la vie sur notre planète.*

Le premier bouillon de culture

Notre planète constitue une exception au sein du système solaire. Elle seule abrite une multitude de formes de vie, tant aquatiques que terrestres, adaptées à des conditions de milieu extrêmement variées. L'eau a joué et joue encore un rôle déterminant dans cette fantastique aventure. La position de la Terre au sein du système solaire lui donne en effet le privilège immense de pouvoir conserver en abondance de l'eau sous ses trois formes, solide, liquide et gazeuse. Sur Vénus, plus proche de l'astre solaire, cet élément ne peut subsister qu'à l'état de vapeur. Sur Mars, un peu plus éloignée du Soleil que la Terre, il n'existe au contraire que sous forme de glace.

Pour comprendre toute l'importance de l'eau, il est intéressant de jeter un regard sur l'évolution de notre planète depuis sa formation, voici environ 4,6 milliards d'années. Les océans primitifs semblent s'être formés très tôt, à partir de la condensation de la vapeur d'eau émise par les volcans. La surface du globe terrestre était alors hostile à la vie. L'atmosphère primitive ne contenait pas d'oxygène moléculaire et il n'existait pas encore de couche d'ozone dans la haute atmosphère pour protéger les organismes vivants de l'action nocive des rayonnements ultraviolets. Or, l'eau a la propriété d'absorber rapidement les rayons solaires. À quelques mètres de profondeur, seuls pénètrent les rayons de courte longueur d'onde. De plus, nous l'avons vu, l'eau détient un très grand pouvoir de dissolution.

Les milieux aquatiques devaient donc former alors de véritables «bouillons» de matières organiques et minérales dissoutes. Et c'est dans cette «soupe chaude primitive» (selon l'expression du biologiste britannique J.B.S. Haldane) que se déroulèrent les prodigieux processus biochimiques qui devaient aboutir, il y a peut-être 3,8 milliards d'années, au développement des premières formes de vie. Celles-ci, des organismes unicellulaires très simples, tiraient probablement leur énergie de la fermentation des matières organiques en suspension.

Mariage de l'eau et de la lumière

Un événement capital pour l'évolution future de la vie fut le développement de la photosynthèse, voici plus de 2 milliards d'années. Ce processus fondamental, qui caractérise l'ensemble des plantes vertes actuelles (végétaux «chlorophylliens»), consiste en l'utilisation de l'énergie solaire pour fabriquer des molécules organiques à partir de gaz carbonique et d'eau. Cette réaction s'accompagne d'une libération d'oxygène moléculaire. L'apparition de l'activité photosynthétique devait entraîner une modification irréversible et spectaculaire de l'environnement. L'oxygène libéré par les premiers végétaux photosynthétiques enrichit progressivement l'atmosphère et contribua à la formation d'une couche protectrice d'ozone, préparant ainsi la conquête du milieu terrestre par les organismes vivants.

Mais ce n'est que beaucoup plus tard, il y a «seulement» 400 millions d'années (fin du Silurien et Dévonien), que des végétaux et des animaux s'affranchirent partiellement de leur environnement aquatique pour coloniser les terres émergées. Ainsi, près des neuf dixièmes de la longue aventure de la vie sur notre planète se sont déroulés uniquement au sein des eaux...

Retour aux sources

L'histoire de l'évolution foisonne de rebondissements. Depuis l'apparition de la vie aérienne, de nombreux organismes ont fait le chemin inverse et se sont réadaptés à leur environnement aquatique originel. C'est, par exemple, le cas des insectes aquatiques, dont les organes respiratoires présentent des caractéristiques anatomiques indiquant que leurs ancêtres ont vécu à l'air libre. C'est également le cas de certains mammifères. Cette évolution fut poussée plus ou moins loin. Ainsi, dans les eaux douces d'Europe, aucun mammifère n'est totalement inféodé à l'eau. En revanche, il existe de nombreux mammifères amphibies, comme la loutre *(Lutra lutra)*, le castor *(Castor fiber)*, la musaraigne aquatique *(Neomys fodiens)* et le desman des Pyrénées *(Galemys pyrenaicus)*. Les plantes à fleurs ont également colonisé les milieux aquatiques. Cependant, il est rare que leur cycle de reproduction s'effectue intégralement au sein de l'eau.

Un cycle planétaire

La totalité de l'eau présente sur notre planète constitue l'hydrosphère. Les estimations de son volume sont comprises entre les valeurs impressionnantes de 1,4 et 1,7 milliards de km^3. La grande marge d'incertitude observée est principalement liée aux difficultés d'évaluation de la quantité d'eau souterraine (il semblerait en fait que cette dernière ait été longtemps très largement sous-estimée). Un calcul simple indique que si l'hydrosphère était répartie uniformément autour de la Terre, elle représenterait une couche d'eau d'environ trois kilomètres d'épaisseur.

Une distribution très inégale

Alors que la masse totale d'eau présente sur notre planète est gigantesque, la réserve d'eau douce facilement utilisable est beaucoup plus réduite. Le volume d'eau retenu dans les océans représente à lui seul une fraction supérieure à 80 % du volume de l'hydrosphère, avec environ 1,37 milliards de km^3. On trouve régulièrement des estimations indiquant que les océans et les mers représentent jusqu'à 97 % des ressources terrestres en eau.

Malgré, leurs dimensions parfois colossales, les glaciers représentent moins de 2 % du volume de l'hydrosphère. Sur cette photo, une langue du glacier islandais Vatnajökull se jette dans un lac glaciaire. Le Vatnajökull est le plus grand glacier d'Europe, avec une superficie de 8 400 km^2. Il est aussi vaste que l'ensemble des glaciers d'Europe continentale. Son épaisseur atteint parfois 1 000 m.

Ces différences sont dues, comme on l'a vu plus haut, à l'incertitude qui subsiste sur le volume des eaux souterraines. Celles-ci arrivent très vraisemblablement en seconde position. Cependant, la plus grande partie de ces eaux retenues dans le sous-sol est fortement chargée en sels minéraux. Aussi la fraction d'eau douce souterraine est-elle probablement inférieure à 1 % de la masse totale d'eau sur notre planète.

Les calottes polaires et les glaciers représentent quant à eux moins de 2 % de l'hydrosphère. Les rivières et les lacs, et plus généralement l'ensemble des zones humides, ne forment qu'une infime portion de l'ensemble (inférieure à 0,02 %). Plus de la moitié de ces eaux douces superficielles est par ailleurs contenue dans une dizaine de grands lacs ! Enfin, la fraction d'eau présente dans l'atmosphère sous forme de vapeur représente moins de 1/100 000e de toute l'eau de la planète.

Quelle que soit l'exactitude de ces estimations, une constante subsiste : les eaux douces continentales utilisables représentent une très faible fraction de l'hydrosphère.

Va-et-vient sans fin

Ces estimations confirment l'existence d'un immense capital en eau, dont une fraction extrêmement réduite permet le développement de la vie sur les continents. Nous avons vu que ce stock est représenté pour l'essentiel par trois grandes masses : les océans, les glaciers et l'eau enfouie dans les profondeurs de la terre. La répartition des eaux sur notre planète n'est cependant que l'image instantanée d'un mécanisme complexe, le cycle hydrologique, qui relie tous les systèmes aquatiques du globe. L'eau est en effet en perpétuel mouvement. Rivières, lacs, glaciers, eaux souterraines et océans participent tous de manière plus ou moins importante à ce cycle sans fin animé par le soleil. Les flux entre les différents compartiments se poursuivent immuablement depuis des millions d'années, malgré d'importantes fluctuations locales.

Chaque année, près de 500 000 km^3 d'eau s'évaporent dans l'atmosphère. Environ 85 % de cette eau provienent des océans. La fraction restante résulte pour

Le cycle de l'eau dans la biosphère

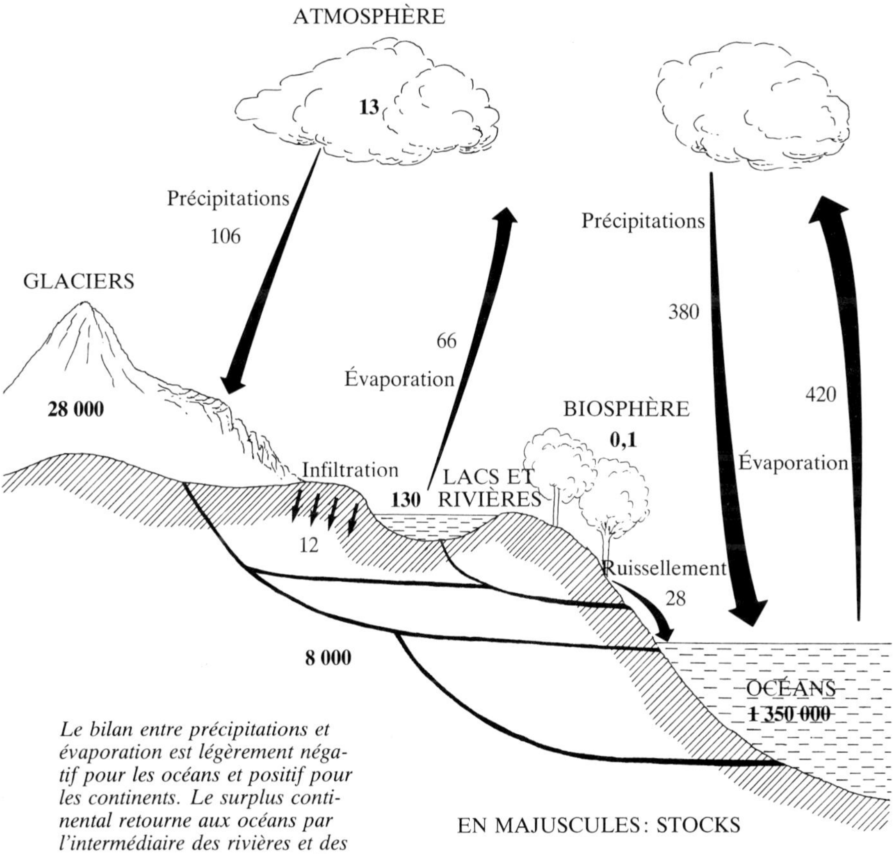

Le bilan entre précipitations et évaporation est légèrement négatif pour les océans et positif pour les continents. Le surplus continental retourne aux océans par l'intermédiaire des rivières et des nappes souterraines. Les chiffres figurés représentent des milliers de kilomètres cubes.

Les fleuves (sur cette photo la Seine) restituent aux océans une partie des eaux de précipitation tombant sur leur bassin. Les nappes aquifères participent également à cette restitution. Ainsi, 180 milliards de m³ s'écoulent ou s'infiltrent chaque année sur le territoire français. Lorsqu'on additionne le débit des eaux superficielles à celui des eaux souterraines, les quatre plus grands bassins français sont par ordre d'importance décroissante ceux du Rhône (débit moyen annuel de 54 milliards de m³), de la Garonne (31,5 milliards de m³), de la Loire (27 milliards de m³) et de la Seine (15 milliards de m³).

une faible part de l'évaporation des eaux de surface continentales et pour une large part de la «transpiration» des plantes (évapotranspiration). Les plantes participent en effet activement au cycle de l'eau en puisant l'eau du sous-sol et en la rejetant sous forme de vapeur d'eau dans l'atmosphère. La vapeur d'eau atmosphérique, après s'être condensée progressivement, retombe sous forme de précipitations.

Un «mystère» élucidé

Globalement, il retombe moins d'eau sur les océans qu'il ne s'en était évaporé. Le phénomène inverse s'observe sur les continents. Ce surplus continental retourne rapidement aux océans par les rivières ou s'infiltre dans le sol pour alimenter les nappes souterraines. Ainsi se trouve résolu le problème de l'origine de l'eau des rivières, qui ne cessa d'intriguer les hommes jusqu'au XVIIe siècle.

Chaque année, la quantité d'eau entrant dans le cycle ne représente qu'une fraction très faible du volume total (environ 0,04 %). Les temps de séjour de l'eau diffèrent considérablement selon les réservoirs. Elle séjourne en moyenne une dizaine de jours dans l'atmosphère, quelques semaines dans les cours d'eau, de quelques mois à quelques centaines d'années dans les lacs, et plusieurs siècles dans les nappes phréatiques superficielles. Il faudrait en revanche plus de trois millénaires pour renouveler l'eau des océans et près de dix mille ans pour renouveler les eaux souterraines profondes et les glaciers.

En France : un équilibre

La France est un pays assez humide, malgré des disparités régionales importantes. Les précipitations annuelles représentent en moyenne 440 milliards de m³ pour l'ensemble du pays : 80 centimètres d'eau tombent donc annuellement sur le sol (soit 8 000 tonnes par hectare !). Une dizaine de milliards de m³ d'eau en provenance des pays limitrophes, en particulier de la Suisse, s'ajoutent chaque année au volume des précipitations.

On a estimé à 180 milliards de m³ le volume d'eau qui s'écoule chaque année dans 270 000 kilomètres de cours d'eau ou au sein des nappes souterraines. De multiples échanges existent entre ces deux compartiments et leur séparation dans le bilan hydrologique est un peu artificielle. On considère grossièrement que le flux souterrain représente environ 100 milliards de m³, qui contribuent en dernier ressort à grossir les rivières. En effet, seule une infime fraction de ces eaux souterraines se jette directement dans la mer. Quatre grands fleuves (le Rhône, la Garonne, la Loire, et la Seine) débitent finalement à eux seuls 70 % des 180 milliards de m³ transportés par les cours d'eaux et les nappes souterraines.

La différence entre les 450 milliards de m³ apportés chaque année et les 180 milliards de m³ écoulés, soit 270 milliards de m³ (4 900 tonnes par hectare), représente le volume d'eau qui retourne annuellement dans l'atmosphère sous forme de vapeur. Ainsi, 40 % seulement des eaux de pluie alimentent les rivières et les nappes souterraines alors que 60 % retournent à l'atmosphère par évapotranspiration.

Le cycle de l'eau en France

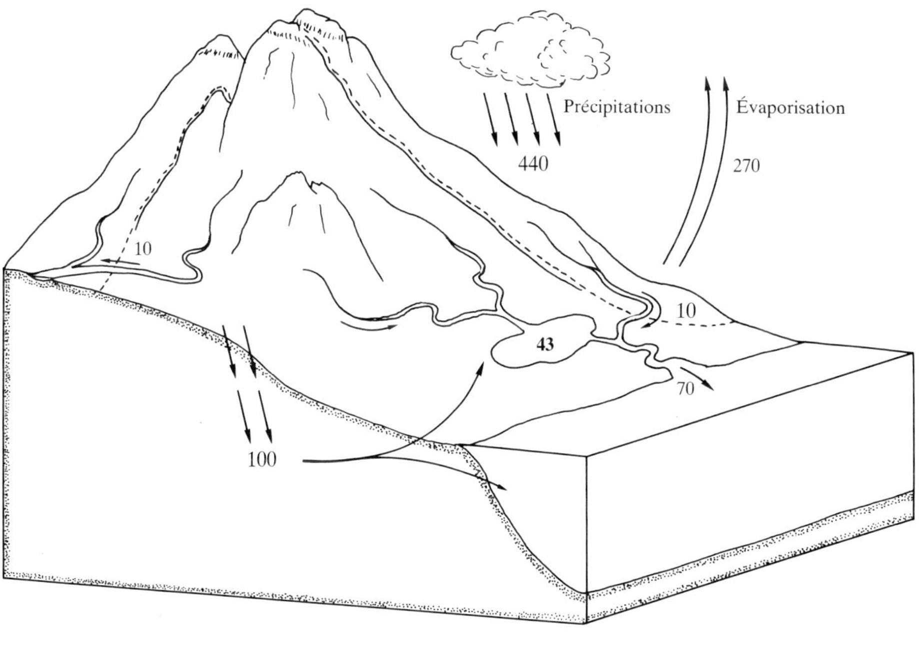

Le cycle moyen de l'eau en France cache d'importantes disparités régionales. Ainsi, plus de 95 % des stocks naturels de surface sont concentrés dans le bassin Rhône-Méditerranée-Corse (dont plus de 80 % dans le seul lac Léman). Ce bassin assure à lui seul près de 40 % des écoulements de surface ou souterrains.

Vivre
en milieu aquatique

Indispensable : l'oxygène

Les caractéristiques physico-chimiques et biologiques très dissemblables des milieux aquatiques et des milieux terrestres ont abouti, par le biais de la sélection naturelle, à des formes de vie tout aussi différentes. Tenter de résumer les adaptations des organismes au domaine aquatique n'est donc pas une tâche aisée, tant sont variées les solutions trouvées par la nature pour résoudre un problème particulier. Cependant, la diversité de ces adaptations cache des phénomènes de convergence évolutive qui se révèlent parfois remarquables.

Dans l'eau comme à l'air libre

La respiration recouvre un ensemble de mécanismes par lesquels les cellules vivantes oxydent les molécules organiques (glucides, lipides, protides) et les dégradent en composés minéraux pour produire de l'énergie. Cette libération d'énergie et cette production de corps simples permettent aux organismes d'effectuer de nouvelles synthèses. La respiration est pratiquée par la majorité des êtres vivants (quelques-uns utilisent la fermentation, qui est un processus d'oxydation moins complet et moins performant). La respiration aérobie fait appel à l'oxygène pour réaliser l'oxydation des molécules. Elle se traduit au niveau de l'organisme par l'absorption d'oxygène et le rejet de gaz carbonique et d'eau.

La respiration aérobie est utilisée par un très grand nombre d'organismes terrestres et aquatiques. Les conditions très particulières qui règnent au sein des eaux ont abouti à une grande variété de techniques pour prélever l'oxygène nécessaire à cette fonction.

L'oxygène est dissous dans l'eau à un degré de concentration environ 30 fois plus faible que dans l'air (souvent moins de 10 mg d'oxygène par litre d'eau contre 271 mg par litre d'air). Pour prélever une quantité suffisante d'oxygène dans l'eau, les organismes aquatiques se sont donc vus contraints de maximiser les surfaces d'échange avec leur environnement.

Des échanges facilités

Chez les plantes terrestres, l'épiderme des feuilles possède des cellules qui assurent les transferts gazeux avec l'atmosphère grâce à des ouvertures microscopiques. Ces cellules nommées stomates sont présentes en plus grand nombre sur la face inférieure des feuilles, ceci afin de réduire les pertes d'eau par transpiration. Les échanges gazeux sont également limités par la présence fréquente d'une pellicule superficielle protectrice à base de cutine, la cuticule.

Au contraire, les feuilles des plantes immergées ne possèdent généralement pas de stomates: les échanges d'oxygène et de gaz carbonique qui caractérisent les processus de respiration et de photosynthèse s'effectuent sur l'ensemble de la surface épidermique, non cutinisée. De plus, de nombreuses espèces immergées possèdent des feuilles très divisées ou en forme de fines lanières: les cornifles *(Ceratophyllum* sp.*)*, les myriophylles *(Myriophyllum* sp.*)*, le carum verticillé *(Carum verticillatum)*, les renoncules *(Ranunculus* sp.*)*, l'hottonie des marais *(Hottonia palustris)*.

La surface d'échange avec le milieu ambiant se trouve ainsi considérablement augmentée. Les feuilles flottantes, telles celles du potamot *(Potamogeton* sp.*)* ou du nénuphar blanc *(Nymphaea alba)*, ne possèdent des stomates que sur leur face supérieure, recouverte d'une épaisse cuticule cireuse. Enfin, les tiges et les pétioles des plantes aquatiques (potamots, nénuphars...) sont souvent creux, avec d'importants espaces intercellulaires — tissus aérifères ou aérenchymes — et des canaux qui facilitent également les échanges gazeux.

Les feuilles flottantes du nénuphar blanc ne possèdent des stomates que sur leur face supérieure, protégée par une épaisse cuticule cireuse.

La respiration branchiale

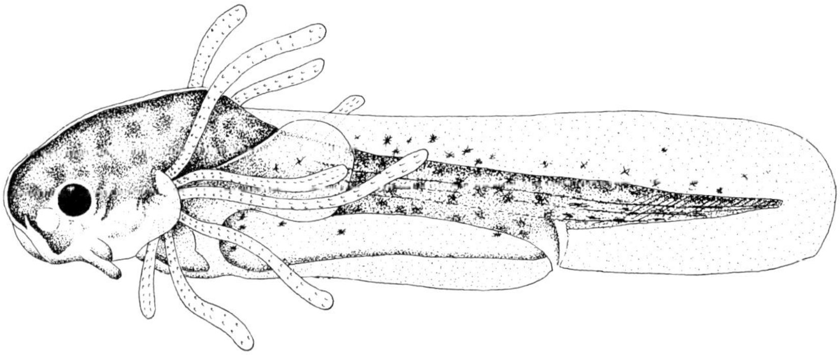

▲
*Contrairement aux autres espèces européennes de poissons d'eau douce, la loche d'étang, adaptée à des eaux pauvres en oxygène,
a des larves munies de branchies externes en forme de longs filaments.*

Les larves d'éphémères possèdent des branchies trachéennes en forme de feuilles situées sur les côtés de l'abdomen. Il y a généralement 7 paires de branchies. ►

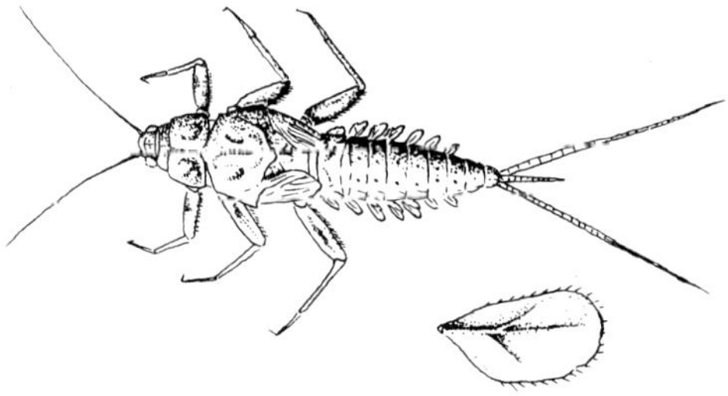

Chez les larves de plécoptères (perles), la respiration cutanée est importante. Les branchies sont souvent absentes ou réduites à des groupes assez rudimentaires, généralement à la base des pattes. ►

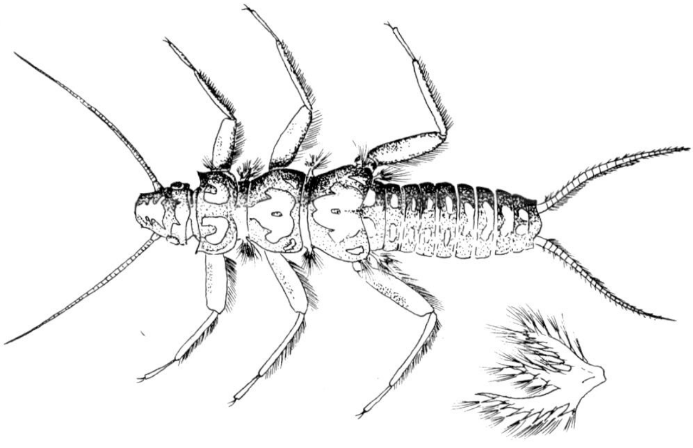

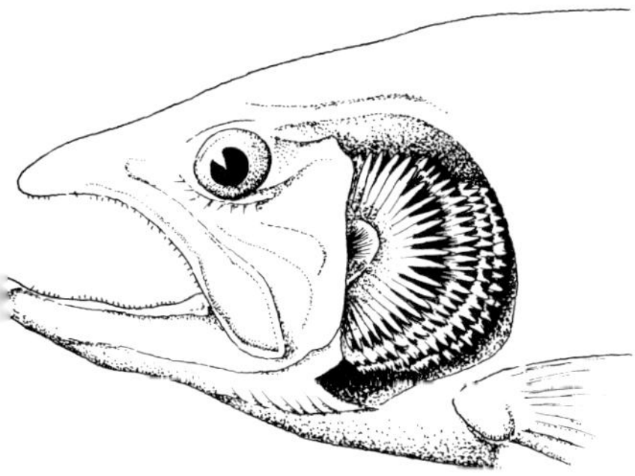

▲
Coupe latérale de l'appareil branchial d'une truite. Les poissons téléostéens ont des lamelles branchiales flottantes disposées sur quatre arcs branchiaux.

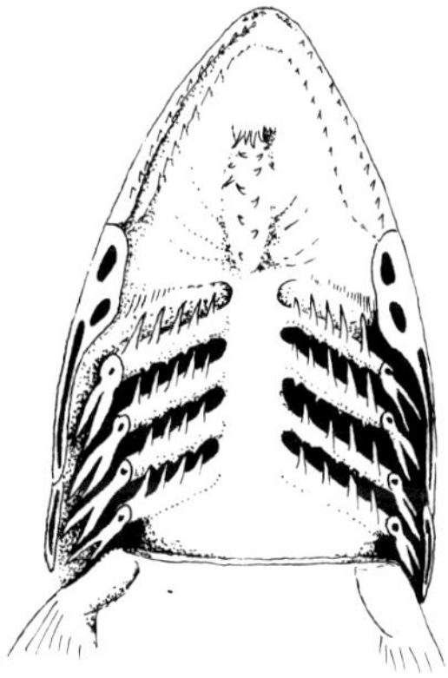

▲
Coupe horizontale du système branchial. Les branchies des poissons téléostéens sont protégées par des plaques osseuses mobiles formant l'opercule.

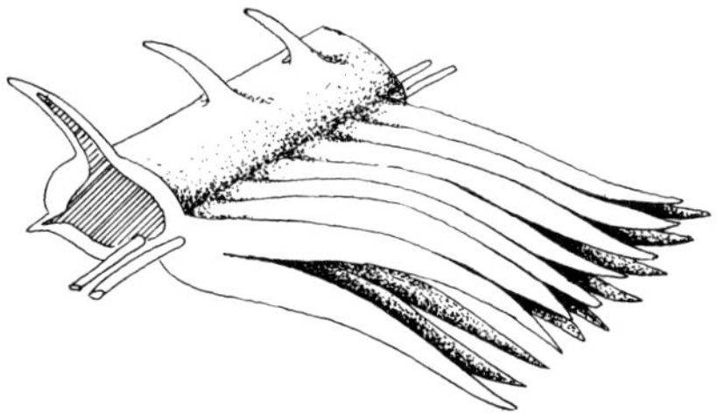

▲
Chaque arc branchial porte deux rangées de lamelles disposées comme des dents de peigne. Un vaisseau apporte le sang provenant du cœur, alors qu'un autre vaisseau emporte le sang nouvellement oxygéné.

Par la peau ou par les branchies

De nombreux petits animaux aquatiques, tels les protozoaires et les rotifères (minuscules invertébrés abondants dans les eaux douces), sont dépourvus d'appareil respiratoire différencié et respirent par diffusion directe de l'oxygène dissous vers les cellules. La respiration cutanée est répandue chez les invertébrés, chez les amphibiens et chez certains poissons. Parmi les insectes, ce mode respiratoire caractérise surtout les espèces des eaux riches en oxygène dissous. Au sein des vertébrés, la respiration cutanée suffit à assurer les besoins en oxygène des batraciens qui, à l'exemple de la grenouille rousse *(Rana temporaria)*, ont choisi la vase du fond d'une mare pour hiberner à l'abri des prédateurs. Ce mode de respiration complète également la respiration branchiale de beaucoup d'alevins et de certains poissons adultes, comme la loche d'étang *(Cobitis fossilis)* et l'anguille *(Anguilla anguilla)*.

La respiration branchiale existe chez des animaux aussi différents que les poissons, les amphibiens, les insectes, les crustacés et les mollusques. Les branchies sont des organes respiratoires, découpés en fines lamelles très vascularisées. Le sang qui circule à leur niveau absorbe l'oxygène dissous dans l'eau et rejette le gaz carbonique et d'autres produits d'excrétion du métabolisme. Les branchies peuvent être internes (derniers stades larvaires des grenouilles, poissons...) ou externes (larves de libellules, de phryganes, et d'éphémères chez les insectes, larves de salamandres, jeunes stades larvaires des grenouilles...). Contrairement aux autres poissons, les larves de la loche d'étang, qui est une espèce adaptée aux petits plans d'eau vaseux et peu oxygénés, possèdent des branchies externes en forme de longs filaments au cours des premiers jours suivant leur naissance.

Du tuba...

Une autre stratégie consiste tout simplement à utiliser l'oxygène atmosphérique. Ainsi, plusieurs insectes aquatiques remontent régulièrement à la surface de l'eau. L'air est aspiré au niveau d'ouvertures appelées stigmates et conduit par les tra-

Respiration de la notonecte

Cette punaise d'eau, qui nage curieusement sur le dos, plaque l'extrémité de son abdomen à la surface de l'eau pour respirer. L'air est stocké sous les ailes et sur la face ventrale, dans des canaux formés de rangées serrées de poils hydrofuges.

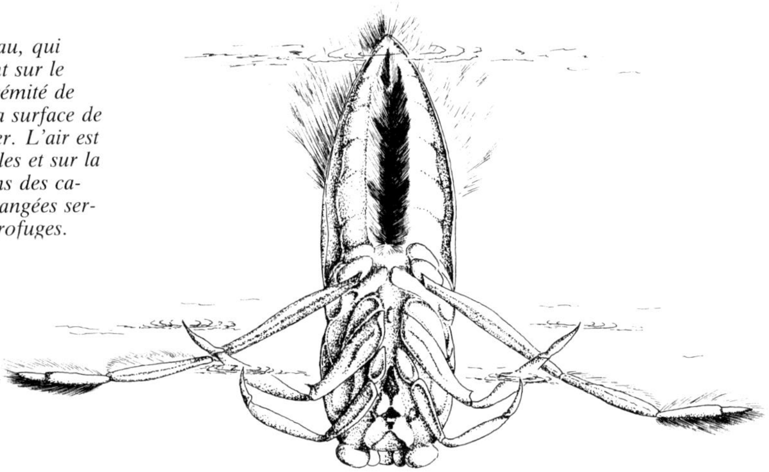

chées jusqu'aux organes utilisateurs. Chez certains insectes, tels la nèpe cendrée *(Nepa cinerea)* et la ranatre *(Ranatra linearis)*, l'extrémité de l'abdomen est prolongée par un long siphon respiratoire. L'exemple le plus spectaculaire de « tuba respiratoire » s'observe peut-être chez la larve d'éristale *(Eristalis* sp.*)*, un diptère de la famille des syrphidés dont l'adulte ressemble à un faux bourdon. La larve d'éristale vit sur la vase des eaux fangeuses et croupissantes plus ou moins anoxiques. Elle possède un tube respiratoire télescopique en trois parties qui peut atteindre près de 12 cm de longueur, ce qui lui a valu le surnom de « ver à queue de rat ».

...à la cloche de plongée

L'exemple de l'argyronète *(Argyroneta aquatica)*, qui est la seule araignée véritablement aquatique de nos eaux douces, est peut-être plus spectaculaire encore. Cette araignée peut respirer l'air de la surface. Mais c'est au fond de l'eau, dans une véritable « cloche à plongeur » tissée dans les végétaux et emplie d'air, qu'elle passe la plus grande partie de sa vie.

Certains animaux n'utilisent pas directement l'oxygène atmosphérique mais celui des végétaux. Les larves de donacies, coléoptères aux couleurs métalliques de la

Le tuba respiratoire de l'éristale

L'éristale est un diptère dont la larve parvient à survivre dans des eaux très pauvres en oxygène grâce à un long siphon respiratoire téléscopique.

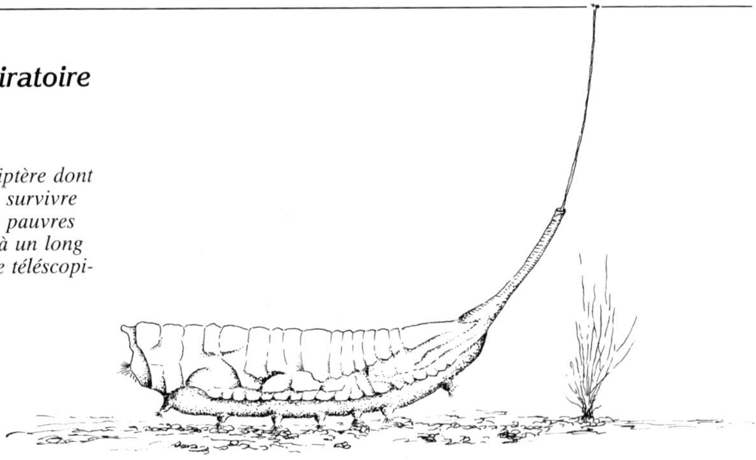

famille des chrysomélidés, vivent fixées aux tiges des plantes aquatiques par deux grosses épines abdominales. Ces crochets sont des stigmates abdominaux qui permettent aux larves d'utiliser l'oxygène contenu dans les tissus lacuneux des végétaux.

La respiration aérienne peut parfois compléter un autre mode respiratoire. Ceci s'observe notamment chez les amphibiens et chez certains poissons qui montent régulièrement «respirer» à la surface pour parer à la pauvreté en oxygène des eaux. Une adaptation originale caractérise la loche d'étang: l'oxygène atmosphérique nécessaire est tout simplement avalé et assimilé au niveau de l'intestin.

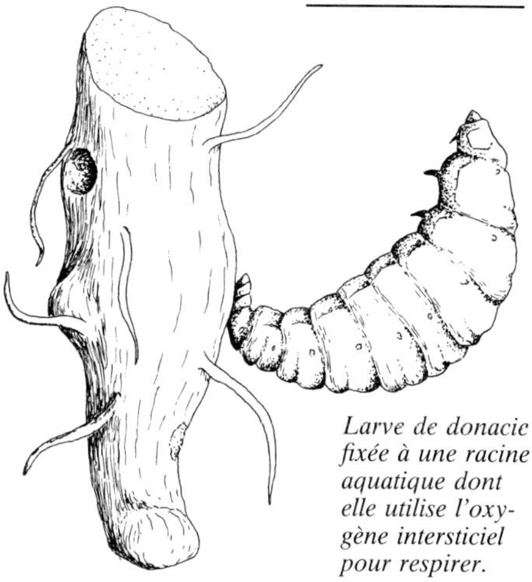

Larve de donacie fixée à une racine aquatique dont elle utilise l'oxygène interstitiel pour respirer.

Densité et flottabilité

En vertu du principe d'Archimède, «tout corps plongé dans un fluide subit une poussée verticale, dirigée de bas en haut, égale au poids du fluide déplacé». L'eau douce possède une densité 833 fois supérieure à celle de l'air. Elle offre donc une bien meilleure portance que ce dernier. L'ensemble du volume d'eau des milieux aquatiques a pu être ainsi colonisé par des organismes animaux ou végétaux, fixés ou non sur le substrat. De plus, de nombreux organismes terrestres possèdent de robustes structures de soutien pour lutter contre la pesanteur (vaisseaux rigides et lignifiés des plantes vasculaires, squelettes renforcés des vertébrés). Les organismes aquatiques sont en revanche affranchis de cette nécessité. Les tissus ligneux sont par exemple très réduits chez les plantes immergées.

Les organismes plus denses que l'eau tendent à s'enfoncer en l'absence de mouvements propres s'opposant à cette descente passive. Cependant, du fait de sa viscosité, l'eau exerce une résistance à l'enfoncement des particules. Cette résistance obéit à une loi physique complexe. Retenons simplement que la vitesse de descente qui en résulte est d'autant plus faible que la surface spécifique de l'organisme (rapport surface/volume) est importante. Pour une forme donnée, la surface spécifique d'un organisme augmente lorsque son volume diminue. Prenons l'exemple d'une particule sphérique: sa surface spécifique double lorsque son diamètre est réduit de moitié. Une diminution de la taille de l'organisme assure une meilleure flottabilité et constitue donc un facteur d'adaptation.

Le rapport surface/volume

De nombreux organismes aquatiques possèdent des adaptations qui leur assurent une meilleure flottabilité. Une première forme d'adaptation se traduit par une réduction de la densité. Ainsi, des tissus aérifères assurent la flottaison des feuilles de la morène des grenouilles *(Hydrocaris morsus-ranae)*, du potamot nageant *(Potamogeton natans)* et de la lenticule bossue *(Lemna gibba)*. Les pétioles des feuilles de la châtaigne d'eau *(Trapa natans)*, gonflés en leur milieu, font également office de flotteurs.

Plancton et formes «hirsutes»

Une fraction essentielle de la chaîne trophique des milieux aquatiques stagnants est ainsi assurée par une multitude d'algues et d'animaux microscopiques dont la taille s'étend de moins d'un millième de millimètre à quelques millimètres. Ces organismes, qui flottent plus ou moins passivement dans l'eau, ont été regroupés sous le terme *plancton* (du grec *plagkton,* «qui erre»).

Une autre solution pour accroître la résistance de l'eau est d'augmenter la surface spécifique de l'organisme en s'écartant de la forme sphérique, laquelle offre une surface minimale pour un volume fixé. La présence de soies, de flagelles, d'épines et d'ornementations de formes variées contribue par exemple à augmenter la surface relative des organismes planctoniques sans pour autant augmenter sensiblement leur volume. La réduction de la densité demeure bien sûr une stratégie intéressante: le tégument des crustacés planctoniques est plus mince que celui des crustacés de même taille vivant à la surface du sédiment, et le corps de ces animaux contient parfois une fraction importante de lipides qui réduisent leur densité.

Poids et profondeur

Plusieurs animaux possèdent la capacité d'adapter leur poids spécifique à la profondeur. La vessie natatoire des poissons osseux est une poche plus ou moins remplie d'air, qui se forme chez l'embryon à partir du tube digestif. Elle leur permet d'équilibrer leur pression interne et d'adapter leur poids spécifique à différentes profondeurs. À l'image des poissons, les larves planctoniques des diptères de la famille des chaoboridés (corèthres) modifient la pression interne de deux ballonnets aérifères lors de leurs migrations verticales dans les milieux lacustres. De même, beaucoup d'insectes jouent sur leurs réserves d'air pour se déplacer verticalement.

Une évolution vers une augmentation de la densité caractérise quelques animaux. C'est le cas pour certains oiseaux plongeurs. Alors que la plupart des oiseaux possèdent des os creux et remplis d'air, ceux de l'ordre des gaviidés (plongeons) peuvent descendre à plus de 30 mètres de profondeur grâce à l'absence d'un tel squelette pneumatique.

Hétérophyllie et hydrodynamisme

Un grand nombre de plantes aquatiques sont soumises à des conditions très variées. Certaines espèces ne sont que partiellement immergées et se développent également au-dessus de la surface de l'eau. D'autres sont amphibies. Enfin, quelques-unes colonisent indifféremment les milieux stagnants et les rivières. Or, nous l'avons vu, l'environnement influe fortement sur la morphologie des organismes. C'est pourquoi certaines plantes aquatiques répondent à l'hétérogénéité du milieu par une forme variable de leurs feuilles. Ce phénomène est connu sous le nom d'hétérophyllie.

Flèches, lobes et lanières

La sagittaire fléchière *(Sagittaria sagittifolia)* doit ses noms latin et vernaculaire à la forme en pointe de flèche de ses feuilles aériennes (du latin *sagitta*, «flèche»). Dans les eaux calmes, les feuilles immergées sont lancéolées (rétrécies à leurs deux extrémités) et les rares feuilles flottantes sont plus ou moins ovoïdes et en forme de cœur. Dans les eaux vives, la sagittaire possède des feuilles immergées rubanées, qui peuvent atteindre 80 cm de longueur. L'allongement et l'amincissement des feuilles les rendent plus résistantes à l'action du courant.

Nous avons évoqué plus haut la morphologie des feuilles flottantes de la châtaigne d'eau. Cette plante aquatique possède aussi des feuilles submergées. Mais celles-ci, réduites à leurs seules nervures, sont souvent prises pour des racines. La renoncule aquatique *(Ranunculus aquatilis)* présente également deux types de feuilles. Les feuilles de surface sont arrondies et lobées, alors que les feuilles submergées sont divisées en de multiples filaments (feuilles laciniées). En revanche, d'autres renoncules possèdent uniquement des feuilles finement divisées. Cette hétérophyllie est ainsi à l'origine d'une certaine confusion taxonomique.

Convergences de formes

La viscosité d'un fluide se traduit par sa résistance au déplacement d'un corps. Celle de l'eau est élevée en raison des fortes liaisons qui unissent ses molécules: à 20 °C, l'eau est 50 fois plus visqueuse que l'air. Une conséquence générale de cette forte viscosité est la vitesse de déplacement relativement modérée des animaux aquatiques.

Les feuilles de la sagittaire

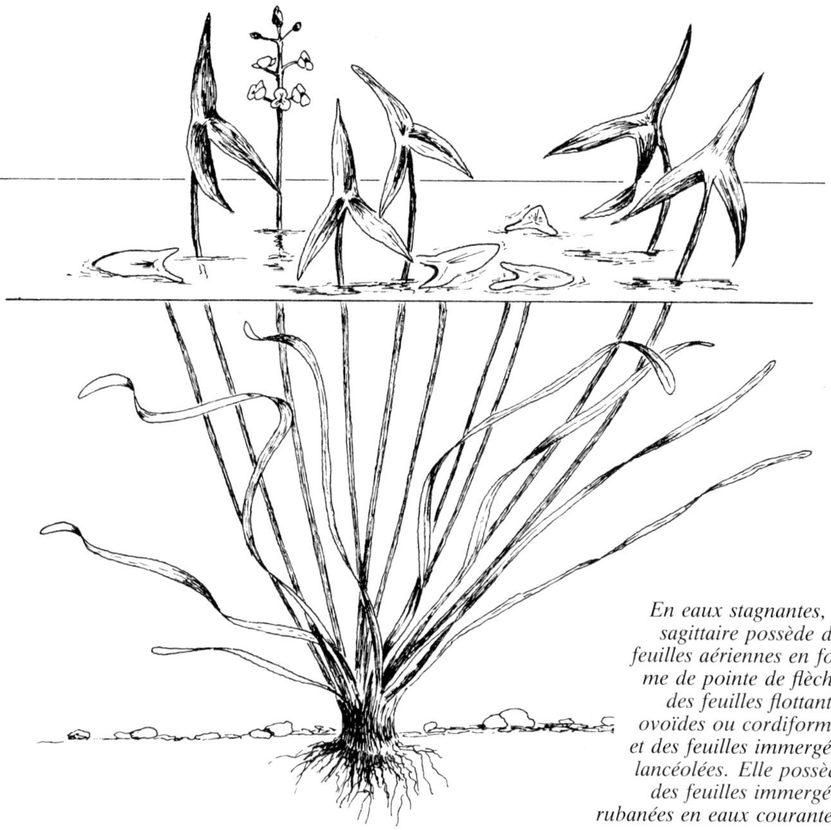

En eaux stagnantes, la sagittaire possède des feuilles aériennes en forme de pointe de flèche, des feuilles flottantes ovoïdes ou cordiformes et des feuilles immergées lancéolées. Elle possède des feuilles immergées rubanées en eaux courantes.

Nageoires et nage

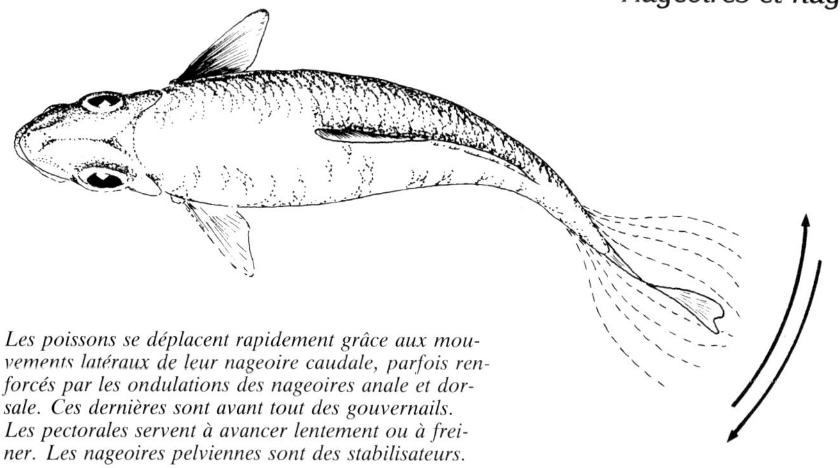

Les poissons se déplacent rapidement grâce aux mouvements latéraux de leur nageoire caudale, parfois renforcés par les ondulations des nageoires anale et dorsale. Ces dernières sont avant tout des gouvernails. Les pectorales servent à avancer lentement ou à freiner. Les nageoires pelviennes sont des stabilisateurs.

Chez ceux-ci, une adaptation majeure réside donc dans la capacité à vaincre la résistance de l'eau. Cette capacité est très dépendante de la morphologie de l'espèce.

Le corps hydrodynamique idéal, qui minimise la turbulence de l'eau, est arrondi à l'avant et se termine en pointe. La morphologie de nombreux animaux aquatiques a évolué vers cette forme idéale. La forme remarquablement proche de celle des poissons, des dauphins et de reptiles fossiles marins (ichtyosaures) est ainsi un exemple spectaculaire de «convergence évolutive» liée à l'environnement aquatique. Les poissons constituent l'exemple le plus commun d'une parfaite adaptation à la nage: leur corps est lisse et fuselé, leurs nageoires servent de propulseurs, de stabilisateurs ou de gouvernails. Les poissons utilisent essentiellement la partie caudale de leur corps pour se déplacer rapidement, et les plus rapides peuvent atteindre une vitesse maximale proche de 60 km à l'heure. Enfin, la plupart des poissons sont recouverts d'un mucus lubrifiant qui réduit considérablement les frottements. Des tests ont notamment montré l'efficacité de ce mucus chez la truite.

Des insectes aux oiseaux

La transformation des membres pour la nage est observée au sein de groupes animaux très variés. Les pattes des insectes aquatiques sont souvent aplaties ou velues. Les doigts des membres postérieurs des grenouilles sont quant à eux fortement palmés. La morphologie de la loutre d'Europe

LA DOUBLE ADAPTATION

de la renouée amphibie

La renouée amphibie (Polygonum amphibium) *doit son nom à sa capacité de se développer aussi bien sur la terre ferme qu'à la surface de l'eau. Les feuilles flottantes, allongées et presque en cœur à la base (feuilles cordiformes), ne présentent des stomates que sur leur face supérieure, glabre et brillante. Les feuilles de la forme terrestre sont au contraire ternes, velues et non cordiformes, avec des stomates plus nombreux sur leur face inférieure. La variabilité morphologique de la renouée amphibie ne concerne pas uniquement les feuilles mais aussi les tiges, raides avec des tissus de soutien chez la forme terrestre, tandis que la forme aquatique présente des tiges creuses et souples.*

Les adaptations morphologiques à la vie aquatique sont multiples. Elles vont d'une forme hydrodynamique (copépode (4), perche (5), loutre (3)) à des adaptations plus spécifiques, comme les nageoires des poissons, les doigts palmés des grèbes (2) et des mammifères, les pattes velues du naucore (6) ou la queue aplatie du castor (1).

(Lutra lutra) témoigne également de son adaptation à la vie aquatique. Son profil hydrodynamique, ses membres palmés, sa queue longue et épaisse, son pelage lisse et peu perméable sont autant de caractéristiques morphologiques qui lui permettent d'atteindre une vitesse de nage dépassant 10 km à l'heure. Les pattes postérieures des autres mammifères d'eau douce sont aussi fréquemment palmées; leur queue (aplatie, couverte d'écailles ou garnie de longs poils raides) est souvent transformée en organe propulseur ou en gouvernail.

Chez les oiseaux, les adaptations à la nage concernent essentiellement la forme du corps et des pieds, palmés (plongeons, anatidés, laridés) ou munis de lobes aplatis (grèbes et foulques). Les pattes des meilleurs plongeurs (plongeons, grèbes) sont rejetées à l'arrière du corps, ce qui rend en revanche leur démarche à terre maladroite et difficile.

Même à l'échelle microscopique

En règle générale, les capacités de déplacement des animaux aquatiques diminuent en même temps que leur taille. Cependant, des adaptations à la nage peuvent encore s'observer chez des animaux microscopiques.

Considérons le plancton animal ou zooplancton. Ces animaux peuvent se scinder en trois grands groupes: les rotifères, minuscules organismes non segmentés proches des vers, les cladocères et les copépodes, qui sont des crustacés. Le corps des rotifères et des cladocères est globuleux et peu hydrodynamique. Les vitesses de ces organismes sont réduites et atteignent seulement quelques dixièmes de millimètre à quelques centimètres par seconde. Par conséquent, ils ont dû développer des défenses passives face à leurs prédateurs : plusieurs d'entre eux possèdent par exemple des épines qui rendent leur capture plus difficile. Chez les copépodes, la fuite semble en revanche une stratégie importante : ces animaux atteignent, grâce à leur corps en forme de goutte d'eau ou de torpille, une vitesse de pointe de plusieurs dizaines de centimètres par seconde.

Se perpétuer dans l'eau

La reproduction et la dissémination constituent des étapes essentielles du cycle de vie des êtres vivants. Le milieu aquatique impose bien sûr ses contraintes au mode de reproduction, mais offre aussi d'importants avantages.

Au sein des eaux douces, les algues microscopiques qui forment le phytoplancton se reproduisent surtout par simple division cellulaire. Le mode de reproduction des végétaux supérieurs est quant à lui typiquement adapté à la vie terrestre. C'est pourquoi la grande majorité des plantes à fleurs qui colonisent les eaux douces fleurissent au-dessus de la surface de l'eau. La pollinisation, c'est-à-dire le transfert du pollen des organes mâles (étamines) d'une fleur vers les organes femelles (pistils) d'une autre fleur, s'effectue alors par le vent et par les insectes, comme pour les plantes terrestres. Quelques espèces ont malgré tout un mode de reproduction particulier.

Floraison aérienne de renoncules aquatiques. La plupart des plantes à fleurs aquatiques fleurissent au dessus de la surface de l'eau.

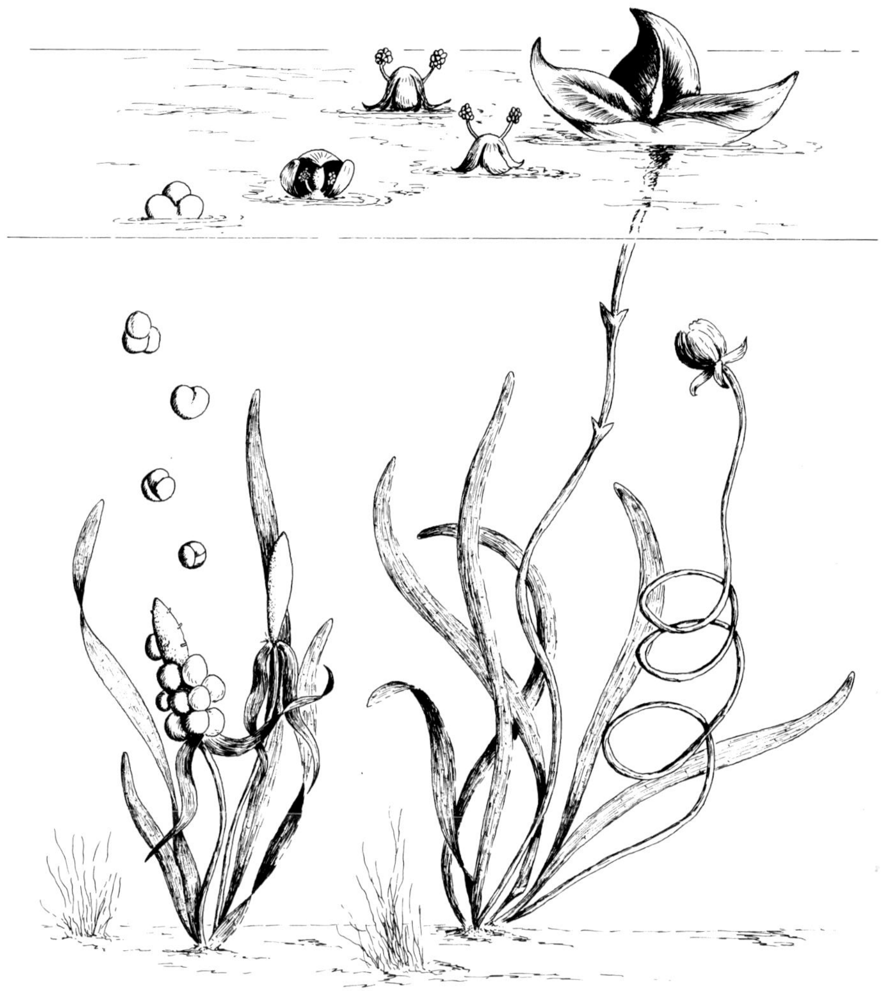

Les fleurs femelles de la vallisnérie en spirale sont portées sous la surface de l'eau par de longs pédoncules enroulés en spirale. Lors de la floraison, ces pédoncules se détendent et les fleurs femelles s'épanouissent à la surface. Les boutons floraux mâles, petits et nombreux, sont portés par des pieds différents. Parvenus à maturité, ils se détachent et s'ouvrent en surface où ils forment de minuscules nacelles. La pollinisation s'effectue au gré des rencontres entre les fleurs mâles et femelles. Après la fécondation, le pédoncule des fleurs femelles s'enroule à nouveau et la maturation des fruits s'effectue sous l'eau.

Un végétal sophistiqué

La vallisnérie *(Vallisneria spiralis)* est une plante immergée, présente dans les eaux stagnantes ou à faible courant du midi de la France. Cette espèce à longues feuilles rubanées, de la famille des hydrocharidacées, a résolu le problème de la fécondation de manière très sophistiquée.

La plante possède des pieds mâles et femelles séparés. Les fleurs mâles, petites et nombreuses, sont groupées en épis au fond de l'eau. À maturité, l'enveloppe qui entoure ces épis se déchire, les boutons floraux se détachent et montent à la surface grâce à une réserve d'air contenue dans leurs tissus. Sous l'action du soleil, les boutons s'ouvrent et s'épanouissent : trois pétales se rabattent vers le bas pour former une minuscule nacelle qui maintient hors de l'eau les deux étamines. Les fleurs femelles, solitaires, sont amenées à la surface lorsqu'elles atteignent leur maturité, grâce à un très long pédoncule floral en spirale (la «queue» de la fleur). Elles s'épanouissent alors et déploient trois stigmates ciliés.

La rencontre des fleurs femelles et des nacelles mâles, poussées par le vent ou les faibles courants, permet la pollinisation hors de l'eau. Après fécondation, les fleurs femelles se referment et leurs pédoncules s'enroulent à nouveau, permettant la maturation des fruits au fond de l'eau.

Il existe aussi quelques rares plantes à fleurs chez lesquelles la pollinisation s'effectue totalement dans l'élément aquatique. Dans les eaux douces, ce sont notamment les cératophylles et les naïas *(Naias* sp.*)*.

Un élément «porteur»

Alors que le vent et les animaux constituent les agents de dispersion essentiels des végétaux terrestres, l'eau joue un rôle fondamental dans la dissémination des spores, des fruits et des graines des plantes aquatiques. Un tel mode de dissémination est connu sous le terme d'*hydrochorie* (du grec *hudôr,* «eau», et *khôra,* «espace»).

Les fruits ou les graines possèdent souvent des caractères adaptatifs leur assurant une meilleure flottaison à la surface de l'eau. Chez le nénuphar blanc, les pétales de la fleur se détachent après fécondation et le pédoncule se contracte, attirant le fruit en forme d'urne sous l'eau. Ce dernier mûrit, se détache et finit de se décomposer au fond de l'eau. Il libère alors un grand nombre de graines qui flottent à la surface grâce à leur tégument empli de bulles d'air. Lorsque leur tégument pourrit, les graines tombent au fond de l'eau et peuvent enfin germer.

Un grand nombre de plantes aquatiques se reproduisent non pas de manière sexuée, mais par multiplication végétative: une nouvelle pousse se développe à partir d'une tige, d'un rhizome (tige souterraine) ou d'un bourgeon. Le cas le plus connu en Europe est peut-être celui de l'élodée du Canada *(Elodea canadensis)*. Seuls des pieds mâles de cette espèce, dont les deux sexes sont séparés, ont été introduits en Irlande en 1836. La plante est donc stérile. Depuis, l'élodée a malgré tout envahi l'ensemble de l'Europe par multiplication végétative. Plusieurs espèces qui se développent indifféremment près des rivages ou en eaux plus profondes, comme la littorelle *(Littorella lacustris)* ou la glycérie flottante *(Glyceria fluitans)*, fleurissent lorsqu'elles sont émergées et se reproduisent par voie asexuée lorsqu'elles sont submergées.

Comme un lit nuptial...

La rencontre des cellules sexuelles animales lors de la fécondation nécessite un milieu aqueux. De plus, les embryons doivent vivre dans des milieux stables (notamment au niveau thermique) et protégés de la dessiccation. L'environnement aquatique offre ainsi aux animaux des conditions qui facilitent la reproduction. Alors que la fécondation est typiquement interne chez les organismes terrestres, plusieurs groupes d'animaux aquatiques se caractérisent par une fécondation et un développement embryonnaire externes.

Chez la plupart des poissons, la fécondation a lieu sans accouplement. Les ovules, au nombre de quelques centaines à quelques centaines de milliers selon les espèces, sont libérés par la femelle lors de la période de frai, généralement en eau peu profonde. Le mâle répand alors sa laitance sur la ponte de la femelle pour assurer la fécondation.

Il existe cependant quelques poissons pour lesquels la fécondation est interne et nécessite donc un acte de copulation. Ce mode de fécondation caractérise surtout des poissons marins, comme les requins, mais s'observe également chez quelques poissons d'eau douce. En Europe, on peut citer la gambusie *(Gambusia affinis)*, originaire d'Amérique et introduite à partir de 1921 dans les régions méditerranéennes pour combattre les larves de moustiques, vecteurs de la malaria. La nageoire anale du mâle de gambusie est transformée en un organe copulateur appelé *gonopodium.* La femelle, ovovivipare, met au monde ses petits un mois environ après avoir été fécondée. Chez les anoures (grenouilles et crapauds), la fécondation est externe avec accouplement: le mâle enlace la femelle, parfois pendant plusieurs jours, et féconde les ovules expulsés dans l'eau (au nombre de quelques centaines à quelques dizaines de milliers).

Laxisme... ou protection rapprochée

La plupart des poissons et des anoures européens ne protègent pas leurs pontes. Le grand nombre d'œufs libérés dans l'eau compense les multiples facteurs de mortalité. Il existe parfois quelques mécanismes de protection, qui se traduisent généralement par une réduction du nombre d'œufs pondus.

Chez le saumon *(Salmo salar)*, les œufs sont émis dans une cuvette de ponte creusée par la femelle et recouverts de graviers après avoir été fécondés. Une protection active des pontes, généralement assurée par les mâles, s'observe chez d'autres poissons (siluridés, gobies, chabots, épinoches...). Lors du frai de l'épinoche à trois épines *(Gasterosteus aculeatus)*, une ou plusieurs femelles déposent une centaine d'ovules

Stratégie de la reproduction chez l'épinoche

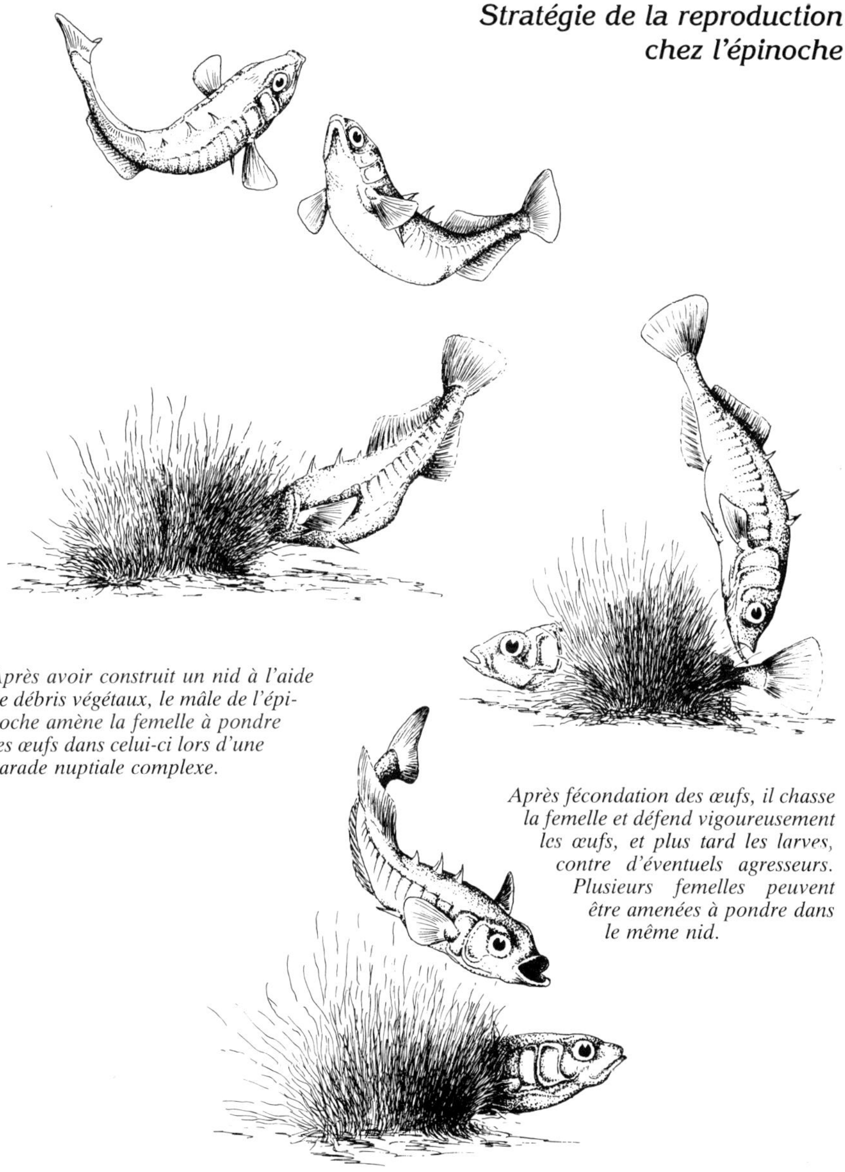

Après avoir construit un nid à l'aide de débris végétaux, le mâle de l'épinoche amène la femelle à pondre ses œufs dans celui-ci lors d'une parade nuptiale complexe.

Après fécondation des œufs, il chasse la femelle et défend vigoureusement les œufs, et plus tard les larves, contre d'éventuels agresseurs. Plusieurs femelles peuvent être amenées à pondre dans le même nid.

Ponte d'une bouvière dans un mollusque bivalve

La bouvière assure la protection de ses œufs en les déposant grâce à un long oviducte, au niveau des branchies de mollusques bivalves. Le mâle libère alors sa laitance et féconde les œufs. Les larves quittent le bivalve 2 jours après leur éclosion.

dans un nid construit par le mâle. Les œufs, et ensuite les larves, sont défendus vigoureusement par ce dernier.

La bouvière *(Rhodeus amarus)*, petit cyprinidé vivant dans la végétation rivulaire des eaux douces, a trouvé un mode de protection subtil. À l'époque de la reproduction, le mâle emmène la femelle vers un mollusque bivalve *(Anodonta* ou *Unio)*. La femelle dépose une cinquantaine d'ovules entre les valves du mollusque grâce à un long tube de ponte, et le mâle les féconde alors en libérant sa laitance. Le courant d'eau aspiré par le mollusque pour respirer permet également la respiration des œufs.

Température ambiante, température interne

La plupart des animaux aquatiques sont des poïkilothermes. Du fait de la forte inertie thermique de l'eau, et si l'on excepte les zones de faible surface et très peu profondes, l'amplitude thermique annuelle ne dépasse guère 25 °C dans les milieux aquatiques tempérés. En hiver, il est rare que ceux-ci soient totalement gelés. La température sous la glace est comprise entre un peu plus de 0 °C sous la surface et 4 °C au niveau du fond dans les milieux suffisamment profonds.

En général, les animaux aquatiques ont une activité et un développement réduits durant l'hiver. Certains organismes passent la mauvaise saison sous une forme de vie latente (formes enkystées chez les protozoaires, œufs de durée ou stades dits de diapause dans le sédiment pour certaines espèces zooplanctoniques...). Les batraciens hivernent dans la vase ou dans une cavité. Parmi les poissons, un grand nombre de cyprinidés, tels le gardon *(Rutilus rutilus)*, le rotengle *(Scardinius erythrophthalmus)*, la brème *(Abramis brama)*, la carpe *(Cyprinus carpio)*, la tanche *(Tinca tinca)* et le carassin *(Carassius carassius)*, hivernent dans les zones les plus profondes et donc un peu plus chaudes des plans d'eau. Certains s'enfoncent même dans la vase. En revanche, les salmonidés et la lotte *(Lota lota)*, typiques des eaux froides, fraient pendant la période hivernale.

HOMÉOTHERMIE ET POÏKILOTHERMIE :

autonomie ou dépendance

L'homéothermie, c'est-à-dire le maintien de la température corporelle autour d'une valeur fixe, ne caractérise que les oiseaux et les mammifères. Ces animaux s'opposent aux poïkilothermes, dont la température interne dépend fortement des apports de chaleur du milieu ambiant. Ces derniers regroupent l'ensemble des invertébrés, des poissons, des amphibiens et des reptiles ; ils forment donc l'immense majorité du règne animal. L'homéothermie confère aux Vertébrés supérieurs un avantage sélectif important, en les rendant moins dépendants de leur environnement et en leur permettant de rester actifs sous des conditions extrêmes. Cependant, ce progrès est coûteux ; les dépenses d'énergie des homéothermes sont 10 à 30 fois supérieures à celles des poïkilothermes.

UN PÈRE PORTEUR :

le crapaud accoucheur

Le crapaud accoucheur (Alytes obstetricans) *adopte une méthode très particulière de protection de la ponte, méthode à laquelle il doit son nom. L'accouplement a lieu à terre. La femelle pond environ 60 œufs, que le mâle transporte enroulés en chapelets autour de ses pattes postérieures et humidifie régulièrement durant toute la période d'incubation. Lorsque les têtards sont prêts à éclore, leur père entre dans l'eau pour leur permettre, à faible profondeur, de se libérer de leur enveloppe.*

D'autres valeurs sensorielles

Les végétaux et les animaux possèdent des organes de perception qui les rendent sensibles à certains stimuli de leur environnement. Alors que ces récepteurs sont peu spécialisés chez les plantes, les sens des animaux recouvrent des fonctions parfois très spécialisées comme la vue, l'ouïe, l'odorat, le toucher et le goût. Les animaux les plus évolués, en particulier les Vertébrés, reçoivent ainsi des informations très précises sur le milieu extérieur. La spécificité de l'environnement aquatique a parfois abouti à des adaptations sensorielles particulières.

Surtout voir de près

La pénétration de la lumière dans l'eau des lacs et des rivières répond à des lois complexes qui dépendent en particulier de la nature des ondes lumineuses, de la profondeur, des caractéristiques et de l'abondance des matières dissoutes et des corps en suspension dans l'eau. Retenons simplement qu'une fraction parfois importante des radiations lumineuses est rapidement absorbée dans les milieux aquatiques.

La vue a malgré tout une grande importance pour certains animaux. Les yeux des poissons, notamment, sont bien développés, quoiqu'adaptés à une faible luminosité : l'ouverture de l'iris ne varie pas et le cristallin, sphérique pour s'ajuster à l'indice de réfraction de l'eau, fait fortement saillie, ce qui permet une pénétration maximale de la lumière. Le cristallin, qui ne peut changer de forme comme chez les mammifères et les oiseaux, est positionné pour permettre une vision rapprochée. Mais chez certains poissons, il peut se déplacer d'avant en arrière et autorise malgré tout une faible accommodation. Chez les poissons adultes, l'importance de la vision est variable. En revanche, les alevins de toutes les espèces chassent à vue le zooplancton dont ils se nourrissent.

Sentir et entendre

Tout comme les animaux terrestres, les animaux aquatiques, en particulier les poissons, possèdent des sens olfactif et gustatif parfois développés. L'odorat est particulièrement sensible chez les anguilles d'eau douce et les saumons. Lorsqu'ils migrent de la mer vers les rivières pour se reproduire, ces derniers reconnaissent leur rivière natale grâce à leur sens olfactif.

L'œil des poissons

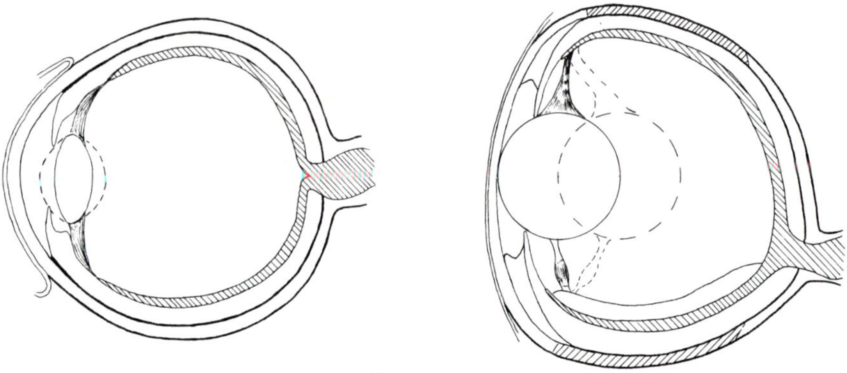

Alors que les mammifères (à gauche) peuvent accommoder aisément leur vision sur des objets situés à des distances variables en modifiant la forme de leur cristallin, les poissons (à droite) adaptent leur vision sur des objets plus éloignés grâce à la mobilité de leur cristallin.

L'eau est un milieu dense et peu compressible. Les vibrations ou les ondes de choc s'y propagent donc plus facilement et plus rapidement que dans l'air. Ainsi de nombreux animaux aquatiques sont très sensibles aux perturbations mécaniques de leur milieu. Un système sensoriel efficace a été mis en évidence, par exemple chez les petits crustacés planctoniques que sont les copépodes. De même, le sens de l'ouïe est généralement assez développé chez les poissons d'eau douce, en particulier chez les espèces qui, comme la carpe et le poisson-chat, utilisent leur vessie natatoire comme amplificateur sonore relié à l'oreille interne.

Un sens «mécanique»

Cependant, l'organe récepteur le plus remarquable est sans doute la «ligne latérale» des poissons et de certains amphibiens. Chez les poissons, ce système sensoriel, constitué de nombreux récepteurs nommés «neuromastes», est souvent logé dans un petit canal latéral recouvert d'écailles perforées et modifiées. La ligne latérale est bien visible le long des flancs du poisson, qu'elle parcourt de la tête à la queue. Elle avertit les animaux des moindres perturbations mécaniques de l'eau, et leur permet de repérer facilement les proies, les obstacles ou les éventuels ennemis.

Les neuromastes captent des vibrations à basse fréquence que le système auditif ne peut percevoir, mais ils servent surtout à enregistrer les variations de pression et constituent en quelque sorte un sens du toucher à distance. Ce système sensitif est si performant que des poissons carnivores rendus aveugles peuvent surmonter leur handicap et continuer à chasser et survivre grâce à leur seule ligne latérale.

Face au sel ou à la sécheresse

Les eaux douces recouvrent classiquement des milieux aquatiques dont la teneur totale en sels marins ne dépasse pas 0,6 ‰, alors que la salinité des eaux marines est voisine de 35 ‰. Les eaux dont la teneur en sels est intermédiaire sont dites saumâtres.

La salinité est un facteur primordial pour les organismes aquatiques, qui doivent en effet maintenir leur équilibre interne en sels face au milieu environnant. Rappelons, à cet égard, quelques phénomènes physiques simples.

Diffusion et osmose

Si deux solutions caractérisées par des concentrations différentes en sels dissous sont séparées par une membrane perméable, les sels vont migrer de la solution la plus concentrée vers la solution la plus diluée, jusqu'à l'équilibre des concentrations (phénomène dit de «diffusion»). Si ces solutions sont séparées par une membrane semi-perméable (perméable au seul solvant et non aux substances dissoutes), le solvant tend à diffuser de la solution la plus diluée vers la solution la plus concentrée (phénomène dit d'«osmose»).

Ces mécanismes existent également dans la nature. La teneur interne en sels d'un poisson d'eau douce, par exemple, est plus élevée que celle de l'eau, et le corps de ce dernier tend par conséquent à absorber de l'eau à travers la peau. Le poisson doit excréter cette eau pour maintenir son équilibre interne. Le phénomène inverse se produit dans la mer: aussi surprenant que cela paraisse, les poissons marins doivent boire énormément (jusqu'à 40 % de leur poids corporel chaque jour) pour ne pas se déshydrater. Ils doivent bien sûr éliminer, notamment au niveau des branchies, les excédents de sels qu'ils absorbent.

Ainsi, des mécanismes complexes se sont mis en place chez tous les organismes aquatiques pour qu'ils puissent maintenir leur équilibre osmotique. C'est pourquoi la plupart des espèces sont adaptées à des variations assez limitées de la teneur en sels dissous de leur environnement.

Entre deux milieux

Il existe pourtant des organismes qui ont réussi le tour de force de survivre dans des milieux de salinités aussi différentes que la mer et les rivières. Ils sont dits « amphihalins ». Certains poissons des eaux côtières, par exemple les mulets et les gobies, remontent fréquemment les cours d'eau. Cependant, la plupart des espèces amphihalines migrent pour frayer. On qualifie d'anadromes les espèces qui séjournent en mer et remontent les fleuves et les rivières pour se reproduire, catadromes celles qui effectuent le trajet inverse.

Les espèces anadromes sont les plus fréquentes : la lamproie de rivière *(Lampetra fluviatilis)* et la lamproie marine *(Petromyzon marinus)* chez les Cyclostomes (vertébrés très primitifs proches des poissons), l'esturgeon *(Acipenser sturio)*, les aloses *(Alosa* sp.*)*, la truite de mer *(Salmo trutta)* et, bien sûr, le saumon chez les poissons, pour ne citer que ces exemples. L'espèce catadrome la plus célèbre est l'anguille européenne, qui vit dans les rivières et fraie dans la mer des Sargasses, à plus de 5 000 kilomètres de son lieu de départ.

Lorsque l'eau vient à manquer

Il peut sembler paradoxal d'analyser le problème posé par l'absence d'eau dans un chapitre qui concerne les adaptations à la vie aquatique. Pourtant de nombreuses zones humides, comme les étangs peu profonds, les zones inondables ou les marais, se caractérisent par un assèchement périodique. Les organismes qui colonisent des milieux ainsi instables ont dû élaborer des méthodes permettant de survivre à une dessiccation temporaire.

Un grand nombre des espèces semi-aquatiques qui s'implantent dans ces zones peu profondes ou sur les rives des plans d'eau sont capables de survivre à des fluctuations importantes du niveau d'eau. Plusieurs d'entre elles, comme les carex (*Carex* sp.), le roseau *(Phragmites communis)*, la glycérie *(Glyceria maxima)*, les rubaniers *(Sparganium* sp.*)* et bien d'autres encore, possèdent des tiges souterraines riches en réserves — les rhizomes — qui leur permettent de survivre aux périodes d'assèchement. Chaque année, le bourgeon terminal du rhizome émet une pousse aérienne. Pendant la phase de végétation aérienne, un nouveau bourgeon terminal se met en place en vue du cycle suivant. En cas de sécheresse, le rhizome permettra la survie souterraine de la plante jusqu'à l'année suivante. De plus, certaines plantes, comme le roseau, sont capables de se satisfaire de conditions hydriques très variées grâce à leur puissant système radiculaire.

De nombreux organismes zooplanctoniques sont eux aussi capables de résister à des périodes d'assèchement. Certains, comme les rotifères et les cladocères, forment des œufs très résistants qui peuvent survivre à la dessiccation. Lors de la remise en eau du terrain, l'éclosion de ces œufs assure le développement des populations. D'autres organismes, comme les copépodes, s'enfoncent dans le sédiment et réduisent considérablement leur métabolisme jusqu'au retour des conditions favorables. Une telle phase de vie latente, nommée « quiescence », diffère du phénomène de « diapause » par le fait qu'elle est provoquée directement par l'apparition de conditions défavorables et ne constitue pas une étape obligatoire, donc programmée, du cycle de développement de l'organisme. Certains poissons ont également élaboré des formes de résistance : la loche d'étang peut ainsi survivre jusqu'à un an dans un état léthargique, enfouie dans la vase du plan d'eau asséché.

Pendant la mauvaise saison, de nombreuses plantes semi-aquatiques stockent dans leurs racines ou dans leurs rhizomes les réserves qui assureront leur redémarrage au retour de conditions favorables.

Les eaux courantes : des écosystèmes « ouverts »

De la source à la mer

La caractéristique fondamentale d'une eau courante est, par définition même, son mouvement. L'intensité de ce mouvement joue un rôle déterminant dans la composition de la communauté biologique qui peuple le cours d'eau. Cependant, la séparation entre les eaux stagnantes («lentiques») et les eaux courantes («lotiques») recouvre beaucoup plus que des différences de composition faunistique et floristique. Les lacs et les étangs sont souvent considérés comme des exemples typiques d'écosystèmes «fermés», caractérisés par des échanges limités avec l'extérieur (prédominance de matières d'origine interne ou «autochtones»). Les rivières apparaissent au contraire comme des écosystèmes «ouverts», très dépendants des apports externes (apports «allochtones»). La réalité est bien sûr moins simple. L'importance des apports allochtones et les facteurs qui déterminent la nature de la vie au sein des rivières varient considérablement de la source à l'embouchure et selon la nature de leur bassin versant.

Changeons d'objectif et quittons un instant le monde des êtres vivants. L'eau en mouvement a bien d'autres effets que de sélectionner les formes de vie dans les rivières. Elle possède une puissance de travail qui lui permet de modifier le visage de la planète. Du fait de ce travail, les cours d'eau évoluent ainsi considérablement à l'échelle géologique et même parfois historique : à l'instar des êtres vivants, ils vieillissent ! Autant de points que nous allons maintenant tenter d'éclaircir.

Les petits ruisseaux font les grandes rivières

Journée orageuse en montagne : une pluie violente martèle le sol dénudé et détrempé. L'eau en surplus ruisselle en suivant les lignes de pente. L'action érosive du ruissellement, d'abord faible et diffuse, devient bientôt suffisante pour former de minuscules rigoles. De rigoles en ravines et de ravines en ruisselets, les eaux se concentrent, recueillent d'autres eaux de sources ou de ruissellement et augmentent leur capacité d'érosion. Chaque nouvelle confluence marque l'extension de la surface drainée par le cours d'eau et l'augmentation de son débit. Le ruisseau devient ainsi un torrent impétueux. Arrivé dans une large vallée glaciaire, de pente beaucoup plus faible, le torrent est brusquement freiné et abandonne sur un cône de déjection les matériaux grossiers qu'il a transportés. Le cours d'eau s'élargit et son tracé devient moins rectiligne. Grossie par de nouvelles confluences, la rivière se transforme enfin en fleuve imposant dont les méandres serpentent dans la plaine alluviale. Parvenu au niveau de la mer, le fleuve s'étale en un large delta, formé de plusieurs bras changeants, divaguant à travers les alluvions.

Ce schéma succinct de l'évolution d'un cours d'eau de l'amont vers l'aval correspond à celui que l'on observe pour un grand nombre de fleuves.

Tous les fleuves ne mènent pas à la mer

La plupart des cours d'eau européens se jettent en dernier lieu dans la mer (ces bassins fluviaux sont dits exoréiques). Quelques rivières s'écoulent cependant dans des bassins fermés (on parle alors de bassins endoréiques). Elles aboutissent généralement dans des plans d'eau fortement salés, dont le niveau est souvent inférieur à celui des océans. Ces plans d'eau correspondent à d'anciens lacs en régression ou à des mers reliques isolées des océans.

Un visage changeant de l'amont vers l'aval

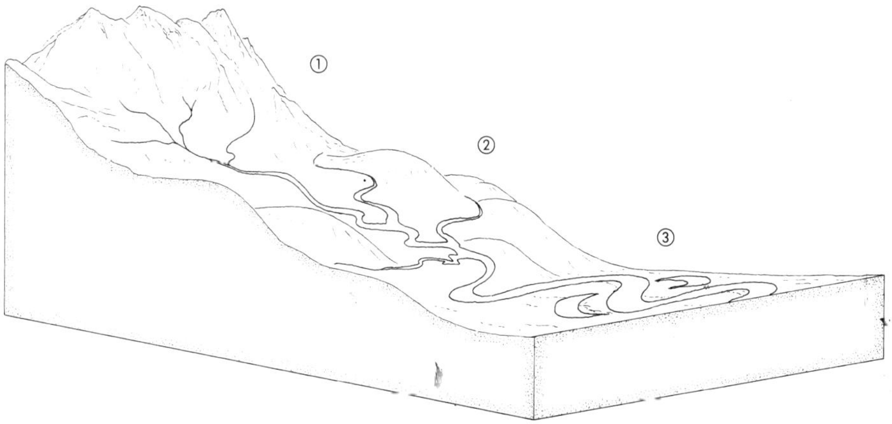

Au cours de son trajet d'amont en aval, un cours d'eau se modifie constamment. D'abord rivière au cours rectiligne et impétueux (1), il ralentit et adopte progressivement un cours plus sinueux dans la vallée (2), pour se transformer enfin en un fleuve imposant aux larges méandres (3).

Lorsqu'une rivière perd de sa puissance, par exemple à son arrivée dans la vallée, ou en période de basses eaux, elle dépose la surcharge de matériaux qu'elle transporte. Du fait de ces dépôts elle se divise en nombreux bras et adopte un cours dit « anastomosé ».

Ainsi, en U.R.S.S., la Volga se jette dans la mer Caspienne, dont la surface se trouve à près de trente mètres au-dessous du niveau des océans. Au Proche-Orient, le Jourdain se jette dans la mer Morte. Cette « mer intérieure », située à 395 mètres au-dessous du niveau de la mer, présente un taux de salinité de 23 % (contre 3,5 % pour les océans). Elle constitue le plan d'eau le plus salé du monde.

Notons enfin que l'on nomme bassin hydrographique le secteur géographique

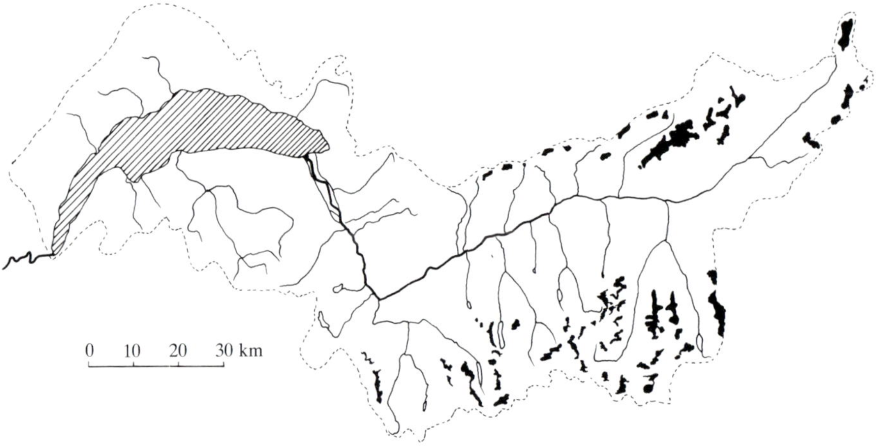

Le lac Léman, dont la superficie atteint 582 km², est alimenté par un bassin versant de 7 400 km², dont plus de 11 % sont constitués de glaciers ou névés (en noir).

La ligne de partage des eaux

Le bassin versant d'un lac ou d'une rivière recouvre le secteur géographique qui collecte les eaux vers ce milieu. Il est délimité par une ligne de partage des eaux (en pointillé), au delà de laquelle celles-ci sont drainées vers d'autres milieux aquatiques.

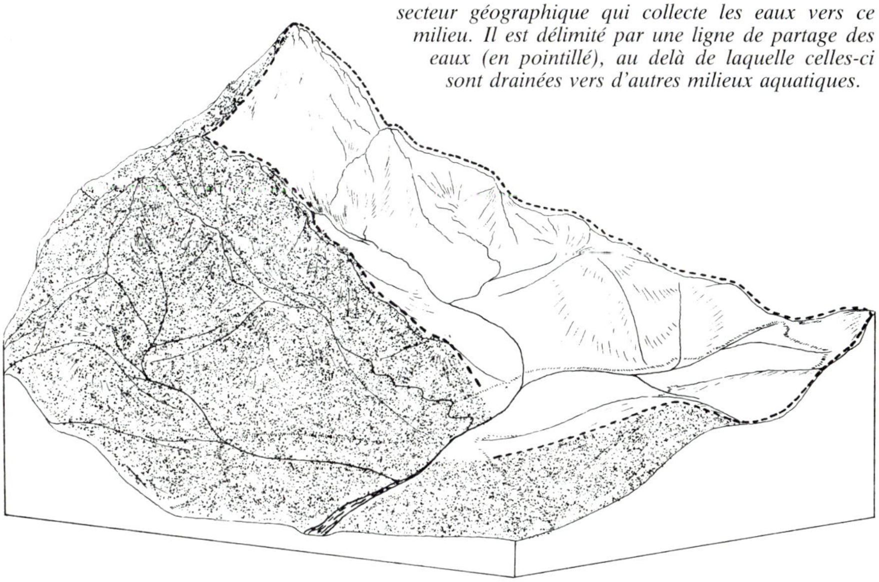

drainé par un réseau hydrographique, c'est-à-dire par un cours d'eau et l'ensemble de ses affluents, de la source à la mer. Les bassins hydrographiques sont bien sûr de dimensions très variables. La superficie du bassin de l'Amazone représente, avec quelque sept millions de kilomètres carrés, environ treize fois la surface de la France. À titre de comparaison, les bassins des principaux fleuves français couvrent de quelques dizaines à quelques centaines de milliers de kilomètres carrés.

LE BASSIN VERSANT

une unité fonctionnelle

Le bassin versant peut être défini comme le secteur géographique qui collecte les eaux d'un lac ou d'un cours d'eau. Il est délimité par une « ligne de partage des eaux », au-delà de laquelle celles-ci sont drainées vers d'autres milieux aquatiques. Le bassin versant influe fortement sur la vie des écosystèmes aquatiques. Sa surface détermine partiellement le volume des eaux collectées. Son recouvrement végétal influe sur la répartition entre les eaux de ruissellement et les eaux d'évapotranspiration. De plus, les eaux drainées se chargent en matières organiques et en sels minéraux en fonction de la nature des milieux traversés et de l'importance des surfaces agricoles, des industries ou des agglomérations. Le bassin versant exerce donc une influence considérable sur le débit et la régularité des rivières, le temps de séjour de l'eau dans les lacs et la qualité des eaux. Il est clair qu'une des clés de la compréhension du fonctionnement et de l'évolution des systèmes aquatiques se trouve dans leur environnement terrestre.

Vitesse et puissance de l'eau

Afin de mieux comprendre les processus qui déterminent l'évolution d'un cours d'eau dans son trajet de la source à la mer, il est nécessaire d'apporter succinctement quelques précisions théoriques. La première règle est fort simple : sous l'action de la pesanteur, l'eau s'écoule en suivant les lignes de plus grande pente.

Rugosité du fond et couche limite

La vitesse moyenne d'un cours d'eau augmente avec sa déclivité et diminue avec la rugosité du fond. En première approche, la rugosité est d'autant plus faible que les matériaux qui composent le lit de la rivière sont fins. Cependant, au-dessous d'un certain seuil correspondant aux sables fins ou aux limons, le fond forme des rides qui accentuent son relief et donc sa rugosité. Les forces de friction augmentent avec la surface de contact entre l'eau et le substrat. C'est pourquoi le profil en coupe qui assure une vitesse maximale à la rivière est semi-circulaire. Le cercle est en effet la figure géométrique dont le rapport périmètre/surface est minimal. Dans des conditions identiques et pour une même section, une rivière large et peu profonde sera donc moins rapide qu'une rivière en demi-cercle.

La vitesse d'un cours d'eau n'est pas constante sur l'ensemble de sa section. Elle est maximale à son niveau de plus grande profondeur et minimale à proximité des berges. Diminuée en surface par le frottement de l'air, elle est maximale un peu en dessous de celle-ci, et diminue ensuite avec la profondeur, de manière d'abord très progressive et brusquement très marquée dans les derniers millimètres au-dessus du fond. L'épaisseur de cette zone profonde, appelée couche limite, est d'autant plus faible que la vitesse du courant est grande.

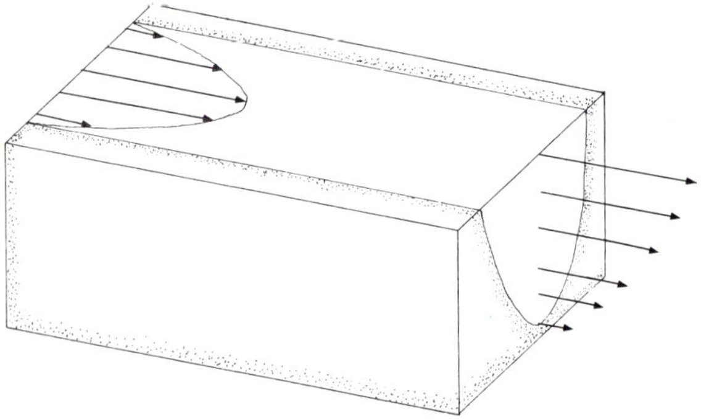

Répartition des vitesses dans un cours d'eau

La vitesse, symbolisée par les flèches, est maximale au milieu du lit et un peu en dessous de la surface. Elle est minimale au niveau des berges et à proximité du fond (couche limite).

SIX AGENCES FINANCIÈRES

pour les réseaux fluviaux de France

Les études effectuées par les hydrobiologistes ont mis en évidence la nécessité de considérer l'ensemble du bassin hydrographique pour une meilleure gestion des eaux courantes. La loi française sur l'eau du 16 décembre 1964 a reconnu cette nécessité. À partir de 1969, le découpage administratif du pays en six agences financières de bassin, impliquées dans certains aspects de la gestion financière, de l'usage et de la protection des eaux, s'est ainsi effectué sur la base de ses principaux réseaux fluviaux.

Rivières lentes et rivières rapides

Les nombreux paramètres qui interviennent dans la rapidité du courant font que la règle générale du ralentissement du fleuve dans sa partie inférieure n'est pas toujours vérifiée. Si la pente du fleuve est effectivement plus faible à ce niveau, la rugosité est également moindre. De plus, l'augmentation du débit, due aux apports des affluents, entraîne une diminution de la surface relative de friction. En pratique, la vitesse d'un cours d'eau est rarement supérieure à 3 m/s, soit 10 km/h environ. Une rivière est considérée comme lente au-dessous de 0,25 m/s, rapide au-delà de 0,50 m/s. Les rivières de plaine ont le plus souvent des vitesses moyennes inférieures à 1 m/s. Avant son aménagement, le Rhône était un fleuve rapide, caractérisé par des vitesses de 2 m/s en période normale et de 3 à 4 m/s en période de crue. Une telle vitesse est comparable à celle de l'Arve, torrent de montagne né des glaciers du mont Blanc, qui subit une dénivellation de 1 600 mètres en 30 kilomètres, avant de se jeter dans le Rhône à 100 kilomètres de sa source.

La vitesse et la régularité d'un cours d'eau conditionnent son mode d'écoulement. Si la rivière est lente et régulière, les couches d'eau coulent parallèlement à la

Les rivières de plaine ou de vallée s'écoulent généralement plus lentement qu'une personne se déplaçant en marchant.

LES FLEUVES LES PLUS LONGS DU MONDE ET LEUR BASSIN FLUVIAL

(Longueur et superficies approchées)

Fleuve	Localisation	Longueur (km)	Bassin (km^2)
Nil	Afrique de l'Est	6700	2 800 000
Amazone-Ucayali	Amérique du Sud	6300	7 000 000
Mississippi-Missouri	États-Unis	6000	3 300 000
Yang Tse Kiang	Chine	5800	1 800 000
Ob-Irtych	U.R.S.S.	5500	2 400 000
Zaïre (Congo)	Afrique centrale	4800	3 800 000
Houang Ho (Fleuve jaune)	Chine	4700	980 000
Lena	Sibérie	4600	2 300 000
Rio Parana	Amérique du Sud	4500	3 100 000
Amour-Chilka	Sibérie-Chine	4500	2 100 000
Ienisseï	Mongolie-Sibérie	4500	2 500 000
Mékong	Indochine	4200	810 000
Mackenzie-Athabasca	Canada	4200	1 800 000
Niger	Afrique occidentale	4100	2 100 000

surface (écoulement laminaire). L'augmentation de la vitesse ou de la rugosité provoque très rapidement le passage à un écoulement turbulent. La présence de gros obstacles sur le fond de la rivière est à l'origine de nombreux tourbillons, mais aussi de zones à « eaux mortes », beaucoup plus calmes.

Vitesse et énergie cinétique

Comme tout corps en mouvement, l'eau d'une rivière possède une certaine quantité d'énergie cinétique. Si Q représente le débit, V la vitesse, et S la section du plan d'eau, l'énergie cinétique E se calcule simplement selon la formule $E = QV^2$. Le débit, qui représente la quantité d'eau écoulée par seconde, s'exprimant comme le produit de la section par la vitesse, la relation peut également s'écrire $E = SV^3$. Ainsi un doublement de la vitesse d'une rivière signifie que sa puissance est multipliée par 8.

L'énergie cinétique confère à l'eau de la rivière une certaine capacité de travail. De 90 à 95 % de cette énergie sont absorbés par les frottements (en particulier ceux que provoquent les turbulences). Une partie ou la totalité de l'énergie restante est utilisée

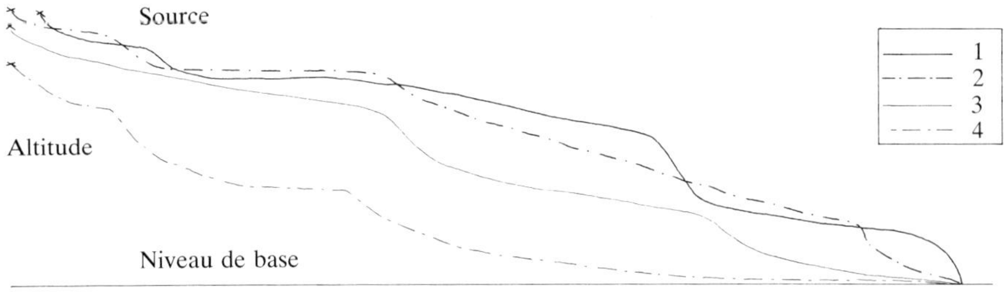

Au cours des temps géologiques, le profil en long d'une rivière évolue constamment, par érosion ou alluvionnement, vers un « profil d'équilibre ». Les courbes 1-2-3-4 représentent les 4 profils successifs au cours du temps.

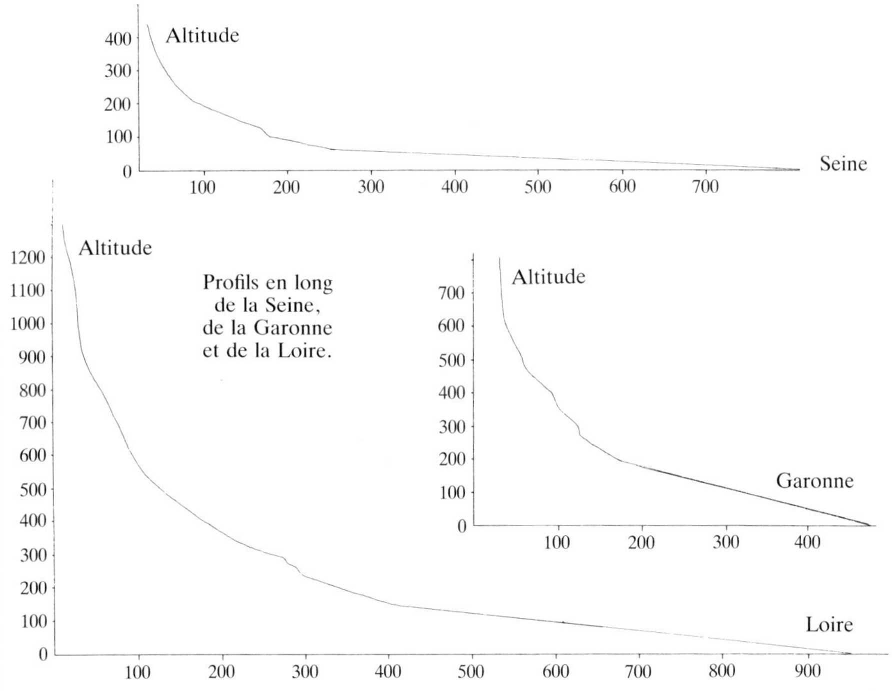

Profils en long de la Seine, de la Garonne et de la Loire.

Les chutes d'eau (sur cette photo la chute de Gullfoss en Islande) subissent une érosion intense et reculent au cours du temps.

pour transporter les matériaux vers l'aval. La fraction énorme de l'énergie dissipée par les forces de friction ne signifie pas pour autant une faible capacité de transport. La dimension des matériaux que la rivière est capable de transporter augmente très rapidement avec sa vitesse. Un cours d'eau de plaine de vitesse moyenne transporte continuellement des éléments sableux et des graviers. Un torrent en crue est capable de déplacer des blocs de plusieurs dizaines de centimètres.

Les éléments les plus fins sont transportés en suspension dans l'eau sur de longues distances. Les matériaux très grossiers sont charriés par sauts successifs ou roulés et traînés sur le fond. Si la puissance du cours d'eau est supérieure à celle qui est absorbée par les frottements et le transport des matériaux, l'énergie résiduelle est consommée dans l'érosion du substrat : la rivière creuse son lit. La puissance de la rivière baisse avec sa vitesse : sa charge diminue en conséquence. Les plus gros blocs seront bien sûr déposés les premiers. Le lit de la rivière est donc généralement formé de matériaux d'autant plus grossiers que l'on se dirige vers l'amont.

Un profil d'équilibre... toujours provisoire

Revenons un instant aux mécanismes d'érosion et d'accumulation de matériaux que nous venons de décrire. Prenons la rivière en un point où sa puissance est suffisante pour lui permettre de creuser son lit. L'érosion en ce point entraîne à terme une diminution de la pente par rapport à un point aval considéré comme fixe, d'où une réduction progressive de la vitesse, de la puissance, et donc de la capacité d'érosion du cours d'eau. Supposons au contraire que le fleuve, ayant brusquement perdu de sa puissance, dépose des matériaux. Ce dépôt aura pour conséquence d'exhausser son lit par rapport à un point aval, d'augmenter la pente du cours d'eau, et donc sa puissance, jusqu'à un seuil lui permettant d'assurer le transport de sa charge. En d'autres termes, un cours d'eau tend à atteindre, par creusement ou par dépôt de matériaux, un profil « idéal », qui assure le seul écoulement de l'eau sans qu'il y ait érosion ni transport de matériaux.

Pour un cours d'eau à débit constant,

ce profil théorique, nommé « profil d'équilibre », est une courbe concave tournée vers le haut et à pente décroissante d'amont en aval. L'examen du profil en long d'une rivière permet ainsi de tirer des conclusions quant à son niveau d'évolution.

Le profil d'équilibre, qui suppose une pente quasiment nulle sur la plus grande partie du trajet de la rivière, n'est jamais observée dans la réalité. Les phénomènes géologiques ou climatiques — mouvements tectoniques, hétérogénéité des matériaux traversés, périodes de glaciation, changements de débit — modifient en permanence, à l'échelle géologique, le profil idéal et l'équilibre entre érosion et accumulation. C'est pourquoi on parle généralement de « profil d'équilibre provisoire ». L'allure de ce profil est dépendante, au début, de la vitesse et de la charge en matériaux. Par conséquent, chaque nouvelle confluence est susceptible de modifier peu ou prou la pente d'équilibre.

Une érosion régressive

Pour la plupart des cours d'eau, le niveau de base est formé par le niveau des océans. Il peut être considéré comme fixe par rapport aux fluctuations du profil d'une rivière. Tous les autres points du profil sont variables et interdépendants : une modification à un niveau donné aura des conséquences tant sur l'aval que sur l'amont du cours d'eau. Bien sûr, la stabilité du niveau de base n'est pas vérifiée à l'échelle géologique. Les glaciations de la fin du Quaternaire ont ainsi provoqué des fluctuations du niveau général des océans de l'ordre d'une centaine de mètres.

Lors d'une période glaciaire, l'abaissement du niveau de base provoque une accélération de l'érosion à partir de l'embouchure. Une telle érosion, qui se propage de l'aval vers l'amont, est dite régressive. L'érosion régressive ne s'effectue pas uniquement dans le cas d'un abaissement du niveau de base : elle est associée à toute rupture de pente le long d'un profil. Supposons une brusque dénivellation à un endroit quelconque du cours d'eau, à l'origine d'une chute d'eau. À l'aval, la diminution de pente entraînera le dépôt d'une fraction des matériaux transportés. À l'amont, la brusque accélération du courant due à la dénivellation provoquera une érosion intense et le recul de la chute, progressivement transformée en rapide.

Un « sculpteur » de paysages

L'eau, qu'il s'agisse d'eau de pluie ou qu'elle appartienne aux rivières, est le principal agent d'érosion de notre planète. L'érosion peut être chimique, grâce aux capacités de dissolution de l'eau. Elle peut être mécanique, sous l'effet de la force vive de l'eau et de la capacité abrasive des matériaux qu'elle transporte. L'eau de pluie, par sa force directe ou son ruissellement, joue un rôle particulièrement important dans les terrains meubles et inclinés ainsi que dans les régions arides et dénudées. Contrairement à cette forme diffuse d'érosion de surface (érosion aérolaire), l'action d'un cours d'eau n'est effective que le long de la ligne suivie par celui-ci (érosion linéaire). Nous avons vu précédemment que l'eau des rivières effectue trois grands types de travaux : elle érode, elle transporte des matériaux vers l'aval et elle les dépose tout au long de son trajet. Cette triple action a un effet important sur l'évolution du paysage.

À l'origine des canyons

Les capacités d'érosion des cours d'eau sont considérables. Les rivières rapides et turbulentes peuvent creuser des vallées profondes, sculpter des arches naturelles impressionnantes, forer des cavités profondes dans la roche (« marmites de géant ») et créer des formes tourmentées. Dans les régions constituées d'un substrat dur (calcaire ou grès), les versants sont peu sensibles à l'érosion aréolaire, et seule l'érosion linéaire de la rivière joue un rôle important. Ces vallées prennent alors l'apparence de véritables canyons, bordés de falaises verticales. En France, les gorges du Verdon sont ainsi formées de falaises de 690 mètres de haut.

L'eau vive constitue un puissant agent d'érosion. Elle joue un rôle important dans l'évolution du paysage.

Des rivières au cours fluctuant

« Si la Garonne elle avait voulu,
lorsqu'elle sortit de sa source,
diriger autrement sa course
et dans le midi s'épancher,
qui donc eût pu l'en empêcher.
(...)
Si la Garonne elle avait voulu
elle allait arroser l'Espagne ».

(Paroles écrites au siècle dernier
par le chansonnier Gustave Nadaud)

À l'échelle géologique, parfois même historique, le trajet des rivières est loin de se révéler stable. Les forces internes, qui modifient régulièrement la face de la Terre, comme le travail de l'érosion, infléchissent fréquemment leurs tracés. Ces modifications peuvent aller jusqu'à l'inversion du sens des cours d'eau. Un phénomène courant, qui affecte le tracé des rivières, est celui de la capture d'un cours d'eau par un autre. Une rivière, par érosion régressive, peut percer la zone interfluviale qui la sépare d'une rivière proche. La rivière la plus élevée est alors captée par la plus basse. La vallée dans laquelle se trouvait l'ancien lit forme une « vallée morte » à l'aval du point de capture. Une rivière peu encaissée et caractérisée par un alluvionnement important peut exhausser suffisamment son lit pour infléchir son cours et se déverser dans une rivière voisine un peu plus basse. C'est probablement ainsi que la haute Moselle, qui s'écoulait dans la Meuse, a été captée au niveau actuel de Toul par la Meurthe à la fin du Quaternaire. De même, c'est au Quaternaire que le Rhin, qui se jetait dans le Doubs, a modifié son cours et s'est dirigé vers le nord.

Vers les plaines alluviales

À l'échelle géologique, les modifications de trajet et les captures tendent à hiérarchiser le réseau hydrographique. Dans une région géologiquement jeune, les cours d'eau, peu nombreux et d'importances assez similaires, tendent à suivre des trajets plus au moins parallèles, en fonction des lignes de plus grande pente. Au fur et à mesure des captures et des déversements, certains cours d'eau (rivières « conquérantes ») voient augmenter leur débit et leur

Capture par déversement

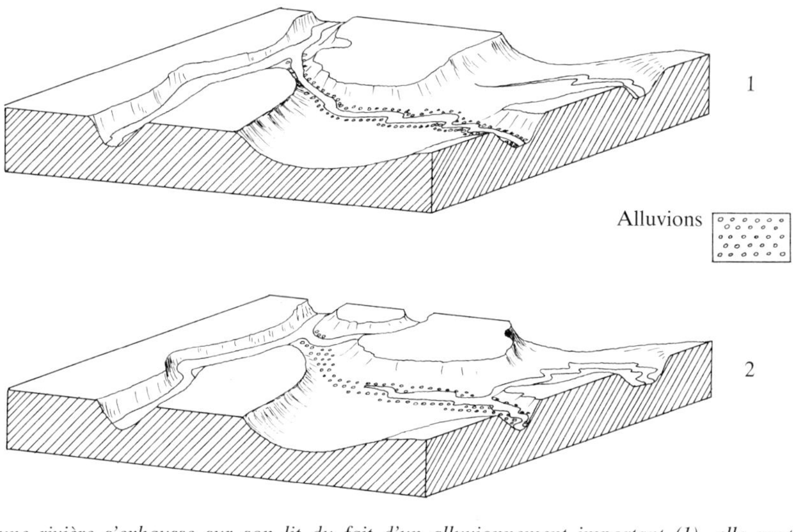

Lorsqu'une rivière s'exhausse sur son lit du fait d'un alluvionnement important (1), elle peut modifier son cours et se déverser dans une rivière plus basse (2) (phénomène de « capture par déversement »).

pouvoir d'érosion. De nombreux affluents viennent progressivement grossir leur cours et étendre leur bassin versant. Le réseau hydrographique, auparavant simple et peu différencié, se fait bientôt complexe et très hiérarchisé.

Dans les cours moyen et inférieur des rivières, l'accumulation de matériaux a permis la formation de vallées et de plaines alluviales fertiles. Les grands bouleversements climatiques ont parfois provoqué des phases successives d'érosion et d'alluvionnement. Les quatre grandes périodes glaciaires du Quaternaire (Günz, Mindel, Riss et Würm) ont entraîné, on l'a vu, une diminution du niveau des océans. Cette baisse à la base a provoqué une reprise de l'érosion régressive, et les rivières se sont creusées. Au contraire, pendant les périodes interglaciaires, le repli des glaciers a entraîné l'augmentation du niveau des océans et un alluvionnement important des rivières qui a entraîné progressivement la formation de vastes plaines alluviales. La succession de ces phases de glaciation et de réchauffement a conduit à la formation de terrasses alluviales emboîtées.

La formation de terrasses étagées n'est toutefois pas liée uniquement aux fluctuations des glaciers. Les modifications de l'équilibre entre charge et débit, consécutives par exemple à des périodes de sécheresse, à des mouvements tectoniques ou à une modification du réseau fluvial (capture d'un affluent), peuvent également provoquer des successions de phases d'alluvionnement et d'érosion. Ainsi, on observe parfois jusqu'à sept terrasses alluviales le long du cours de la Garonne.

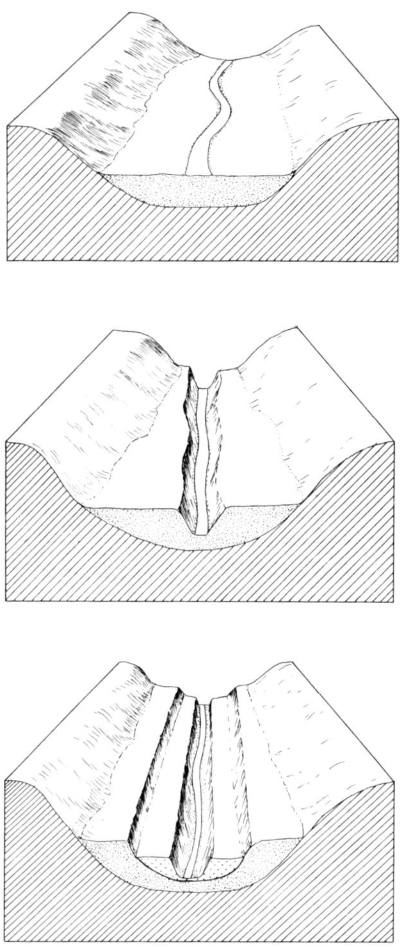

Les successions de phases d'alluvionnement et d'érosion aboutissent à la formation de terrasses alluviales emboitées.

La formation des méandres

Il est bien rare que les rivières suivent un tracé rectiligne. Très souvent, elles forment des méandres sur une partie de leur cours (le terme méandre vient du nom grec *meandros* donné à un fleuve sinueux d'Asie Mineure). Contrairement à ce qui a été souvent avancé, les rivières à méandres ne se caractérisent pas nécessairement par un courant très lent, mais plutôt par un substrat fin. Le mécanisme de formation et d'évolution des méandres, complexe, associe les phénomènes d'érosion et de sédimentation.

Au coude d'une rivière, la ligne de plus grande vitesse est déportée vers l'extérieur par la force centrifuge. Il en résulte une érosion de la rive concave, qui devient abrupte. Les différences de vitesse entre le fond et la surface créent un mouvement hélicoïdal au niveau de la courbure. Au fond de la rivière, l'eau est repoussée vers l'intérieur du méandre et entraîne avec elle les matériaux fins détachés de la rive externe. Près de la rive interne, ou rive convexe, le courant est trop faible pour maintenir la totalité de sa charge en suspension. La sédimentation accrue a pour effet de construire une grève en pente douce. De cette

La formation des méandres

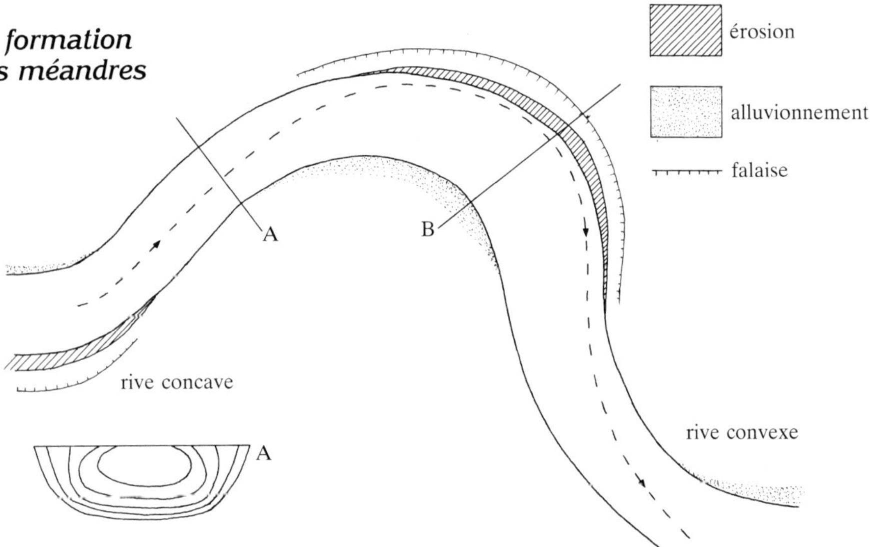

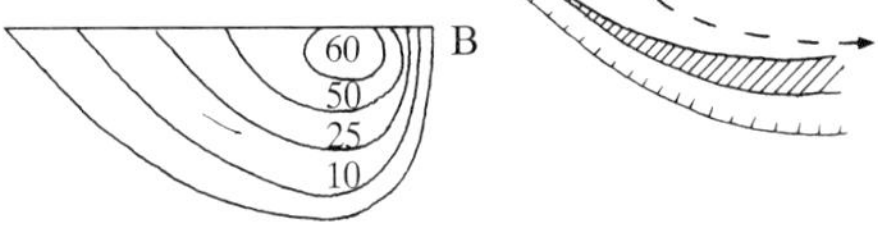

L'érosion de la rive concave et la sédimentation sur la rive convexe accentuent progressivement la courbure des méandres, le tracé en pointillé représente la ligne de plus grande vitesse de l'eau. Les lignes en traits pleins sur les coupes A et B représentent les zones où la vitesse de l'eau est identique.

manière, les méandres tendent à devenir de plus en plus prononcés. En outre, ils migrent lentement vers l'aval sous l'action de l'érosion.

Lorsque les méandres sont encaissés dans une vallée, leur exagération et leur migration ont tendance à calibrer et élargir progressivement cette dernière. Les divagations de la rivière deviennent alors indépendantes du tracé de la vallée (« méandres libres »). L'accentuation de la courbure des méandres provoque parfois leur recoupement. Il se forme ainsi un bras mort correspondant à l'ancien méandre abandonné.

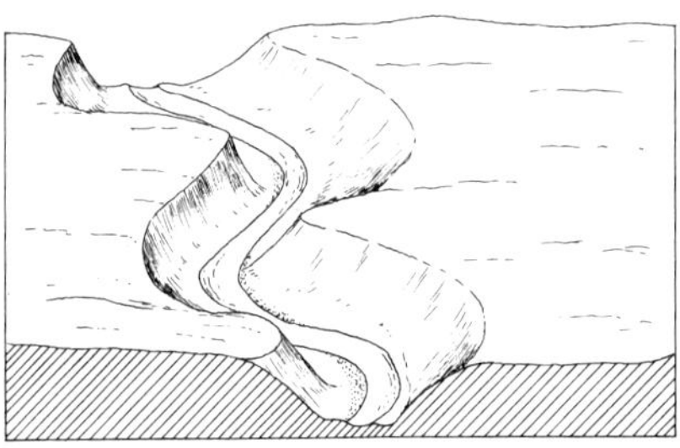

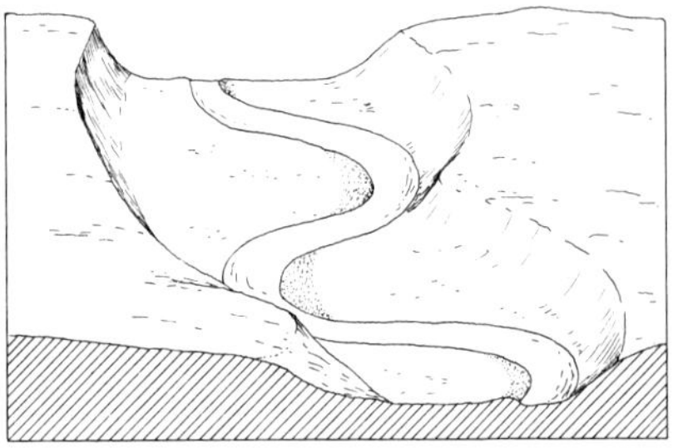

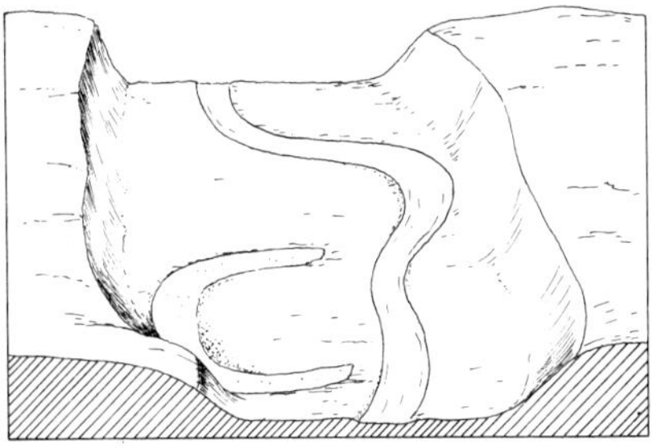

Les méandres et l'évolution du paysage

L'exagération et la migration des méandres dans une vallée encaissée entraînent son calibrage et son élargissement. Les méandres deviennent progressivement indépendants du tracé de la vallée (« méandres libres »). L'accentuation de leur courbure peut aboutir à leur recoupement et à la formation de bras morts.

LES ÂGES

d'un cours d'eau

Les stades successifs rencontrés de la source à l'embouchure correspondent schématiquement à différentes phases de l'évolution d'un cours d'eau: jeunesse, maturité et enfin vieillesse. Dans un massif montagneux de soulèvement récent, le fleuve, rapide et puissant, exerce une action érosive et creuse une gorge étroite et encaissée, plus ou moins rectiligne. Des éboulis grossiers se détachent des versants. Les zones entre deux vallées, ou interfluves, sont vastes. Les bassins versants ne sont pas toujours clairement délimités, les affluents sont relativement peu nombreux et peu ramifiés. C'est la phase de jeunesse. Progressivement, la pente s'adoucit, la vallée s'élargit et sa section prend la forme d'un V. L'érosion tend à s'exercer plus fortement sur les berges que sur le fond de la rivière. Les lignes de partage des eaux sont nettes, les affluents plus nombreux et le réseau hydrographique devient fortement hiérarchisé. La rivière a atteint le stade de maturité. Le déplacement des méandres vers l'aval a pour effet d'élargir et de calibrer la vallée. Les méandres, auparavant encaissés, deviennent libres. Enfin, le fleuve divague lentement dans une large plaine alluviale. Les interfluves forment des collines peu marquées. C'est le stade de la vieillesse. Un nouveau bouleversement géologique peut provoquer le rajeunissement du milieu et le redémarrage de l'érosion.

Débit, saisons et latitudes

Fin juillet: le soleil darde ses rayons sur les glaciers de la chaîne du mont Blanc. Ruisseau insignifiant, il y a peu de temps encore, l'Arve, grossie par les eaux provenant de la fonte des neiges et des glaciers, s'est transformée en un torrent tumultueux et dévale la montagne en direction de la vallée de Chamonix. Elle déversera bientôt dans le Rhône près de 1 000 m^3 d'eau par seconde, soit plus de cinquante fois ce qu'elle lui apportait en hiver.

À l'exemple de l'Arve, la plupart des rivières ont un débit variable au cours de l'année. Leur régime saisonnier est fonction de leur mode d'alimentation (eau de pluie, neige, glaciers, eaux souterraines). Les régimes simples se caractérisent par une période de basses eaux (étiage) et une période de hautes eaux (crue). Lorsque les cours d'eau présentent plusieurs modes d'alimentation, leur régime devient complexe et peut se caractériser par plusieurs périodes de basses et de hautes eaux en fonction des importances respectives des apports hydriques.

Les grands régimes fluviaux

L'évolution saisonnière du débit d'un grand nombre de rivières d'Europe est essentiellement fonction de quatre principaux types de régimes simples.

Le régime *pluvio-océanique* ou *atlantique* est fréquent en Europe occidentale et se caractérise par un débit maximal en hiver et par des variations saisonnières assez modérées. Il s'observe pour des rivières qui, telle la Seine, sont essentiellement alimentées par les eaux de pluie.

Le régime *nival de plaine* ou *continental* caractérise un grand nombre de rivières continentales d'Europe de l'Est, et par exemple le Dniepr en U.R.S.S. Les plus forts débits se situent lors du dégel de printemps.

Le régime *nival de montagne* est celui de rivières prenant leur source en altitude et qui, tel le Rhin, sont surtout alimentées par la fonte des neiges. La période des hautes eaux se situe entre la fin de printemps et le début de l'été.

Le régime *glaciaire* caractérise des cours d'eau fortement influencés par la fonte des glaciers (partie supérieure du Rhône). Leur débit est maximal en juillet-août et minimal pendant la saison froide.

Les régimes nivaux et glaciaire présentent d'importantes différences entre les débits de hautes et de basses eaux.

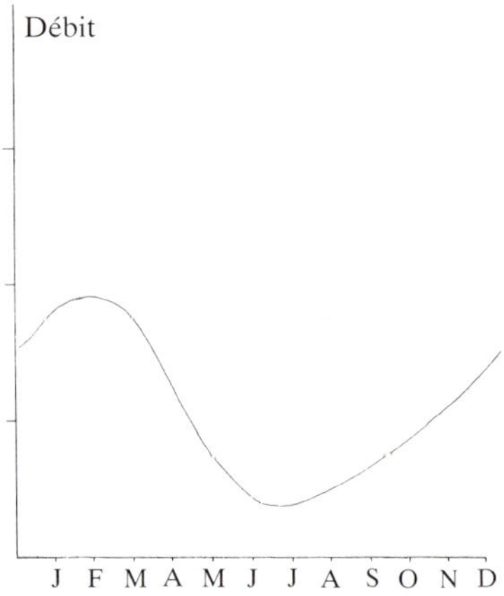

Régime pluvio-océanique (Seine)

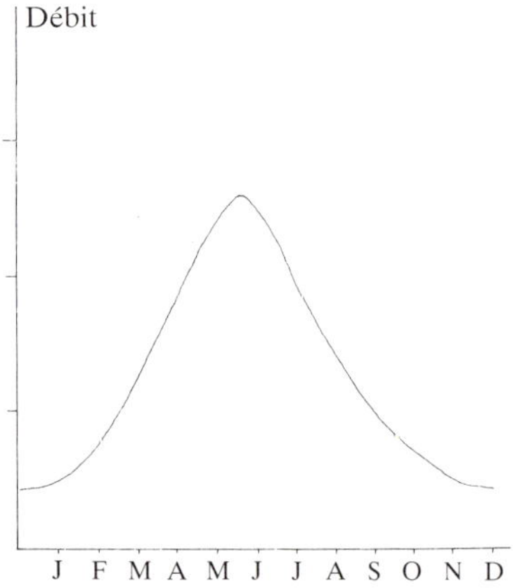

Régime nival de montagne (Rhin)

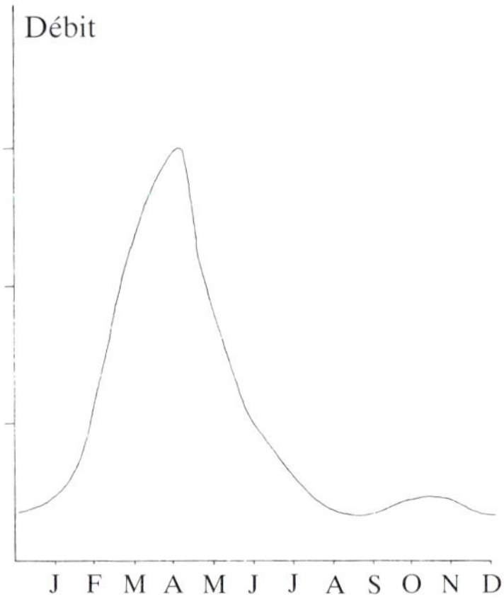

Régime nival de plaine (Dniepr)

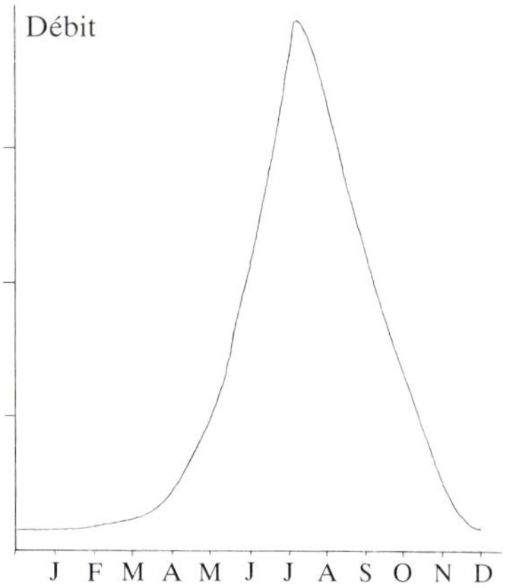

Régime glaciaire (Rhône)

LES PLUS GRANDS FLEUVES

et leur débit

Six grands fleuves, l'Amazone, l'Orénoque et le Rio Parana (Amérique de Sud), le Zaïre (Afrique centrale), le Yang Tsé-Kiang (Chine) et le Gange-Brahmapoutre (Inde) ont un débit supérieur ou égal à 20 000 m^3/s et assurent à eux seuls plus du quart de l'écoulement total de l'ensemble des cours d'eau de la planète. Une vingtaine de fleuves dont le débit dépasse 10 000 m^3/s, représentent environ la moitié de ces écoulements superficiels. L'Amazone se détache très fortement de tous les autres grands fleuves en collectant à lui seul 15 % des écoulements superficiels de la planète, son débit moyen atteignant la valeur fantastique de 190 000 m^3/s. En revanche, le débit des grands fleuves européens ne dépasse jamais 10 000 m^3/s.

L'Ardèche en crue. Lors des crues, les rivières adoptent parfois un régime torrentiel.

Fluctuations au jour le jour

Le régime saisonnier des cours d'eau que nous venons d'évoquer retrace les variations mensuelles moyennes de leur débit. Cependant, le flux des rivières peut varier de manière considérable à l'échelle de quelques jours, voire de quelques heures. En été, le débit des torrents qui creusent leur lit au pied des glaciers est souvent quatre à cinq fois plus fort à la fin d'une journée ensoleillée qu'il ne l'était au matin. Plus généralement, quelques heures après une averse sur un bassin versant, le débit de la rivière augmente brusquement puis décroît lentement.

L'évolution temporelle d'une crue après une période pluvieuse correspond schématiquement à la vidange différée de plusieurs réservoirs. Dans un premier temps, l'eau de pluie est retenue par la végétation et s'infiltre dans le sol. C'est seulement lorsque le taux de saturation en eau du sol est atteint que l'eau ruisselle à la surface et se concentre vers la rivière. Cela explique le décalage entre le pic pluviométrique et le maximum de la crue. La vidange de la nappe souterraine, chargée par les eaux d'infiltration, prend lentement le relais des eaux de ruissellement. C'est pourquoi la décrue est généralement progressive.

La relation entre la pluviométrie et le débit des rivières dépend de l'équilibre qui s'établit entre le ruissellement superficiel et l'écoulement souterrain, et donc de la nature du bassin versant. Ainsi, le ruissellement superficiel est plus important sur un sol nu que sur un sol couvert de végétation. Il en résulte une relation inverse entre l'intensité et la brutalité des crues, et la couverture végétale du bassin versant.

LES PRINCIPAUX FLEUVES EUROPÉENS

(Les superficies des bassins et les débits sont tirés de Y. Tardi, 1986)

Fleuve	Localisation	Embouchure	Longueur	Bassin-versant (millions de km^2)	Débit (m^3/s)
Volga	U.R.S.S.	Mer Caspienne	3700	1,350	8000
Danube	Europe centrale	Mer Noire	2850	0,817	6300
Rhin	Europe occidentale	Mer du Nord	1300	0,252	2170
Rhône	Suisse-France	Méditerranée	812	0,099	1670
Pô	Italie	Adriatique	652	0,075	1540
Elbe	Tchécoslovaquie-Allemagne	Mer du Nord	1100	0,132	1500
Vistule	Pologne	Mer Baltique	1090	0,193	950
Loire	France	Atlantique	1020	0,121	850
Garonne	Espagne-France	Atlantique	650	0,052	630
Seine	France	Atlantique	776	0,044	520

Des régimes très inégaux

Les crues jouent un rôle déterminant dans l'évolution de la morphologie du lit des rivières. C'est en effet pendant les périodes de hautes eaux que l'érosion et le transport des matériaux sont les plus importants. L'érosion du bassin versant est due pour une part importante à l'action mécanique des eaux de ruissellement. La charge d'une rivière en matières en suspension est donc d'autant plus forte que la fraction de son débit provenant des eaux de ruissellement est importante. Elle est aussi d'autant plus importante que le bassin versant est dénudé et en pente forte.

La charge de matières en suspension transportées par les fleuves nés en haute montagne est ainsi particulièrement élevée. Le Rhône reçoit en moyenne près de 320 tonnes de matériaux de chaque kilomètre carré de son bassin fluvial. Il apporte annuellement plus de 30 millions de tonnes de matériaux à la mer Méditerranée. La Volga, fleuve de plaine dont le débit est près de cinq fois celui du Rhône, ne charrie guère plus de 20 millions vers la mer Caspienne. La Seine et la Loire exportent quant à elles moins d'une dizaine de tonnes par kilomètre carré de bassin versant. Un calcul grossier indique que l'érosion des bassins versants de la Seine et de la Loire représente une usure de 2 à 3 mètres par million d'années, alors qu'elle est de 130 mètres pour le Rhône.

HYÉTOGRAMME, HYDROGRAMME

et prévision des crues

On appelle « hyétogramme » la courbe de variation de la pluviométrie dans le temps et « hydrogramme » le schéma retraçant l'évolution temporelle du débit de la rivière. L'analyse de ces deux graphiques est importante. Elle permet en effet de séparer le volume d'une crue en ces différentes composantes (ruissellement superficiel des eaux de pluies, écoulement des nappes souterraines proches de la surface et des nappes profondes...). Elle est nécessaire pour prévoir le délai de réponse et l'intensité des crues en fonction de la pluviosité.

De nombreux cours d'eau du sud de l'Europe (sur cette photo le rio Bergantes en Espagne) et beaucoup de torrents sont totalement asséchés à certaines périodes de l'année.

Petit et grand lit

Fréquemment, le débit ordinaire d'une rivière ne lui permet pas de couvrir la totalité de l'espace occupé en période de grandes eaux. C'est pourquoi on distingue le *lit d'étiage*, le *lit ordinaire* et le *lit majeur*.

Le lit d'étiage, ou *chenal d'étiage*, est la partie du lit occupée par la rivière en période de basses eaux. Le tracé de ce chenal est imprécis et sans cesse remodelé.

Le lit ordinaire, ou *lit mineur*, correspond à la zone occupée par les eaux en temps ordinaire. Cette section de la rivière, bien délimitée et généralement libre de végétation, porte aussi le nom de *lit apparent*. Rarement homogène, elle présente en général une succession de «mouilles» (zones profondes de granulométrie relativement fine) et de «seuils» (zone moins profondes, de granulométrie plus grossière et au cours plus rapide).

Le lit majeur, ou *lit d'inondation*, définit la zone, souvent couverte de végétation, qui est inondée périodiquement pendant les périodes de hautes eaux. Lorsque le cours d'eau montre une tendance à l'alluvionnement, l'accumulation de matériaux est plus importante à proximité du lit ordinaire et le lit majeur présente un profil bombé. La rivière déposant ses alluvions selon un gradient de granulométrie décroissante, la taille des matériaux du lit majeur diminue de l'intérieur vers l'extérieur de la rivière.

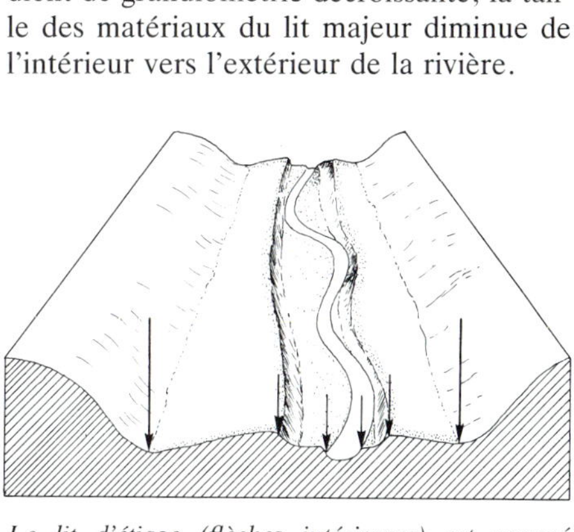

Le lit d'étiage (flèches intérieures) est occupé pendant la seule période de basses eaux. Le lit mineur (flèches intermédiaires) correspond à la zone occupée par les eaux en temps ordinaire. Le lit majeur (flèches extérieures) délimite la zone inondée pendant les crues.

Une évolution longitudinale

Les eaux courantes ont été considérées jusqu'ici d'un point de vue essentiellement mécaniste, en tant que systèmes en mouvement. Cependant, il est clair que la vitesse du courant, la granulométrie, l'importance des crues et la quantité de matériaux allochtones transportés par les cours d'eau affectent profondément la nature et le fonctionnement de leur composante biologique.

La vitesse du courant est un facteur clé pour les organismes vivants de la rivière. De plus, elle contrôle au moins partiellement de nombreux paramètres du milieu (température, oxygénation, type de substrat, nature des ressources...). Nous avons vu que la vitesse diminue généralement de l'amont vers l'aval. Un gradient amont-aval caractérise de même les principaux facteurs qui régissent la vie au sein des cours d'eau.

Température et oxygénation

À proximité de sa source, le torrent aux eaux turbulentes se caractérise par une température faible et peu variable. Au fur et à mesure de son parcours vers l'aval, la température de l'eau dépend davantage de celle de l'air. Ainsi, l'amplitude annuelle qui ne dépasse guère 5° C en zone alpine, peut atteindre près de 15° C au bout de quelques kilomètres. Dans la plaine, le comportement thermique d'une rivière au cours lent diffère peu de celui d'un milieu stagnant. Une stratification thermique verticale s'observe même parfois au cours de l'été.

La solubilité de l'oxygène dans l'eau diminue avec l'augmentation de la température. À pression atmosphérique normale, la teneur en oxygène au niveau de saturation varie entre 14-16 mg/l à 0° C et 8-11 mg/l à 25° C. De plus, la turbulence favorise les échanges entre l'air et l'eau. C'est pourquoi les conditions turbulentes et la faible température de l'eau d'un torrent lui assurent une teneur en oxygène toujours voisine de celle de l'eau à saturation. En revanche, dans la partie basse de la rivière, la quantité d'oxygène dissous tend à diminuer pendant la saison chaude. De plus, avec la réduction de la turbulence et l'augmentation de la température, l'oxygénation du milieu est de plus en plus dépendante du métabolisme des organismes. Alors que la photosynthèse provoque parfois une sursaturation importante pendant le jour, le phénomène de respiration peut au contraire entraîner un déficit marqué en oxygène durant la nuit, en particulier au niveau de la couche profonde, riche en micro-organismes.

Un substrat qui s'affine

Les eaux courantes, nous l'avons vu, transportent une quantité parfois très importante de matériaux divers en provenance du milieu terrestre environnant. Outre des particules minérales, des matières organiques végétales ou animales sont entraînées dans les cours d'eau. Dans les régions forestières, ce sont d'énormes quantités de feuilles, de brindilles et de branchages qui sont ainsi collectées par les ruisseaux. La production végétale autochtone étant souvent presque nulle, il arrive que les matières allochtones assurent plus de 90 % des apports en énergie du cours d'eau. Ce dernier est alors qualifié d'hétérotrophe.

Au fur et à mesure de sa dérive de l'amont vers l'aval, cette matière organique est attaquée par des champignons, des bactéries et des protozoaires, fragmentée par des invertébrés, en particulier par des larves d'insectes. D'autres invertébrés (certaines larves de diptères chironomides, des vers oligochètes, des moules...) prennent ensuite le relais et filtrent les particules de plus petite taille. Les particules organiques ainsi recyclées deviennent de plus en plus petites tout au long de leur trajet. Peu à peu, les apports allochtones tendent à diminuer et l'implantation de macrophytes, d'algues fixées et de phytoplancton diminue l'importance de l'hétérotrophie. Dans la Tamise, la production du phytoplancton représente ainsi 40 fois l'apport de biomasse par les arbres de la berge.

Parallèlement à la diminution longitudinale de la vitesse, un fond alluvial, formé de sable, de limon ou d'argile, tend à remplacer le fond érodé de la rivière, composé de blocs, de cailloux et de graviers.

Le développement de la vie dans le cours supérieur des rivières dépend essentiellement des apports de matières organiques par le bassin versant. Un tel milieu est dit hétérotrophe.

CLASSIFICATION GRANULOMÉTRIQUE DES SÉDIMENTS ET VITESSE NÉCESSAIRE À LEUR DÉPLACEMENT

Catégorie	Taille (mm)	Vitesse nécessaire	
		Classe	Valeur (cm/s)
Blocs	> 200	Très rapide	> 100
Cailloux	20-200	Rapide	> 50
Graviers	2-20	Lente à rapide	> 10
Sables	0,2-2	Très lente	< 10
Limon	0,02-0,2	Lente	
Argile	< 0,02	Moyenne	

Le substrat typique des cours supérieurs se caractérise par des matériaux de tailles variées et une très bonne oxygénation, assurant une grande variété de refuges pour des organismes aux régimes alimentaires variés et abondants.

Malgré une vitesse du courant souvent faible, les fonds sableux sont le moins favorables à la vie. Peu diversifiés et très pauvres en matière organique, ils sont particulièrement instables et peuvent être ébranlés par de très faibles courants.

Les substrats limono-argileux, en revanche, sont généralement plus stables du fait de l'incorporation de matériaux de très petit diamètre qui jouent le rôle de liant (matières colloïdales). La faune, peu diversifiée, comprend notamment des organismes fouisseurs.

Dans les cours inférieurs des rivières, c'est la matière organique qui s'incorpore au substrat sous forme de très fines particules colloïdales, pour former des fonds vaseux. Ces substrats, parfois mal oxygénés et souvent instables, peuvent abriter une importante biomasse d'invertébrés détritivores, bien que le peuplement soit en général assez peu diversifié. Les espèces rencontrées sont alors identiques, dans la plupart des cas, à celles observées dans les milieux stagnants.

Zonation écologique des cours d'eau

Selon la largeur moyenne du lit des cours d'eau, on parle avec plus ou moins de précision de ruisselet, de ruisseau, de rivière ou de fleuve. De même, on distingue fréquemment un cours supérieur (torrent, rivière de montagne), un cours moyen (rivière de vallée) et un cours inférieur (grande rivière de plaine ou fleuve). L'existence d'une succession de conditions morphologiques, physiques et écologiques tout au long du parcours des cours d'eau a amené les hydrologues et les hydrobiologistes à proposer bien d'autres systèmes de classification.

La règle des confluences

Une classification simple repose sur le changement souvent assez brutal du débit, et plus généralement des conditions de l'environnement, au niveau des confluences des rivières. Les hydrologues ont ainsi été amenés à établir une hiérarchie du réseau fluvial en fonction d'une règle simple: « La confluence de deux cours d'eau de même catégorie provoque la constitution d'un cours d'eau de rang supérieur ». En clair,

Les poissons, de même que les insectes, constituent de bons indicateurs des conditions écologiques du milieu. On qualifie par exemple de zone à ombre la région d'un cours d'eau présentant un fond graveleux à caillouteux, des mouilles profondes, et dont la température estivale est comprise entre 10 et 15 °C.

La hiérarchie du réseau fluvial

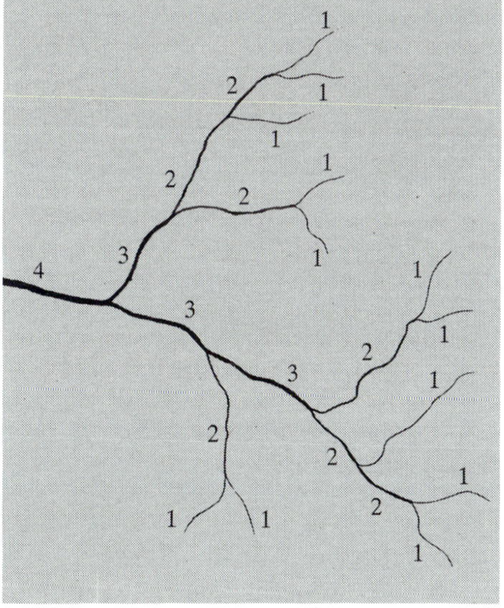

Selon la règle des confluences, utilisée par les hydrologues, la confluence de deux cours d'eau de même catégorie provoque la constitution d'un cours d'eau de rang supérieur.

deux cours d'eau d'ordre 1, c'est-à-dire sans affluents, forment un cours d'eau d'ordre 2 à leur point de rencontre. La confluence de deux cours d'eau d'ordre 2 aboutit à un cours d'eau d'ordre 3. En revanche, la rivière née de la réunion d'un cours d'eau d'ordre 1 et d'un cours d'eau d'ordre 2 est toujours d'ordre 2.

Il n'existe pas toujours une relation nette entre la complexité des réseaux hydrographiques et les différentes caractéristiques de l'environnement. La règle des confluences aboutit ainsi à une classification qui est plus morphologique qu'écologique. Un tel système de classification, surtout développé par les géomorphologues pour l'étude de l'évolution des cours d'eau, a été progressivement repris, à partir des années 1960, par les hydrobiologistes.

Des indicateurs biologiques

La composition des communautés biologiques qui peuplent les cours d'eau donne une image probablement plus précise des conditions écologiques réelles de l'environnement. C'est pourquoi plusieurs biologistes ont proposé d'utiliser les espèces vivantes pour classer les eaux courantes. Les essais réalisés sur la base de leur composition floristique ne s'étant pas avérés très satisfaisants, les recherches ont porté de manière plus intensive sur la composition des communautés animales. Bien que de nombreux groupes animaux aient été utilisés, les insectes et les poissons ont joué un rôle privilégié dans le développement de la typologie des rivières.

Ainsi, l'existence de successions de populations piscicoles le long du gradient longitudinal des rivières est connue depuis fort longtemps. En Europe, des classifications des cours d'eau basées sur ces successions furent proposées et utilisées à partir des années 1925. En Europe occidentale continentale, on distingue classiquement quatre zones piscicoles de la source vers l'embouchure. Ces zones, qui portent le nom de leur espèce caractéristique, sont d'une part la zone à truite *(Salmo trutta fario)* et la zone à ombre *(Thymallus thymallus)* ces deux zones formant la région à salmonidés; d'autre part la zone à barbeau *(Barbus barbus)* et la zone à brème *(Abramis brama)*, qui forment la région à cyprinidés.

On ajoute parfois une zone à flet *(Pleuronectes flesus)*, qui correspond à la région où les eaux douces et les eaux de mer se mélangent.

Une règle simple...

Bien que les successions de populations piscicoles aient été assez tôt bien établies, l'absence de paramètres prédictifs simples limitait l'intérêt des zonations. En 1949, l'ichtyologiste belge Huet proposa la règle suivante:

«Dans un territoire biogéographique déterminé, des eaux courantes de même importance quant à la largeur et à la profondeur, et possédant des pentes comparables, ont des caractères biologiques et spécialement des populations piscicoles analogues» (règle des pentes ou «règle de Huet»).

Il devenait ainsi possible d'utiliser la pente et la largeur des cours d'eau pour prédire les changements de populations dominantes. Les méthodes d'analyses statistiques modernes, basées sur l'utilisation de l'informatique, ont permis de raffiner encore les analyses typologiques en étudiant simultanément l'action de nombreux facteurs écologiques.

... pour une réalité complexe

La pente et la largeur des cours d'eau ne sont pas les seuls paramètres à régir la succession des espèces. D'autres facteurs écologiques interviennent, parmi lesquels la température est probablement le plus important. C'est pourquoi les abaques établis pour prédire les espèces optimales en fonction de la pente et de la largeur du lit ne peuvent s'appliquer que dans des limites géographiques restreintes. Des décalages importants caractérisent par exemple les zones piscicoles d'Europe occidentale et d'Europe centrale. Des conditions locales particulières peuvent également modifier le schéma de la succession. Un brusque rétrécissement du lit de la rivière, une rupture de pente importante ou un apport d'eau plus froide sont ainsi susceptibles de provoquer une inversion de cette succession.

D'autre part, les aires de répartition des poissons ne permettent pas d'avoir des espèces caractéristiques identiques sur la totalité de l'Europe. L'ombre, par exemple, est remplacé par un cyprinidé, le blageon *(Leuciscus souffia)*, dans le sud-est de la France. En Angleterre, une zone à vairon *(Phoxinus phoxinus)* succède à la zone à truite. Il existe ainsi de nombreuses variantes à la zonation piscicole décrite pour l'Europe occidentale continentale.

Une zonation écologique plus générale

Dans un travail publié en 1961, un hydrobiologiste allemand nommé Illies proposa de distinguer, au sein des cours d'eau, deux grands types d'écosystèmes: le *rhithron* et le *potamon*.

Le rhithron se caractérise par une température moyenne mensuelle toujours inférieure à 20 °C, une concentration en oxygène élevée et une eau rapide et turbulente. Le lit est composé de blocs, de cailloux et de graviers, avec parfois quelques taches sableuses ou vaseuses. Les organismes caractéristiques du rhithron présentent de

ÉVOLUTION LONGITUDINALE DES COURS D'EAU ET CORRESPONDANCES ENTRE LES PRINCIPAUX SYSTÈMES DE CLASSIFICATION UTILISÉS EN EUROPE OCCIDENTALE

TYPE DE COURS D'EAU	CRITÈRES DE CLASSFICATION EMPLOYÉS			
	Caractéristiques morphologiques des cours d'eau	Espèces de poissons caractéristiques	Groupes de poissons dominants	Invertébrés benthiques dominants
Source	cours supérieur	–	–	eucrénon
Ruisselet		–	–	hypocrénon
Petit torrent		zone à truite	région salmonicole supérieure	épirhithron
Torrent			région salmonicole moyenne	métarhithron
Rivière de montagne		zone à ombre	région salmonicole inférieure	hyporhithron
Rivière de vallée	cours moyen	zone à barbeau	région cyprinicole supérieure	épipotamon
Fleuve	cours inférieur	zone à brème	région cyprinicole inférieure	métapotamon
Estuaire		zone à flet	–	hypopotamon

nettes adaptations morphologiques à la vie en eau courante et préfèrent les eaux froides et bien oxygénées. Le plancton est rare sinon absent.

Le potamon se caractérise quant à lui par une température moyenne mensuelle qui dépasse 20 °C et la possibilité de déficits temporaires en oxygène. Le courant est assez lent et l'écoulement tend à devenir laminaire. Le lit est essentiellement sableux ou vaseux. Les organismes typiques du potamon supportent de larges variations de température ou préfèrent les eaux assez chaudes, acceptent les faibles teneurs en oxygène, se développent très bien dans les eaux calmes et tolèrent les faibles courants. Le plancton est souvent abondant.

L'étude des invertébrés, et en particulier des insectes qui peuplent le fond des rivières, a permis à Illies de distinguer trois zones à l'intérieur de chacune de ces deux catégories.

Dans une synthèse réalisée en 1963, Illies et un hydrobiologiste nommé Botoseneanu ajoutèrent une troisième catégorie correspondant à la région des sources : le *crénon*. Ils soulignèrent également que les limites entre les zones écologiques qui se succèdent depuis la source jusqu'à l'embouchure correspondent fréquemment à des confluences. Ils retrouvaient ainsi la règle des confluences employée par les hydrologues.

Des méthodes convergentes

Il n'est pas utile de s'étendre plus avant sur les subtilités des différentes classifications définies par les chercheurs. La multiplicité des approches nécessaires pour comprendre l'évolution longitudinale des cours d'eau est heureusement compensée par une remarquable convergence des résultats. Le rhithron et le potamon recouvrent ainsi parfaitement les régions salmonicoles et cyprinicoles distinguées précédemment. Soulignons enfin que ces deux régions correspondent respectivement aux cours d'eau de première et de seconde catégorie de la législation française sur la pêche en eau douce.

Il reste à saisir les grandes lignes de la composition et de l'organisation des communautés végétales et animales des cours d'eau, au fur et à mesure de leur évolution de la source à la mer.

Les sources

Les sources sont les zones d'émergence des eaux souterraines. Elles se forment généralement lorsque les couches imperméables sur lesquelles s'écoulent les eaux d'infiltration affleurent à l'air libre.

L'origine souterraine des eaux de source leur confère des propriétés physicochimiques originales. En particulier, les sources se caractérisent au niveau de leur émergence par une température généralement stable, une teneur en oxygène parfois faible, et une grande pauvreté en matières organiques. Selon la nature et le débit de la source, ces conditions particulières se maintiendront sur une longueur plus ou moins grande.

Des écosystèmes originaux

L'uniformité des conditions environnementales permet le maintien d'organismes aux strictes exigences écologiques. La planaire alpine *(Crenobia alpina)*, petit vers plat inféodé aux eaux froides, trouve ainsi des conditions très favorables dans les sources de montagne. De la même manière, les sources chaudes peuvent permettre le développement de formes strictement inféodées aux eaux chaudes, comme des diptères du genre *Scatella* en Islande.

L'uniformité des facteurs de l'environnement est aussi un facteur de stabilité pour les organismes. Certaines espèces ont pu se maintenir dans des sources froides ou chaudes alors que leur aire générale de répartition s'est profondément modifiée au gré des glaciations et des réchauffements successifs de la planète. C'est notamment le cas de la planaire alpine déjà citée, qui forme une relique glaciaire dont l'aire actuelle est morcelée.

Les sources se trouvent à la frontière entre les eaux souterraines et les eaux de surface. C'est pourquoi des crustacés typiques des milieux souterrains sont souvent rencontrés, en particulier des copépodes mesurant moins d'un millimètre (harpacticoïdes et cyclopides) et des petits crustacés blanchâtres et sans yeux appartenant aux genres *Bathynella* (1 mm) et *Niphargus* (10 mm). Ces animaux de petite taille, qui vivent dans les nappes phréatiques et les cavités du sous-sol, forment la faune interstitielle. Ils peuvent être entraînés en grand nombre lors des périodes pluvieuses.

Trois types de sources

La diversité des sources ne permet pas de dresser un schéma simple et général des organismes végétaux et animaux qui les caractérisent. Trois types de sources très différentes peuvent être distingués.

Les sources *rhéocrènes* naissent sur un sol en pente et forment immédiatement un petit cours d'eau. Dans les régions calcaires, les eaux d'infiltration creusent de véritables rivières souterraines dans la roche soluble. Les sources forment alors des résurgences, parfois appelées sources vauclusiennes.

Peu d'organismes colonisent les sources rhéocrènes au niveau immédiat de leur émergence. Rapidement cependant, une flore et une faune diversifiées vont s'installer. Des algues fixées («périphyton») recouvrent les pierres d'un enduit glissant aux couleurs variées. Une végétation de source («fontinale») envahit les bords du cours d'eau. Dans les étages subalpin et alpin, les mousses sont particulièrement importantes. La mousse des sources *(Philonotis)* forme d'épais coussinets d'un vert tendre qui contraste avec le vert foncé des mousses appartenant aux genres *Cratoneuron* et *Fontinalis*. Ces mousses participent à l'oxygénation des eaux. Des graminées, des saxifrages (*Saxifraga* sp.) et des laîches (*Carex* sp.) bordent les sources de montagne.

À plus faible altitude, le pétasite officinal *(Petasites officinalis)* dresse souvent ses énormes feuilles le long de la source, et la dorine, ou cresson doré *(Chrysosplenium oppositifolium)*, forme des tapis verdoyants dans les sous-bois.

La faune comprend de nombreux organismes benthiques brouteurs ou détritivores. En zones montagneuses, les larves d'éphéméroptères de la famille des baétidés et les larves de diptères de la famille des chironomidés assurent souvent l'essentiel des densités.

Les sources *limnocrènes* apparaissent au creux de dépressions remplies d'eau. Ces dépressions vont de la simple mare au véritable lac. En terrain sableux, les sources importantes peuvent creuser de vastes entonnoirs. Une des sources limnocrènes les plus spectaculaires est celle du Boubioz, qui a creusé un entonnoir de près de 50 mètres de profondeur au fond du lac d'Annecy. Les communautés biologiques des sources limnocrènes sont celles des eaux stagnantes environnantes. Quelques espèces animales peuvent se concentrer à ce niveau.

Les sources *hélocrènes*, enfin, suintent du sol avec un très faible débit et donnent naissance à des zones marécageuses, des marais et parfois des tourbières. Contrairement aux autres sources, elles offrent aux organismes des conditions souvent très variables, en particulier pour ce qui concerne la température. Elles sont très fréquentes en altitude, où elles forment des zones spongieuses, recouvertes de mousses, d'hépatiques et de laîches, et souvent parsemées de linaigrettes *(Eriophorum)*. Elles sont fréquentées par de nombreux amphibiens et de multiples larves d'insectes adaptées aux faibles courants.

Le cours supérieur des rivières

Comme nous l'avons vu, le cours supérieur des rivières se caractérise par un courant rapide, un écoulement turbulent, une érosion intense et des températures peu élevées: autant de conditions apparemment peu favorables à la faune et à la flore. L'écoulement tumultueux de l'eau ne permet effectivement qu'un développement limité de la végétation. Les plantes supérieures sont quasiment absentes, bien que certaines espèces comme la renoncule flottante *(Ranunculus fluitans)* puissent se développer dans les zones un peu plus calmes du cours d'eau. Certaines mousses

Les plécoptères (ici une perle) sont des insectes ternes, discrets et mauvais voiliers dont les larves, aquatiques, sont pour la plupart typiques des eaux froides et rapides du cours supérieur.

(Fontinalis, Hypnum) et des algues variées sont malgré tout capables de se fixer sur les cailloux et peuvent former des tapis assez denses. Ces tapis abritent parfois des invertébrés herbivores. Ils ne forment cependant pas, et de loin, l'unique source de nourriture. Il faut ici se souvenir que de nombreux apports extérieurs de matière organique viennent enrichir les ressources propres de la rivière et assurent le développement de nombreux organismes détritivores « déchiqueteurs ». La bonne oxygénation du cours d'eau permet également l'augmentation du nombre d'invertébrés prédateurs, dont l'activité de chasse nécessite une grande consommation d'énergie.

Le lit hétérogène et grossier du cours d'eau offre de nombreux refuges pour les organismes animaux. La plupart des espèces ne s'exposent pas directement au courant, mais se maintiennent dans les zones d'eau morte de la rivière. Les organismes les mieux représentés sont les insectes, avec en particulier les ordres des plécoptères (perles), des éphémèroptères (éphémères), des trichoptères (phryganes) et des diptères. De nombreux autres invertébrés sont présents, parmi lesquels des crustacés (gammares, écrevisses), des mollusques (ancycles, *Margaritifera*), des vers (planaires) et des hydracariens. Les organismes invertébrés qui colonisent la zone benthique des cours supérieurs représentent généralement plusieurs centaines à plusieurs milliers d'individus par mètre carré.

Des invertébrés adaptés au courant

La faculté de vivre dans des rivières au cours rapide a parfois nécessité l'acquisition de certaines adaptations. Ces adaptations sont multiples, ainsi que le démontre la revue très complète effectuée en 1972 sur le sujet par H.B. Hynes.

Un grand nombre d'organismes invertébrés du cours supérieur présentent un aplatissement dorso-ventral marqué du corps, qui leur permet de vivre sous les pierres (larves d'éphémères du genre *Rhithrogena*, planaires...) ou de se maintenir

Les animaux caractéristiques du cours supérieur

1. *Ancyle*
2. *Gammare*
3. *Larve de trichoptère*
4. *Larve d'éphémère*
5. *Larve de simulie*
6. *Truite fario*
7. *Chabot*
8. *Vairon*
9. *Loche franche*
10. *Ombre*
11. *Goujon*
12. *Cincle plongeur*
13. *Chevalier guignette*
14. *Musaraigne aquatique*

Les adaptations au courant

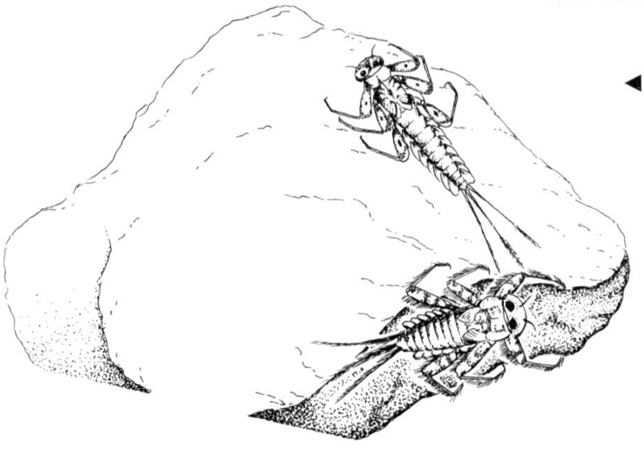

◀ *Le corps aplati de certaines larves d'éphémères leur permet de vivre sous les pierres (genre* Rhitrogena*) ou de se maintenir à l'intérieur de la couche limite (genre* Ecdyonurus*).*

Larves de simulies fixées au substrat par leurs crochets abdominaux.

▼

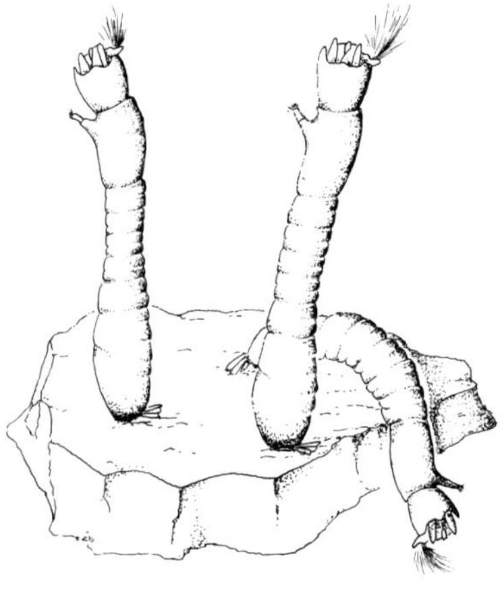

*Étui protecteur en gravier de larves de trichoptères (*Silo *sp. en haut et* Stenophylax *sp. en bas).*

▼

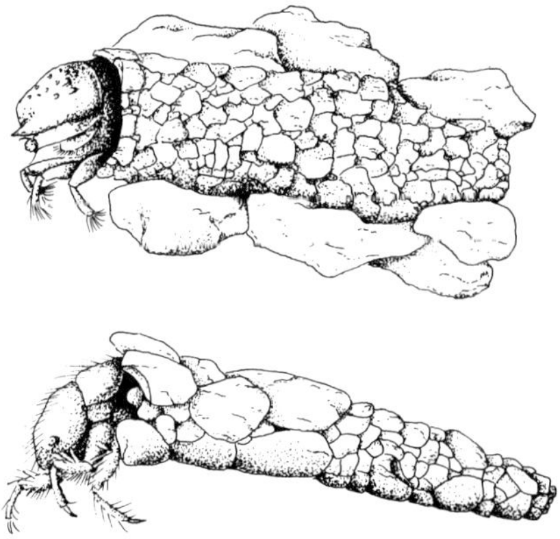

sur les rochers à l'intérieur de la couche limite (larves d'éphémères du genre *Ecdyonurus*). La petite taille de certains coléoptères du genre *Elmis* leur permet également de trouver de nombreux refuges. L'aplatissement de leur face ventrale augmente en ou tre leur surface de contact avec le substrat.

La plupart des invertébrés du cours supérieur n'ont pas un corps très hydrodynamique. Les larves d'éphémères du genre *Baetis*, très répandues, ont cependant une forme fuselée qui réduit probablement les forces de friction. Ces larves sont bonnes nageuses et peuvent coloniser des rivières assez rapides.

Certains invertébrés se fixent au substrat à l'aide de dispositifs d'accrochage efficaces. Les larves de diptères de la famille des blépharocéridés possèdent des ventouses qui leur permettent de résister à des courants très violents. Plusieurs invertébrés, comme les larves de trichoptères du genre *Rhyacophila*, ont de robustes crochets. Les simulies *(Simulium)*, qui sont des petits moucherons piqueurs très communs, possèdent des larves également très adaptées à la vie en eau courante. Ces larves sécrètent de la soie grâce à des glandes salivaires et tissent un support auquel elles s'agrippent à l'aide de crochets abdominaux. Elles pen-

DES INVERTÉBRÉS

à la dérive

La dérive désigne le déplacement vers l'aval des organismes d'un cours d'eau. Elle concerne non seulement des insectes terrestres tombés à l'eau et des adultes aériens d'insectes aquatiques qui n'ont pu sortir de l'eau immédiatement au moment de l'émergence, mais aussi de nombreux invertébrés benthiques détachés du substrat par le courant. Elle touche en particulier des éphéméroptères (baétidés), des plécoptères, des diptères (simulies) et des crustacés (gammares).

Dans la majorité des cas, la dérive suit un rythme journalier très précis. Il semble que le pic de dérive corresponde au maximum d'activité des organismes.

La dérive concerne le plus souvent un très faible pourcentage des populations benthiques. En dehors de situations catastrophiques (crues), elle n'affecte donc que très peu la survie du peuplement à l'amont. Elle permet en revanche la colonisation du cours d'eau à l'aval.

La quantité brute d'invertébrés transportés par le courant peut être très importante. Elle joue en particulier un rôle essentiel pour l'alimentation des truites, qui peuvent à certaines périodes se nourrir presque entièrement aux dépens des invertébrés entraînés par le courant.

Les trichoptères regroupent plusieurs familles d'insectes dont les larves colonisent les rivières, rapides ou lentes, et les eaux stagnantes.

dent ainsi librement dans le courant. Elles peuvent se déplacer ou se fixer plus solidement au substrat en utilisant leur pseudopode thoracique, également garni de crochets. Un fil de soie, qui les retient si elles viennent à se décrocher, constitue une assurance supplémentaire.

Enfin, plusieurs larves de phryganes *(Silo, Drusus, Stenophylax)* se construisent à l'aide de graviers un étui protecteur qui contribue à augmenter leur densité et leur adhésion au substrat. Les éléments de ce fourreau sont assemblés par de la soie, sécrétée par les glandes labiales des insectes.

Le royaume des salmonidés

Le cours supérieur des rivières est incontestablement le domaine des salmonidés. Le poisson le mieux adapté aux eaux froides (5 °C à 10 °C) et bien oxygénées des torrents est la truite de rivière *(Salmo trutta fario)*, toutefois devenue rare par endroits. Ce salmonidé sédentaire de 15 à 30 cm de longueur est un poisson carnivore se nourrissant des nombreux invertébrés aquatiques qui dérivent au gré du courant (phryganes, éphémères, perles...) et des alevins de ses congénères. Très casanière et solitaire, la truite recherche des gîtes inoccupés et abrités du courant. À l'automne, elle remonte les rivières pour frayer, jusqu'à plus de 2 000 mètres d'altitude en régions montagneuses.

Le chabot ou têtard *(Cottus gobio)* est un poisson de 10 à 20 cm de long, qui fréquente les mêmes cours d'eau que la truite et a un régime alimentaire assez similaire. Cependant, ce poisson, mauvais nageur, a une activité essentiellement nocturne et chasse directement les invertébrés sur le fond de la rivière.

D'autres poissons fréquents de la zone à truite sont le vairon *(Phoxinus phoxinus)*, qui est un petit cyprinidé d'une dizaine de centimètres de longueur, et la loche franche *(Noemacheilus barbatulus)* aux mœurs voisines de celles du chabot. Ces poissons exigent des teneurs en oxygène de l'ordre de 8 à 12 mg par litre d'eau.

Un peu plus en aval, l'eau devient un peu moins vive et légèrement plus chaude en été (10 °C à 15 °C). Le substrat est caillouteux et graveleux, et le lit de la rivière présente des mouilles profondes. L'ombre *(Thymallus thymallus)* succède lentement à la truite. La loche franche et le vairon deviennent moins abondants. Plusieurs cyprinidés fréquentent cette zone. Citons le goujon *(Gobio gobio)*, le hotu ou nase *(Chondrostoma nasus)*, le spirlin *(Alburnoides bipunctatus)* et le chevaine *(Leuciscus cephalus)* qui, beaucoup plus gros, mange de nombreux insectes, mais aussi des pontes de poissons, des alevins et des grenouilles. Ces espèces sont capables de tolérer des concentrations de l'ordre de 5 à 7 mg d'oxygène par litre d'eau.

Les poissons, tels la truite et le saumon, adaptés à se déplacer en pleine eau contre des courants rapides, ont un corps très hydrodynamique puissant, fuselé et de section arrondie.

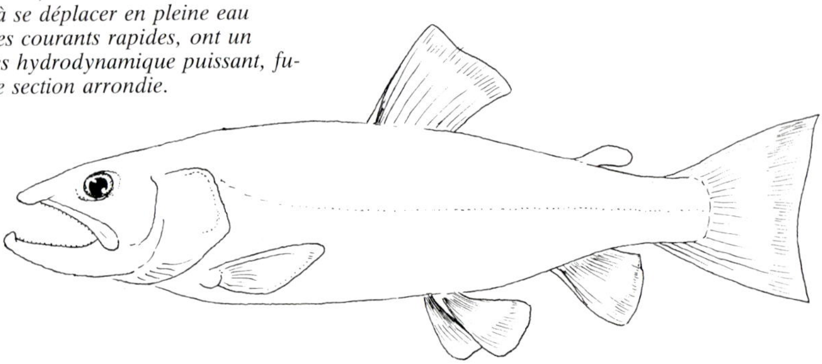

D'autres, comme la loche franche, restent au fond. Leur corps est aplati, leurs nageoires paires tendent à être placées latéralement, leurs yeux sont plutôt dorsaux et leur bouche est dirigée vers le bas.

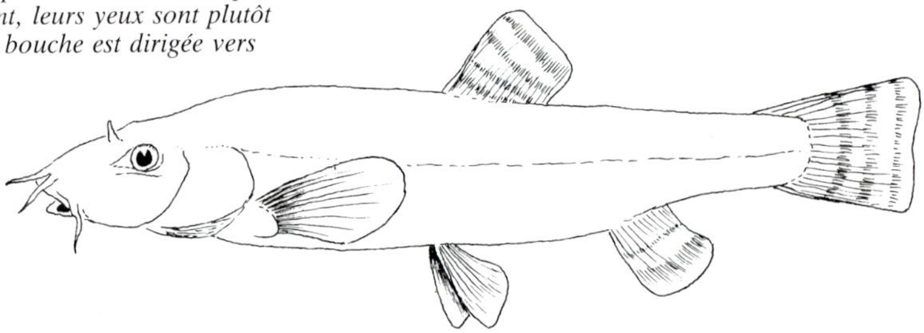

Le cours moyen et inférieur des rivières

Arrivée dans la vallée, la rivière a perdu de sa force. Un lit constitué de graviers et de sables grossiers alterne avec un substrat fin recouvert de végétation. Les mousses et les algues filamenteuses sont accompagnées de plantes supérieures fortement enracinées dans le fond de la rivière, comme la renoncule flottante *(Ranunculus fluitans)*, certains myriophylles (*Myriophyllum* sp.), le potamot flottant *(Potamogeton fluitans)* et l'élodée du Canada *(Elodea canadensis)*. Des callitriches (*Callitrichum* sp.) peuvent se développer dans les zones assez lentes.

La température estivale atteint fréquemment 20 °C et autorise un développement plus intense de la flore et de la faune. Dans les zones sableuses, homogènes et instables, la faune benthique est peu diversifiée et comprend des organismes fouisseurs, filtreurs ou carnivores. Dans les zones riches en périphyton, on observe une prédominance d'organismes brouteurs qui se nourrissent en raclant le substrat (nombreuses larves d'éphémères, de phryganes et de diptères). Quelques larves d'odonates *(Gomphus, Calopteryx)*, quelques invertébrés nageurs (coléoptères, punaises aquatiques, sangsues...) et des insectes de surface *(Gerris)* sont observés à proximité des berges. Les gammares sont abondants parmi les mousses.

La dominance des cyprinidés

Le cours de la rivière n'est maintenant plus fréquenté par les salmonidés, si ce n'est par la truite arc-en-ciel *(Salmo gairdneri)* qui est un poisson d'élevage originaire d'Amérique et maintenant introduit dans toute l'Europe. Ce secteur de la rivière est la zone typique du barbeau *(Barbus barbus)*. Ce cyprinidé, très reconnaissable à ses barbillons et à sa bouche orientée vers le bas, est un poisson omnivore qui se nourrit d'animaux et de végétaux benthiques. Les cyprinidés d'accompagnement sont essentiellement le hotu et la vandoise *(Leuciscus leuciscus)*. Les poissons carnivores, comme la perche *(Perca fluviatilis)*, le brochet *(Esox lucius)* et l'anguille *(Anguilla anguilla)*, sont également présents.

Un faciès lentique

La rivière s'écoule paresseusement sur un lit de sédiment fin. Sa température estivale dépasse fréquemment 20 °C. Fortement chargée en matériaux en suspension, l'eau ne laisse pénétrer la lumière que sur une faible profondeur. La production des macrophytes et du périphyton est ainsi réduite. La production végétale est maintenant assurée presque uniquement par les algues unicellulaires en suspension dans l'eau, qui forment le phytoplancton, et les macrophytes typiques des eaux stagnantes qui se développent à proximité des berges. Le fond de la rivière présente souvent un déficit marqué en oxygène.

La faune benthique qui se développe dans ces conditions est très proche de celle qui est observée dans les milieux aquatiques stagnants peu oxygénés. Souvent peu diversifiée, elle comprend des organismes résistants aux faibles teneurs en oxygène. Les oligochètes, qui représentent l'équivalent aquatique des vers de terre, sont très abondants, en particulier ceux de la famille des tubificidés. Les zones riches en matière organique peuvent parfois compter plusieurs centaines de milliers d'individus par mètre carré. Parmi les insectes, les diptères forment l'ordre le plus abondant du cours inférieur des rivières. Ce sont avant tout des larves de chironomidés, appelées à tort « vers de vase ». Les oligochètes et les larves de chironomes sont parfois rouge vif en raison de la présence d'un pigment fixateur d'oxygène. Les organismes brouteurs, abondants dans la zone moyenne des rivières, se sont raréfiés et les invertébrés détritivores et filtreurs sont abondants.

Le long des berges, la communauté d'invertébrés est variable et diversifiée. Elle comprend notamment des larves de mégaloptères *(Sialis)*, d'odonates et de coléoptères, des punaises aquatiques, des crustacés *(Asellus)*, des sangsues, des mollusques gastéropodes *(Limnea, Planorbis)*, des mollus-

Les animaux caractéristiques du cours moyen

1. Margaritifera
2. *Écrevisse*
3. *Barbeau commun*
4. *Hotu*
5. *Vandoise*
6. *Petit gravelot*
7. *Sterne pierregarin*
8. *Oedicnème criard*
9. *Martin-pêcheur*

Les animaux caractéristiques du cours inférieur

1. *Sangsue*
2. *Planorbe*
3. *Limnée*
4. *Larve de chironome*
5. *Porte-bois*
6. *Dytique*
7. *Brème*
8. *Gardon*
9. *Carpe*
10. *Tanche*
11. *Brochet*
12. *Foulque macroule*
13. *Grèbe huppé*
14. *Grèbe castagneux*
15. *Rousserolle turdoïde*
16. *Rat-musqué*

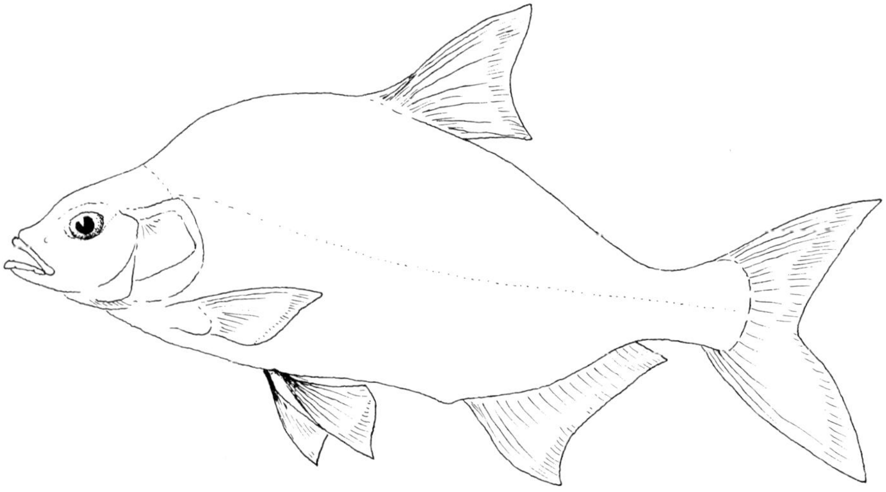

La brème, adaptée aux eaux lentes ou stagnantes, a un corps haut et comprimé latéralement.

ques lamellibranches, parmi lesquels la moule d'eau douce *(Dreissena polymorpha)* qui a envahi la France au cours du XIXe siècle. La faune zooplanctonique est quant à elle souvent dominée par des rotifères. Les microcrustacés (copépodes et cladocères), qui forment une composante importante du zooplancton des lacs, sont surtout représentés par une majorité d'espèces benthiques dans les rivières.

Un peuplement piscicole d'étang

La brème *(Abramis brama)* est le poisson caractéristique de la zone inférieure des rivières. Ce cyprinidé se nourrit essentiellement d'invertébrés benthiques. Plus généralement, un grand nombre de poissons blancs trouvent dans cette section du cours d'eau des conditions idéales. Le gardon *(Rutilus rutilus)*, le rotengle *(Scardinius erythrophthalmus)* y sont abondants. La carpe *(Cyprinus carpio)* et la tanche *(Tinca tinca)* peuvent également s'y trouver. Le brochet est fréquent. La communauté piscicole est ainsi tout à fait comparable à celle des lacs de plaine et des étangs.

Quand les eaux douces et les eaux de mer se mélangent

Au niveau de l'embouchure des fleuves, les eaux douces et les eaux marines se mélangent au rythme des marées. Beaucoup de poissons marins fréquentent temporairement cette zone d'eau saumâtre. C'est en particulier le cas des poissons migrateurs anadromes qui remontent en eau douce pour frayer. Ces poissons sont l'esturgeon *(Acipenser sturio)*, la grande alose *(Alosa alosa)*, l'alose feinte *(Alosa fallax)*, le saumon *(Salmo salar)*, la lamproie marine *(Petromyzon marinus)* et la lamproie fluviatile *(Lampetra fluviatilis)*. Tous ont subi des diminutions drastiques de leurs effectifs du fait d'une surexploitation, des nombreux barrages s'opposant à leur remontée et de la destruction de leurs frayères due à l'extraction des sables et des graviers.

D'autres espèces marines remontent parfois les cours d'eau sans s'y reproduire. C'est en particulier le cas des mulets (*Mugil* sp.) et du flet *(Platichthys flesus)*. Celui-ci a donné son nom à la zone estuairienne qui sépare la rivière de la mer.

QUELQUES CARACTÉRISTIQUES DE POISSONS COMMUNS DANS LES COURS D'EAU EUROPÉENS

(d'après divers auteurs)

	Vitesse-limite (m/s)	Température létale (°C)	Teneur minimale en oxygène (mg/l)
Saumon	8,00	–	7-11
Truite	4,40	24,5	
Goujon	–	27,2	5-7
Hotu	3,50	–	
Chevaine	2,70	–	
Barbeau	2,40	–	
Gardon	–	27,3	4
Brochet	0,45	29	
Perche	0,60	29,7	
Brème	0,65	30,2	
Tanche	0,50	32,0	0,5
Carpe	0,40	34,0	

Contrairement à ce qu'indique son nom, le campagnol terrestre ou rat taupier, assez aquatique , vit à proximité des rivières lentes et des eaux stagnantes dans la plupart des régions européennes.

Les eaux stagnantes : des écosystèmes « fermés » ?

Du lac à la zone humide

Il existe toutes les transitions possibles entre la terre ferme et le milieu lacustre typique. Les marais envahis par les massettes, les phragmites et les carex ; les tourbières et leur cortège de plantes rares, parfois des survivantes isolées de la dernière époque glaciaire ; les multiples étangs, dont le fonctionnement est bien souvent régi par l'homme ; et les vastes lacs, qui représentent malgré leur faible nombre la quasi-totalité des réserves superficielles en eaux douces : ce sont là autant de visages très différents des eaux dormantes.

Les lacs apparaissent souvent, à l'échelle de la vie humaine, comme des éléments stables et pérennes au sein d'un bassin versant terriblement changeant. Impression de pérennité bien trompeuse : la plupart des milieux aquatiques sont jeunes, et ceci même à l'échelle humaine. L'origine d'un grand nombre d'entre eux remonte seulement à la fin des dernières glaciations, à une époque où la civilisation magdalénienne était à son apogée. Depuis, l'homme a bouleversé l'évolution naturelle de la biosphère. Nous verrons à quel point son impact sur le paysage aquatique français fut et demeure considérable.

Nous avions opposé précédemment le fonctionnement des cours d'eau (écosystèmes «ouverts») à celui des lacs et des étangs (écosystèmes «fermés»), sur la base de leur dépendance à l'égard des apports extérieurs. Les eaux dormantes ne forment cependant jamais des écosystèmes complètement isolés. Nous verrons que leur fonctionnement est fortement influencé par l'évolution de leur bassin versant, comme l'indique clairement la dégradation actuelle de nombreux écosystèmes lacustres. L'homme joue en particulier un rôle néfaste en accélérant l'évolution naturelle de ces milieux vivants. Depuis leur naissance en effet, les lacs s'enrichissent et se comblent lentement: ils vieillissent. Au terme d'un long processus d'atterrissement, ils deviennent marais ou tourbières, et seront finalement envahis par une végétation terrestre.

L'immense diversité des eaux dormantes en autorise difficilement une classification simple. Les distinctions habituelles entre marais, mares, étangs et lacs reposent sur l'aspect, la profondeur et l'étendue des milieux. L'usage tend notamment à faire intervenir un gradient de profondeur dans cette progression. Il est cependant difficile de donner des définitions précises à ces termes.

Un critère: la profondeur

Dans son ouvrage *Limnologie*, publié en 1966, Bernard Dussart réserve «le terme de lac à toute cuvette naturelle ou artificielle contenant de l'eau et ayant une vie propre, une certaine autonomie». Les lacs pris dans ce sens représentent une très grande variété d'écosystèmes aquatiques.

L'usage fait cependant que l'on qualifie souvent de lacs les seuls plans d'eau, qu'ils soient naturels ou artificiels, dont la profondeur est suffisante pour permettre la séparation d'une zone littorale envahie par la végétation et d'une zone de pleine eau (ou pélagique) qui en est dépourvue. De plus, cette profondeur est suffisamment grande pour entraîner un gradient vertical des caractéristiques écologiques de ces milieux, en particulier de leur température.

De la même manière, il n'existe pas de définition stricte d'un étang. Ce vocable est le plus fréquemment employé pour qualifier des plans d'eau peu profonds et ne présentant pas de stratification thermique stable. Leur profondeur maximale n'excède guère 3 mètres et leur superficie est la plupart du temps inférieure à 10 hectares, bien qu'il y ait quelques notables exceptions. De nombreux étangs sont artificiels et exploités

Plan d'eau écossais envahi par la végétation.

LA LIMNOLOGIE

science des eaux continentales

Le naturaliste suisse François-Alphonse Forel (1841-1912), qui consacra sa vie à l'étude du lac Léman, définit en 1892 la limnologie comme étant l'« océanographie des lacs » (du grec limnê, *lac, et* logos, *science). L'hydrologie des eaux courantes constitue une discipline particulière nommée « potamologie » (du grec* potamos, *fleuve). Il est cependant de plus en plus courant de ne plus se restreindre au sens étymologique de la « limnologie » et de regrouper sous ce vocable l'ensemble des études ayant trait aux eaux continentales.*

Les premiers travaux à pouvoir être qualifiés de limnologiques remontent au XVIIe siècle. Cependant, l'étude des eaux intérieures prit son essor au cours de la seconde moitié du XIXe siècle. La première moitié du XXe siècle vit la création de nombreux laboratoires de limnologie à travers le monde.

pour la pêche. Ils sont alors généralement vidangeables. Souvent âgés (un grand nombre d'entre eux ont été aménagés dès le Moyen Âge) et entourés de végétation, ces étangs s'intègrent très harmonieusement au paysage. Ils en sont même devenus une composante majeure dans certaines régions françaises (Dombes, Sologne, Brenne, Lorraine).

Les mares sont quant à elles de petites étendues d'eau dont la profondeur est inférieure à un mètre. La zone littorale de ces milieux, souvent fortement colonisés par la végétation, est proportionnellement très importante. Cependant, ces critères sont loin d'être généraux. Ainsi, les mares forestières sont généralement dépourvues de végétaux aquatiques.

Les retenues artificielles

D'autres plans d'eau, regroupés sous la dénomination générale de « retenues artificielles », correspondent à des réserves d'eau formées par la création d'un barrage et destinées à être plus ou moins régulièrement destockées. La plupart de ces retenues sont de création assez récente. Ce sont les « lacs » de barrage, les réservoirs et les retenues collinaires, créés pour la fourniture d'hydro-électricité, la régulation des cours d'eau, l'alimentation en eau potable ou l'irrigation des cultures.

Les dimensions des retenues artificielles sont extrêmement variables. Les retenues de Serre-Ponçon sur la Durance (1,2 km^3) et de Sainte-Croix sur le Verdon (0,8 km^3) sont les deux plus grands « lacs » de barrage français, avec des volumes très similaires à celui du lac d'Annecy (1,1 km^3). L'une des caractéristiques essentielles d'un grand nombre de retenues est un marnage important, qui peut affecter la totalité de la hauteur d'eau dans certains cas (retenues destinées à l'irrigation, par exemple). Ces plans d'eau, créés pour des usages spécifiques, ont une très faible autonomie. Le temps de séjour de l'eau, généralement court, s'étend de quelques heures à quelques mois. Les importantes fluctuations du niveau des eaux s'avèrent préjudiciables à l'établissement d'une flore et d'une faune diversifiées.

Carrières en eau...

Autrefois prélevés directement dans le lit des cours d'eau, les sables et les graviers sont de plus en plus souvent extraits des plaines alluviales environnantes. Au cours des dernières décennies, l'augmentation rapide du rythme d'exploitation des matériaux alluvionnaires a provoqué la multiplication des carrières le long des cours d'eau, avec parfois des conséquences négatives sur l'équilibre du paysage. Ces carrières, maintenues en eau par l'écoulement de la nappe phréatique, ont une taille comprise entre quelques hectares et quelques dizaines d'hectares. Leurs berges sont souvent abruptes et leur profondeur, assez uniforme, dépasse rarement une dizaine de

Le lac de Créteil, ancienne gravière aménagée, aux environs de Paris. Le nombre de carrières en eau a considérablement augmenté au cours des dernières décennies.

DES BARRAGES GIGANTESQUES

pour un bilan mitigé

Des barrages gigantesques, bloquant des retenues de plusieurs milliers de kilomètres cubes, ont été créés ou sont en cours de construction à travers le monde. Citons les barrages d'Assouan sur le Nil en Égypte, de Kariba sur le Zambèze (entre la Zambie et la Rhodésie), d'Itaipu sur le Parana (entre le Paraguay et le Brésil), de Grand Coulee sur la Columbia, aux États-Unis, et le complexe de la Grande-Rivière au Québec.

La création des grands barrages, dont l'impact est considérable, n'a pas que des effets positifs. Certes, des cours d'eau aux inondations parfois catastrophiques ont été régularisés. Les retenues alimentent d'énormes centrales électriques. Certaines terres ont pu être irriguées et des activités de pêche se sont développées. Mais, dans le même temps, des surfaces considérables ont été submergées. L'équilibre entre les phénomènes d'érosion et d'alluvionnement a été modifié. En amont du barrage, les apports d'alluvions comblent progressivement les retenues. En aval, les eaux et les terres privées de limons s'appauvrissent et l'érosion est accélérée. En Égypte, ce phénomène a entraîné la régression du delta du Nil et une chute catastrophique du rendement des pêches côtières. La régulation des eaux a également provoqué la recrudescence des maladies parasitaires...

mètres. Cependant, les carrières de plus de 15 mètres de profondeur sont fréquentes dans l'est de la France.

... et zones humides

Avec la diminution de la hauteur d'eau, la végétation prend de l'importance, pour couvrir parfois la quasi-totalité de la surface inondée. Nous arrivons dans le domaine des marais, des fagnes, des tourbières et des prairies marécageuses. Ces lieux riches d'une flore et d'une faune diversifiées, mais aussi fragiles et en profonde régression, appartiennent aux régions caractérisées par un contact intime entre la terre et l'eau et qualifiées de «zones humides».

Il n'existe pas de frontière nette entre les zones humides et les écosystèmes aquatiques proprement dits. Dans le cadre du projet MAR (du terme anglais *marsh*, «marais»), qui fut le premier programme international visant à la protection de ces milieux, l'Union internationale pour la Conservation de la Nature et de ses Ressources (U.I.C.N.) proposa en 1962 une très large définition, puisqu'elle englobe de nombreux plans d'eau permanents, et même des eaux marines:

«Les zones humides sont des milieux aquatiques, aussi bien marins que côtiers ou continentaux, pour autant qu'ils soient de faible profondeur; partant des terres temporairement inondées sans surface d'eau permanente, elles vont jusqu'aux lacs et étangs dont la profondeur n'est pas supérieure à six mètres».

Partout, l'empreinte de l'homme

Les eaux continentales françaises couvrent moins de 1% du territoire national. Les 270 000 kilomètres d'eaux courantes représentent environ un tiers de cette étendue avec 126 000 hectares, auxquels s'ajoutent 2 600 hectares de canaux. Les deux tiers restant sont donc des eaux dormantes. Couvrant 46 000 hectares, les lacs d'origine naturelle ne forment qu'un sixième de leur surface! La fraction française du Léman représente à elle seule la moitié de cette étendue. La plupart des lacs naturels français sont des lacs de montagne. Deux mille lacs, surtout groupés dans les Alpes et les Pyrénées, ont été recensés au-dessus de 700 mètres d'altitude (600 mètres dans les Vosges).

Avec près de 41 000 hectares, les retenues artificielles représentent une étendue presque aussi importante que les lacs naturels. Mais la fraction de loin la plus importante des eaux dormantes françaises est constituée par plusieurs milliers d'étangs, couvrant environ 150 000 hectares, dont 120 000 sont exploités. Il faut y ajouter quelque 30 000 hectares de carrières en eau. La superficie de ces dernières progresse de 1 000 hectares environ chaque année.

Ces chiffres sont approximatifs. Ils soulignent cependant un fait surprenant: environ la moitié des surfaces en eaux intérieures sont d'origine humaine. Plus que n'importe quel discours, ces chiffres sont révélateurs de l'immense impact de l'homme sur les écosystèmes aquatiques.

Des origines multiples

Alors que les cours d'eau façonnent eux-mêmes leur lit, la formation des lacs est conditionnée par l'existence d'une dépression. Les événements qui peuvent amener à la formation d'une telle cavité sont multiples. Dans son important traité de limnologie paru en 1957, G. Evelyn Hutchinson a ainsi défini 76 types de lacs en fonction de leurs origines. Ces différents types peuvent se regrouper en une dizaine de grandes catégories. Certaines n'ont qu'une importance quantitative très limitée et seules sept grandes catégories de facteurs naturels ont une certaine importance en Europe.

Dans les plissements et les fractures de la croûte terrestre

La terre, sous l'action de formidables forces internes, se déforme et se plisse. Ces mouvements de la croûte terrestre sont dits

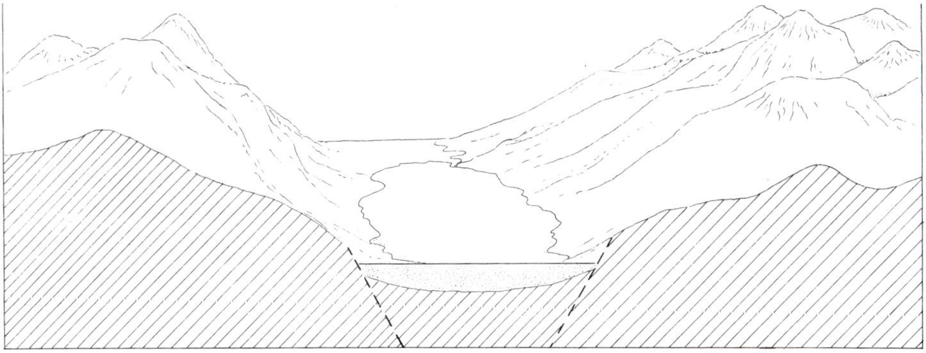

Les plus grands lacs de la planète sont pour la plupart des lacs tectoniques, nés des fractures ou des plissements de la croûte terrestre.

tectoniques. Certains bassins lacustres sont nés de tels bouleversements. C'est ainsi que la mer d'Aral et la mer Caspienne ont été isolées des océans pour devenir d'immenses lacs salés au milieu de l'ère tertiaire (la mer Caspienne est la plus vaste étendue d'eau continentale de la planète). Les plissements des massifs alpin et jurassien ont contribué aussi à la formation de certains bassins lacustres: leurs plis en creux, nommés synclinaux, abritent parfois des lacs barrés par les saillies formées par les anticlinaux (le Fählensee et le lac de Joux en Suisse, le lac de Saint-Point en France).

À l'échelle mondiale cependant, les phénomènes tectoniques les plus importants dans la formation des lacs sont les fractures de la croûte terrestre. Sur un socle incliné, des lacs peuvent ainsi s'appuyer contre le talus formé par une cassure (escarpement de faille). Les fossés formés par l'effondrement de blocs entre deux escarpements de faille peuvent également contenir des lacs parfois très profonds. Les deux lacs les plus profonds du monde, le Baïkal en Sibérie et le Tanganyika entre le Zaïre et la Tanzanie, ont une telle origine. Le Tanganyika n'est qu'un exemple parmi les imposants plans d'eau qui s'égrènent le long du rift est-africain, gigantesque série de fractures et de fossés née des formidables contraintes de la tectonique des plaques.

UN LAC EXCEPTIONNEL:

le Baïkal

Les lacs d'Europe paraissent minuscules et bien jeunes comparés au Baïkal, ce lac de Sibérie qui collectionne une multitude de records. Ce plan d'eau, qui est le plus profond du monde avec 1 620 m de profondeur, représente également la plus grande réserve d'eau douce avec 23 000 km^3 d'eau, c'est-à-dire plus de 250 fois le volume du Léman. Il contient le cinquième des eaux douces retenues dans tous les lacs de la planète. Mais le record le plus fantastique que détient le Baïkal est sans aucun doute celui de l'âge. Les bouleversements tectoniques qui ont progressivement entraîné la formation du bassin lacustre ont débuté il y a environ 80 millions d'années et le lac a une histoire continue depuis peut-être 25 millions d'années. Le doyen des lacs possède en conséquence un pourcentage fabuleux d'espèces n'existant nulle part ailleurs. On estime ainsi que 30 % des espèces végétales et 60% des espèces animales du lac sont endémiques. Ce pourcentage atteint 80 % lorsqu'on considère les seules espèces de pleine eau. Ce lac immense constitue ainsi un véritable sanctuaire d'espèces relictes.

Dans les régions montagneuses, certains lacs sont dus aux barrages naturels formés lors de glissements de terrain. En France, ce sont par exemple le lac Sylans dans l'Ain, le lac de Chaillexon dans la vallée du Doubs et les lacs de Gers, de Montriond et de Vallon en Haute-Savoie (ce dernier ne datant que de 1943).

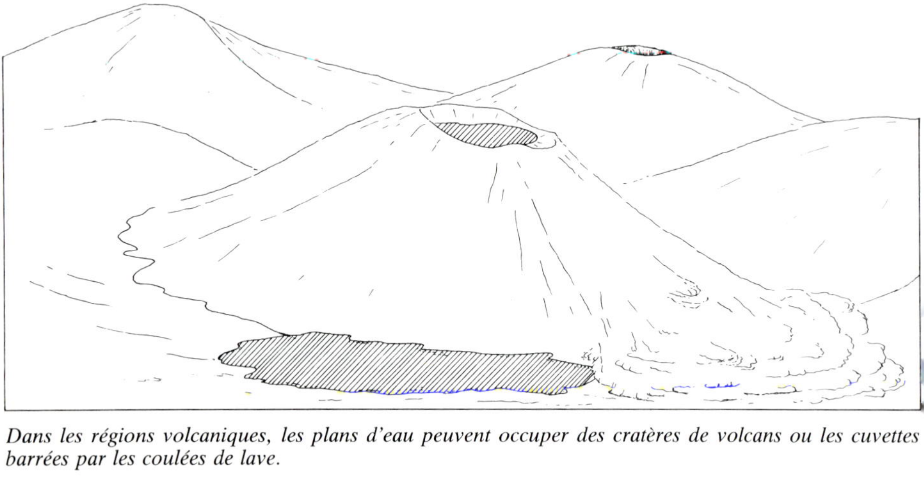

Dans les régions volcaniques, les plans d'eau peuvent occuper des cratères de volcans ou les cuvettes barrées par les coulées de lave.

Les lacs des terres de feu

Certains plans d'eau ont une origine volcanique. Pour la seule Europe, on peut citer les lacs du Massif central en France, de la région d'Eifel en Allemagne fédérale, des champs Phlégréens et de la région de Rome en Italie, et plusieurs plans d'eau d'Islande.

Quelques lacs aux profondeurs modérées occupent les cratères non modifiés de volcans éteints, à l'exemple du lac de la Godivelle-d'en-Haut et du lac de Tazenat en Auvergne. Plus fréquemment, les plans d'eau occupent les cavités parfois très profondes formées lors de violentes explosions volcaniques (lacs d'Issarlès et Pavin dans le Massif central, Viti en Islande). D'autres cuvettes lacustres sont formées par les «caldeiras», vastes dépressions dues à l'effondrement de la partie centrale des volcans. On peut citer les lacs de Bolsena et de Bracciano en Italie et l'Askja en Islande.

Enfin un grand nombre de cuvettes lacustres proviennent des barrages créés par les coulées de lave (lac d'Aydat en Auvergne, lac Myvatn en Islande) ou par le volcan lui-même (lac Chambon en Auvergne). Ces plans d'eau sont généralement peu profonds.

Lovés dans les lits glaciaires

Les glaciers ont profondément modelé le paysage. Tout comme les cours d'eau, ils ont érodé le sol, creusé les vallées en leur donnant un profil caractéristique en U, transporté des blocs atteignant parfois plusieurs dizaines de tonnes, accumulé des matériaux et contribué à la formation de très nombreux lacs. La plupart des lacs alpins et pyrénéens ont en particulier une origine glaciaire.

Les glaciers en Europe il y a 18 000 ans

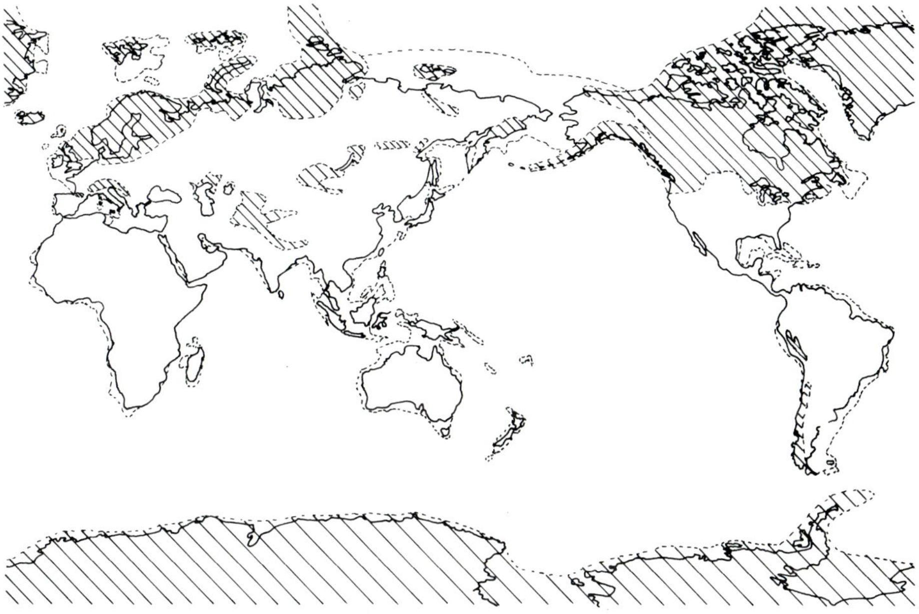

Surfaces sans glaciers — *Glaciers*

Terres actuellement émergées — *Terres émergées il y a - 18 000 ans*

L'EUROPE

au temps des grands glaciers

Il y a 18 000 ans, au plus fort de la dernière glaciation, d'immenses glaciers ou «inlandsis» recouvraient une grande partie de l'hémisphère Nord. En Europe, les glaces coiffaient la totalité de l'Islande et de la Scandinavie, s'étendaient à l'est jusqu'à Moscou, au sud jusqu'au Danemark et à l'Allemagne, et à l'ouest sur l'Écosse, le Pays de Galles, et le nord de l'Irlande. La région alpine était également ensevelie sous un immense glacier qui s'étirait jusqu'au niveau de Lyon, et une carapace de glace recouvrait les Pyrénées.

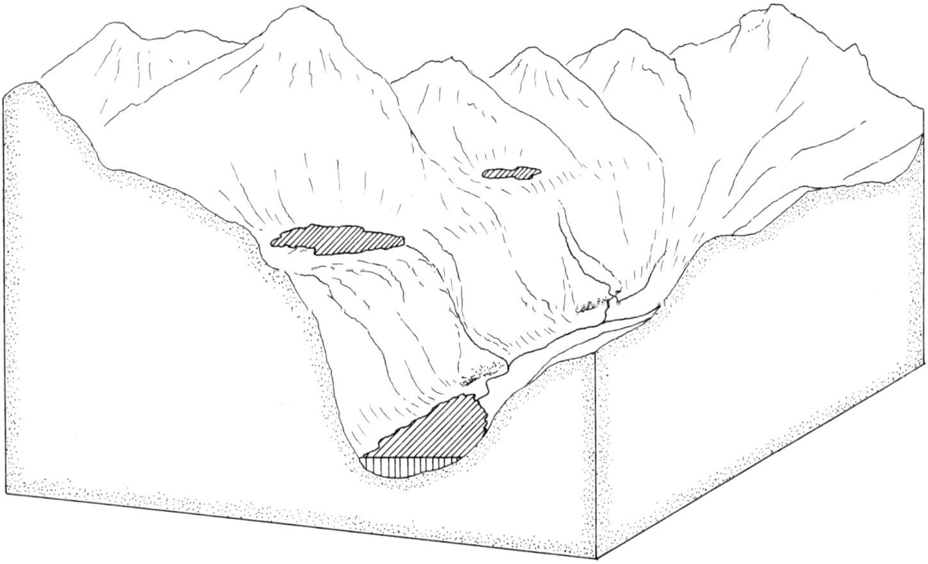

Paysage modelé par les glaciers, avec des lacs glaciaires dans la vallée principale et dans les vallées suspendues correspondant à d'anciens glaciers affluents.

En creusant les vallées, les glaciers n'établissent pas toujours un profil régulier, mais montrent une tendance à accentuer les accidents de terrain. Leur profil en long caractéristique est ainsi une succession de bassins érodés, les «ombilics», séparés par des saillies de roches dures, les «verrous». En amont, le premier de ces bassins forme souvent un amphithéâtre, nommé «cirque». À la fonte des glaciers, des lacs ont occupé les cirques glaciaires et les ombilics, donnant parfois l'impression d'un chapelet de plans d'eau. Les «moraines», amas de débris rocheux charriés et accumulés par les glaciers, ont également contribué par un effet de barrage à la formation des bassins lacustres (lac de Clairvaux dans le Jura, lac de Gérardmer dans les Vosges, lac de Tavaneuse, en Haute-Savoie, lac des Nettes en Vanoise). Les lacs glaciaires d'altitude, et en particulier les lacs de cirque, ont généralement une faible superficie et une profondeur modérée, bien qu'il existe des exceptions.

Dans les basses vallées, les glaciers ont creusé d'importants bassins et laissé la place à de grandes étendues d'eau allongées et profondes, comme le Léman, les lacs d'Annecy et du Bourget, le Bodensee, le lac Majeur, les lacs de Lugano, de Garda et de Como. Les lochs d'Écosse et les fjords de Norvège ont une origine similaire. Ces étendues d'eau sont dites de «surcreusement glaciaire». En revanche, dans les régions nordiques au relief plus doux, l'inlandsis a laissé la place à d'immenses étendues de roches «moutonnées» barrées de nombreux dépôts morainiques. Ces régions sauvages constituent le «fjeld» scandinave, parsemé de milliers de petits lacs aux formes irrégulières.

Il faut souligner ici que la réalité est souvent plus complexe que ces quelques mots sur l'origine des lacs ne le laissent paraître. Plusieurs phénomènes peuvent intervenir dans la formation d'un lac. Ainsi, la morphologie du Léman n'est pas explicable par les seules glaciations, mais fait également intervenir des bouleversements tectoniques et l'érosion fluviale.

Les dolines

Nous avons vu dans le premier chapitre que l'eau possède un important pouvoir de dissolution. Cette action chimique peut s'exercer sur certaines roches. Le carbonate de calcium, qui est le constituant essentiel du calcaire, peut ainsi se dissoudre dans une eau chargée de gaz carbonique, par transformation en bicarbonate de calcium soluble dans l'eau. La dissolution du calcaire par

Le célèbre Loch Ness écossais, lac de surcreusement glaciaire, atteint 238 mètres de profondeur.

Le lac de Fontaine en Haute-Savoie. Les lacs de montagne, et notamment les lacs d'origine glaciaire, sont rarement très profonds.

Les lacs dus à l'action des eaux courantes

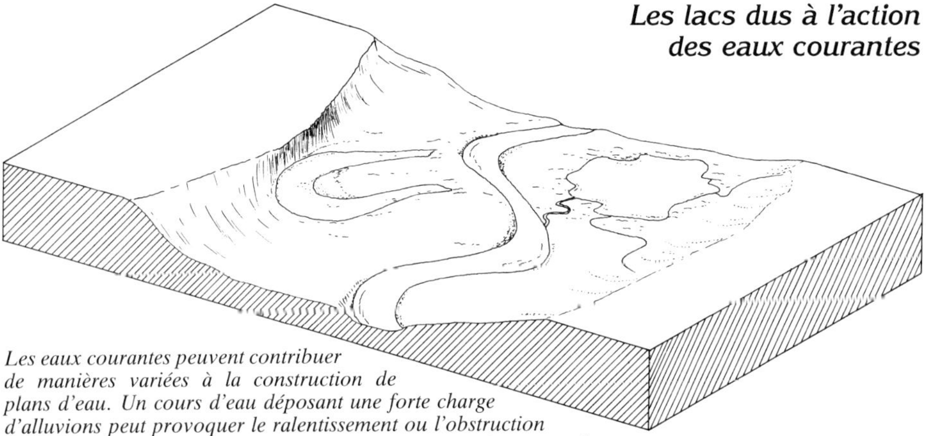

Les eaux courantes peuvent contribuer de manières variées à la construction de plans d'eau. Un cours d'eau déposant une forte charge d'alluvions peut provoquer le ralentissement ou l'obstruction de ses affluents et créer des plans d'eau latéraux. Plus en aval, d'anciens méandres abandonnés peuvent border le nouveau tracé de la rivière. Les « lônes » du Rhône appartiennent à cette catégorie.

des eaux qui se sont ensuite infiltrées dans la roche fissurée a provoqué la formation de dépressions circulaires nommées « dolines ». Ces dolines sont souvent sèches, mais leur colmatage par des sédiments a parfois entraîné la formation de lacs. On peut citer en Haute-Savoie, les lacs de la Beunaz et de Darbon. De nombreux lacs de dissolution similaires existent dans les régions calcaires des Alpes. Ils ont parfois été remodelés par l'action des glaciers. De manière comparable, la dissolution du gypse, ou pierre à plâtre, qui est une roche à base de sulfate de calcium hydraté, a provoqué la formation d'un certain nombre de milieux lacustres dont le plus fréquemment cité est le lac de la Girotte en Savoie, qui atteignait naturellement 90 mètres de profondeur (il a été réhaussé d'une vingtaine de mètres par la construction d'un barrage).

Les plans d'eau littoraux

La plupart des lacs naturels de France sont des lacs de montagne. Il existe cependant de vastes étendues d'eau peu profondes et souvent saumâtres le long du littoral atlantique et de la Méditerranée. Certains de ces plans d'eau correspondent à d'anciennes baies côtières ou à des estuaires isolés de la mer par d'importantes formations dunaires (étangs des Landes) ainsi qu'à des lagunes retenues par un mince cordon littoral (côte languedocienne). D'autres étangs du delta du Rhône ont été isolés par les dépôts d'alluvions du fleuve. Ces dépôts furent particulièrement importants lorsque le déboisement d'une partie des Alpes fut entrepris. Depuis, des travaux sont intervenus pour transformer, fixer, endiguer ou assécher nombre de ces plans d'eau littoraux.

Petite géographie lacustre

Les grands bouleversements géologiques et climatiques qui ont marqué l'évolution de la planète depuis sa formation, les climats très contrastés qui règnent actuellement à sa surface et enfin l'action de l'homme sont à l'origine de paysages d'une extraordinaire variété. Cette diversité se retrouve au niveau des écosystèmes lacustres, que ce soit à l'échelle mondiale ou à celle, plus restreinte, de l'Europe.

La moyenne ou les extrêmes

Les grands lacs ont toujours attiré les hommes. De par leurs dimensions, ils jouent un rôle bénéfique sur les climats et ils offrent d'importantes ressources biologiques. Des civilisations originales, profondément attachées à la vie lacustre, se sont développées sur leurs pourtours. Mais plus encore que la surface, la profondeur des lacs

Profondeur de quelques lacs à travers le monde

1. Baïkal
2. Tanganyika
3. Malawi (Nyassa)
4. Issyk-Koul
5. Great Slave Lake
6. Crater Lake
7. Hornindalsvatn
8. Tahoe
9. Mjosa
10. Lago di Garda
11. Léman
12. Lac Supérieur
13. Titicaca
14. Lac Michigan
15. Athabasca
16. Constance
17. Loch Ness
18. Lac Huron
19. Lac Ontario
20. Ladoga
21. Bourget
22. Annecy
23. Aiguebelette
24. Pavin
25. Nantua

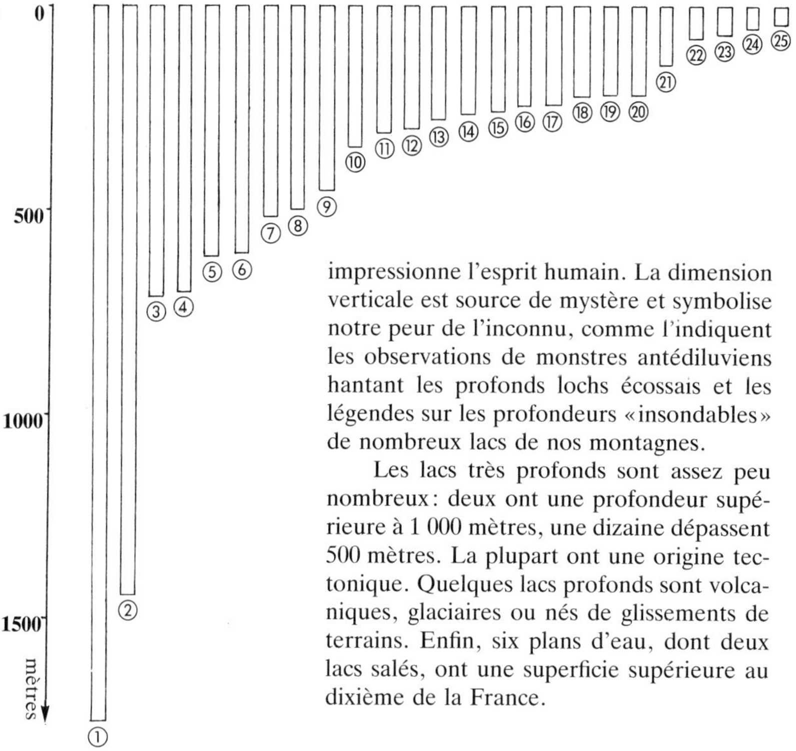

impressionne l'esprit humain. La dimension verticale est source de mystère et symbolise notre peur de l'inconnu, comme l'indiquent les observations de monstres antédiluviens hantant les profonds lochs écossais et les légendes sur les profondeurs «insondables» de nombreux lacs de nos montagnes.

Les lacs très profonds sont assez peu nombreux : deux ont une profondeur supérieure à 1 000 mètres, une dizaine dépassent 500 mètres. La plupart ont une origine tectonique. Quelques lacs profonds sont volcaniques, glaciaires ou nés de glissements de terrains. Enfin, six plans d'eau, dont deux lacs salés, ont une superficie supérieure au dixième de la France.

LES LACS D'EAU DOUCE OU SALÉE LES PLUS PROFONDS DE LA PLANÈTE

(* : valeur approchée)

Lac (origine)	Localité	Profondeur (m)	Surface (km^2)	Volume (km^3)
Baïkal (tectonique)	URSS (Sibérie)	1620	31500	23000
Tanganyika (tectonique)	ZAÏRE-TANZANIE	1435	31900	18900
Mer Caspienne (tectonique)	URSS-IRAN (lac salé)	946	436400	79300
Malawi (tectonique)	MOZAMBIQUE	706	31000	8400
Issik-Koul (tectonique)	URSS (Kirghizistan)	702	6300	1730
Great Slave (glaciaire)	CANADA	614	30000	7500 *
Crater (volcanique)	USA (Oregon)	608	60	20
Matana (tectonique)	INDONÉSIE (Célèbes)	590	164	39
Hornindalsvatn (glaciaire)	NORVÈGE	514	508	12
Tahoe (tectonique)	USA (Californie-Nevada)	501	499	124

LES LACS D'EAU DOUCE OU SALÉE LES PLUS VASTES DE LA PLANÈTE

Lac (origine)	Localité	Profondeur (m)	Surface (km^2)	Volume (km^3)
Mer Caspienne (tectonique)	URSS-IRAN (lac salé)	946	436400	79300
Supérieur (glaciaire)	CANADA-USA	307	83000	12000
Victoria (tectonique)	TANZANIE, OUGANDA, KENYA	79	68500	2700
Mer d'Aral (tectonique)	URSS (lac salé)	68	62000	970
Huron (glaciaire)	USA (Ontario-Michigan)	229	59500	4600
Michigan (glaciaire)	USA (Michigan)	265	58000	5760

Malgré leur faible nombre, ces lacs ont une importance considérable. Les quatre premiers lacs d'eau douce — le Baïkal, le Tanganyika, le lac Supérieur et le Malawi — représentent, par leur volume, plus de la moitié des eaux douces contenues dans tous les plans d'eau de la planète ! Les dix lacs d'eau douce les plus volumineux représentent les 3/4 de ces mêmes réserves d'eau.

Laissons de côté les quelques centaines de lacs ayant des volumes très importants. Il reste plusieurs centaines de milliers de plans d'eau de quelques centaines à quelques milliers de mètres carrés de surface et de quelques mètres à quelques dizaines de mètres de profondeur. Un très grand nombre de ces petits lacs ont une origine glaciaire. Ils sont concentrés pour la plupart dans l'hémisphère Nord, notamment en Europe septentrionale.

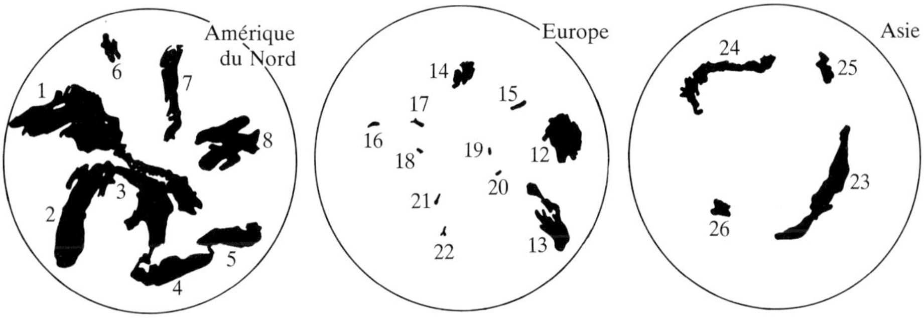

SURFACES COMPARÉES

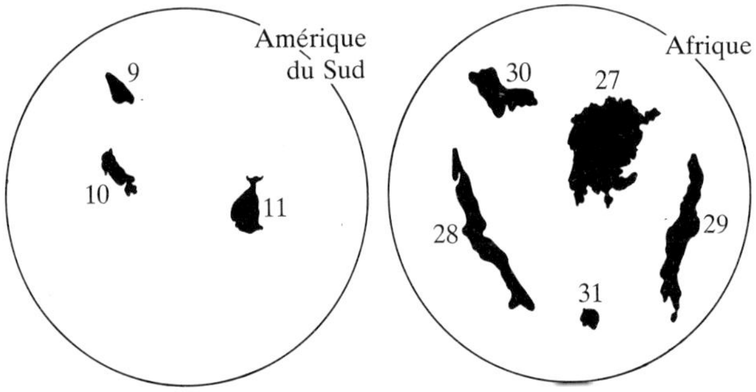

1. Lac Supérieur - 2. Lac Michigan - 3. Lac Huron - 4. Lac Erié - 5. Lac Ontario - 6. Grand Lac Salé - 7. Lac Winnipeg - 8. Grand lac de l'Ours - 9. Lac de Nicaragua - 10. Lac Titicaca - 11. Lac de Maracaibo - 12. Lac Ladoga - 13. Lac Onega - 14. Lac Venern - 15. Lac Balaton - 16. Lac Léman - 17. Lac de Constance - 18. Lac de Zurich - 19. Neusiedlersee (Fertö) - 20. Lac de Neuchâtel - 21. Lac de Garde - 22. Lac de Côme - 23. Lac Baïkal - 24. Lac Balkhach - 25. Lac Ourmiah - 26. Koukou Nor (Ts'ing-Hai) - 27. Lac Victoria - 28. Lac Tanganyika - 29. Lac Malawi (Nyassa) - 30. Lac Tchad - 31. Lac Tsana

Une Europe de contraste

De même qu'elle se caractérise par des fleuves assez modestes lorsqu'on la compare au reste du monde, l'Europe apparaît assez pauvre en très grands lacs. Seuls quelques plans d'eau soviétiques et scandinaves ont une superficie de plusieurs milliers de kilomètres carrés. Ces lacs ont une origine partiellement tectonique et glaciaire ou sont des retenues sur le cours de la Volga. Viennent ensuite le Balaton et les profonds lacs de surcreusement glaciaire des massifs subalpins, dont le Léman est le plus vaste.

La richesse en lacs du bouclier finno-scandinave contraste fortement avec la pauvreté en plans d'eau naturels du sud-ouest de l'Europe continentale. Alors que les surfaces en eau représentent probablement moins de 1 % des terres émergées de l'Europe méridionale, les espaces lacustres et marécageux occupent 11 % du territoire finlandais avec environ 62 000 plans d'eau, et 8 % de la surface de la Suède avec quelques 84 000 lacs.

LES PLUS GRANDS LACS D'EUROPE OCCIDENTALE

Lac	Localité	Profondeur (m)	Surface (km^2)
Venern	Suède	89	5546
Saïmaa	Finlande	58	4400
Vettern	Suède	119	1898
Balaton	Hongrie	11	596
Léman	Suisse-France	310	582
Constance	Suisse-RFA-Autriche	252	540
Garda (Benaco)	Italie	346	370
Mjosa	Norvège	449	363
Scutari	Yougoslavie-Albanie	45	336
Neuchâtel	Suisse	153	215
Majeur (Verbano)	Italie-Suisse	372	212
Como (Lario)	Italie	414	146
Quatre-Cantons	Suisse	214	114
Zurich	Suisse	143	90

Les lacs et les lois de la physique

Les distinctions basées sur l'usage ou sur l'origine des eaux dormantes ne recouvrent pas des catégories écologiques précises. Il n'existe d'ailleurs guère de typologie écologique simple et complète des milieux aquatiques stagnants. Certains paramètres, et en particulier la profondeur, semblent cependant des facteurs clés. Trois caractéristiques physiques importantes, l'éclairement, la température et la circulation des eaux, sont par exemple liées étroitement à la profondeur des milieux lacustres. Nous verrons ultérieurement qu'il en est de même pour nombre de caractéristiques chimiques. Cette importance primordiale de la profondeur s'explique aisément par les propriétés de l'eau que nous avons déjà évoquées à plusieurs reprises.

Le devenir de la lumière

Lors de leur traversée de l'atmosphère, les rayons du Soleil sont partiellement absorbés, réfléchis et diffusés. Environ 50 % de l'énergie solaire atteint la surface de la planète. Le flux d'énergie et de lumière à un endroit donné correspond bien sûr à une fonction complexe qui fait intervenir la latitude, la saison, l'heure et la nébulosité.

En arrivant à la surface d'un lac, le rayonnement solaire subit de nouvelles modifications. Une partie de la lumière est réfléchie dans l'atmosphère, et ceci d'autant plus que le soleil est bas sur l'horizon. L'autre fraction pénètre dans l'eau, où elle est réfractée et diffusée par les molécules d'eau et les matériaux en suspension. Une fraction importante de la lumière est également absorbée dès les premiers centimètres. L'intensité lumineuse décroît ainsi très rapidement avec l'augmentation de la profondeur. Dans de l'eau pure, elle est réduite de moitié dès le premier mètre. La présence de matières organiques dissoutes et de particules diminue parfois considérablement la transmission de la lumière.

LE FLUX SOLAIRE

absorption, réflexion et réfraction

Le spectre des ondes électromagnétiques émises par le Soleil s'étend de l'ultraviolet à l'infrarouge en passant par les différentes couleurs du spectre visible. Ces radiations correspondent à un flux de particules énergétiques nommées quantas ou photons. Les rayons solaires effectuent sans encombre la plus grande partie du trajet du Soleil à la Terre, mais subissent de nombreuses modifications dès leur passage dans l'atmosphère terrestre. Des radiations sont absorbées; l'absorption des courtes longueurs d'onde (ultraviolettes) est essentiellement le fait de la couche d'ozone de la haute atmosphère, alors que celle des grandes longueurs d'ondes (infrarouges) est surtout due aux molécules d'eau et de gaz carbonique. D'autres sont réfléchies, renvoyées dans une direction différente. Leur passage d'un milieu à un autre, par exemple la traversée de gouttelettes d'eau, provoque leur réfraction, c'est-à-dire un changement de direction qui est fonction de leur longueur d'onde. La lumière est ainsi progressivement diffusée dans toutes les directions. Dans les milieux aquatiques, absorption, réflexion et réfraction continuent de conditionner la nature de la lumière selon les mêmes lois physiques.

Répartition de l'énergie émise par le soleil en fonction des longueurs d'onde des radiations

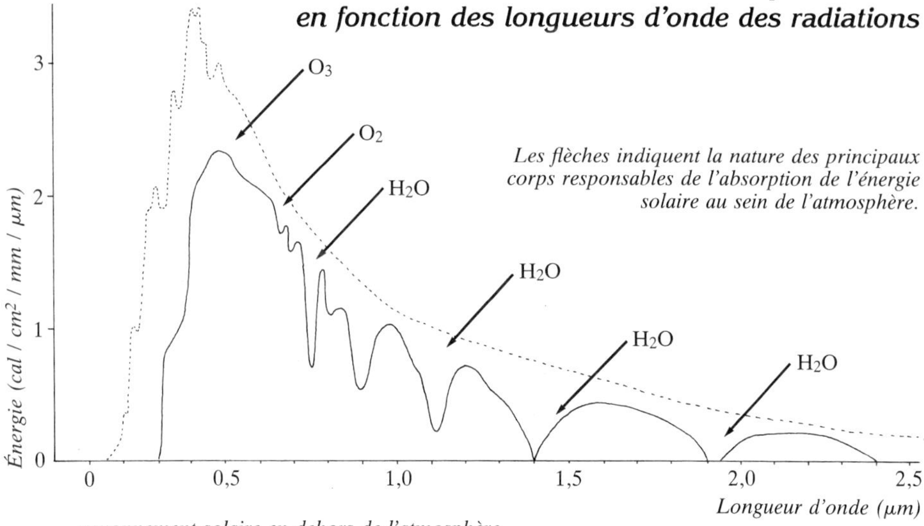

Les flèches indiquent la nature des principaux corps responsables de l'absorption de l'énergie solaire au sein de l'atmosphère.

.... *rayonnement solaire en dehors de l'atmosphère*

______ *rayonnement solaire au niveau de la mer*

Absorption de la lumière et richesse des eaux en matières organiques dissoutes

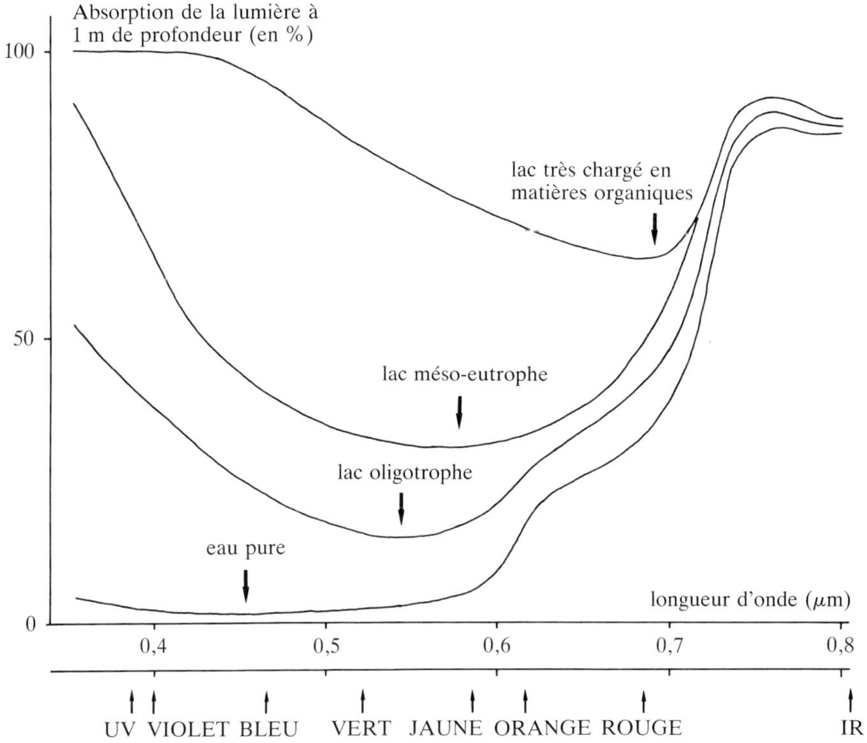

La transmission de la lumière est de moins en moins importante avec l'enrichissement de l'eau en matières organiques dissoutes. Le maximum de transmission (indiqué par les flèches) passe progressivement du bleu au rouge de l'eau pure aux lacs très eutrophes.

Les radiations solaires ne sont pas uniformément absorbées. Dans une eau pure, les grandes longueurs d'ondes (le rouge et l'infrarouge) sont très fortement atténuées dès le premier mètre. L'absorption décroît rapidement pour les longueurs d'onde inférieures, pour devenir minimale dans le bleu. Elle recommence ensuite à augmenter légèrement au niveau du violet et de l'ultraviolet. Ainsi, l'eau pure apparaît bleue à forte profondeur.

Cependant, l'absorption des courtes longueurs d'onde s'accroît rapidement avec la présence de matières organiques dissoutes dans l'eau. Les radiations les mieux transmises passent du bleu, lorsque l'eau est pure, au vert pour un lac assez pauvre en matière organique, et au rouge pour un plan d'eau très riche en matières dissoutes. Dans la plupart des lacs, les radiations ultraviolettes sont rapidement absorbées.

Des lacs stratifiés

L'absorption des radiations solaires est le facteur primordial de réchauffement de la plupart des lacs. Ainsi que l'indique l'extinction rapide des radiations avec la profondeur, cet échange de chaleur s'effectue surtout dans les premiers mètres. L'évolution verticale de la température n'est pas pour autant parallèle à la baisse de luminosité.

Au cours de l'été, on observe généralement trois zones successives dans un lac suffisamment profond. Dans les premiers mètres, qui forment l'épilimnion, la température décroît faiblement avec la profondeur. Dans une deuxième zone, appelée thermocline ou métalimnion, on observe une diminution rapide de la température. La région lacustre la plus profonde, ou hypolimnion, se caractérise à nouveau par une décroissance très lente de la température.

Le lac Bénit, situé au pied de la paroi du Bargy dans le Faucigny et entouré de résineux et de pâturages, présente une belle couleur vert émeraude. La couleur des lacs dépend non seulement de la nature des matières organiques et minérales présentes dans l'eau, mais aussi de l'environnement.

LA COULEUR DES LACS

une question de contenu

La couleur apparente d'un lac est fonction de la lumière réfléchie par celui-ci, elle-même dépendante de multiples facteurs. Par temps clair, les plans d'eau assez purs comme les lacs oligotrophes de montagne sont souvent d'un bleu profond. Avec l'augmentation des fines particules en suspension, certains lacs glaciaires prennent une couleur verte. Ils deviennent parfois d'un gris laiteux à proximité immédiate du glacier. La présence d'argiles en suspension donne aux eaux une couleur jaunâtre. Avec l'augmentation des matières organiques dissoutes, la couleur des lacs passe progressivement du bleu au vert. Elle vire finalement au jaune et même au brun-rouge dans certains plans d'eau riches en matières humiques (lacs de tourbières).

Les êtres vivants peuvent modifier la couleur des eaux. Des développements importants d'algues vertes leur donnent un vert intense. La prolifération de cyanobactéries (autrefois considérées comme des algues) peut donner aux eaux de surface des couleurs spectaculaires allant d'un vert-bleu métallique au rouge. La faible profondeur des lacs complique encore les règles des couleurs, le fond et la présence de macrophytes modifiant la nature de la lumière réfléchie.

Une affaire de densité

L'explication de cette stratification thermique est assez simple. Les radiations solaires réchauffent la couche superficielle, qui devient donc moins dense que les eaux profondes. Dans les premiers centimètres, l'évaporation et le refroidissement nocturne modèrent cependant le réchauffement de l'eau, qui atteindrait sinon de très fortes températures. Ce refroidissement est parfois suffisant pour provoquer de petites inversions thermiques en surface. La légère augmentation de densité qui en résulte induit des déplacements de masses d'eau dans les premiers mètres du lac. Ces courants de convection associés à l'action des vents permettent l'homogénéisation thermique de la couche superficielle et la formation de l'épilimnion.

Lorsque la turbulence de l'eau devient insuffisante pour assurer le mélange des eaux chaudes avec les eaux plus froides, les échanges thermiques deviennent très réduits, car l'eau est faiblement conductrice de la chaleur. La température décroît alors rapidement en direction de la couche profonde. La thermocline est d'autant plus stable que l'écart thermique entre la surface et le fond est important. Dans les lacs profonds, la température de l'hypolimnion est voisine de 4° C. À cette température, la densité de l'eau pure est maximale sous une pression atmosphérique normale.

Le cycle classique des stratifications

Considérons un lac tempéré suffisamment profond pour ne pas être soumis sur toute sa profondeur au brassage des vents. En été, la différence importante de température, et donc de densité, entre la couche superficielle et la couche profonde du lac assure le maintien d'une stratification thermique stable. À mesure que l'épilimnion se réchauffe, la thermocline est repoussée plus bas.

En automne, les radiations solaires ne sont plus suffisantes pour compenser les pertes de chaleur par évaporation ou par conduction entre la surface de l'eau et l'air, plus froid. Le bilan thermique du lac devient négatif et l'épilimnion se refroidit.

Cycle de brassage des eaux dans un lac dimictique

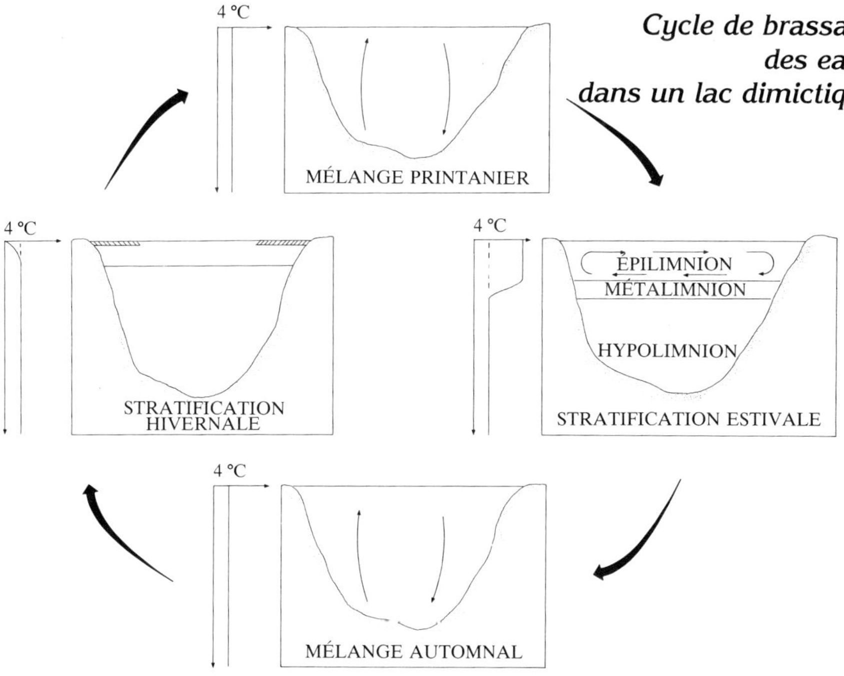

Les figures schématisent les différentes couches d'eau présentes au fil des saisons dans un lac dimictique. Les graphiques à leur gauche représentent l'évolution de la température de la surface vers le fond.

Groupe d'oies cendrées sur un plan d'eau gelé. Dans nos contrées tempérées, seuls les plans d'eau peu profonds et les lacs de montagnes gèlent sur toute la surface.

Devenant progressivement plus froides et plus denses que les couches inférieures, les couches superficielles s'enfoncent. Il y a mélange des eaux et égalisation des températures vers 4° C. Le vent facilite l'homogénéisation du lac.

En plein hiver, la température des eaux superficielles peut approcher 0° C, alors que celle des couches profondes se maintient à 4° C. Il y a alors stratification thermique inverse. Cependant, la différence hivernale de densité entre l'eau de surface et l'eau profonde est de 30 à 40 fois inférieure à la différence de densité observée en été. Cette stratification thermique n'est donc stable qu'en présence d'une pellicule de glace qui empêche l'action du vent.

Au printemps, le réchauffement des eaux superficielles permet un nouveau brassage de la colonne d'eau. On qualifie un lac de dimictique lorsque ses eaux se mélangent à deux reprises, au cours du printemps et de l'automne.

Des lacs tropicaux dans les Préalpes

Les lacs dimictiques sont caractéristiques des régions tempérées. Cependant, bien d'autres types de lacs sont présents sous nos latitudes.

Quelques rares lacs de très haute altitude sont monomictiques froids. Gelés pendant la plus grande partie de l'année, ils n'ont pas de stratification estivale stable.

Certains lacs qui ne gèlent pas sont monomictiques chauds, avec une seule et longue période de brassage pendant toute la saison froide et une stratification estivale. C'est notamment le cas de grands lacs profonds des Préalpes comme le lac Majeur, le lac Como, le lac de Lugano, le lac des Quatre-Cantons et le lac Léman. Leur inertie thermique est telle qu'ils descendent rarement au-dessous de 4° C.

Enfin, un très grand nombre de plans d'eau peu profonds, très sensibles à l'action du vent, se caractérisent par une succession de phases de stratification et de mélange des eaux au cours de l'été. On les qualifie de polymictiques.

À la fin du siècle dernier, F.-A. Forel proposa de séparer les lacs en trois grands types: les lacs polaires (dont la température ne dépasse jamais 4° C), les lacs tempérés (dont la température est inférieure à 4° C en hiver et supérieure à 4° C en été) et enfin les lacs tropicaux (dont la température est toujours supérieure à 4° C). Cette classification, maintenant abandonnée, a fait ranger nombre de lacs préalpins et écossais dans la catégorie des lacs tropicaux...

D'énormes accumulateurs d'énergie

Sous nos latitudes, l'amplitude thermique annuelle de l'air peut atteindre une quarantaine de degrés Celsius. Dans un lac profond, une amplitude annuelle de 20° C est fréquente au niveau de l'épilimnion. En revanche, l'hypolimnion ne subit que des fluctuations thermiques mineures et la température moyenne de la colonne d'eau est peu variable. Ainsi, la température moyenne du lac Léman est minimale en mars avec 5,4° C et maximale en août-septembre avec 7,4° C: l'amplitude n'est que de 2° C!

Ne nous y trompons cependant pas: la capacité calorifique de l'eau est importante et cette augmentation minime correspond à un énorme stockage d'énergie. Cette provision annuelle de chaleur (également appelée budget calorifique annuel) a été estimée à environ 36 000 calories pour chaque cm^2 de surface. La chaleur emmagasinée en été et restituée en hiver à l'échelle du lac Léman correspond à la quantité d'énergie produite pendant 23 ans de fonctionnement continu du surgénérateur de Creys-Malville. Il ne faut donc pas s'étonner de l'effet modérateur important du plan d'eau sur le climat local (+ 2° C en hiver et − 1° C en été).

Un étang ou une gravière possèdent de par leur faible profondeur une inertie modérée. L'amplitude de leurs températures moyennes est de l'ordre de 20° C. La provision annuelle de chaleur de ces plans d'eau est en revanche très inférieure à celle observée dans le lac Léman. Le budget calorifique annuel d'une gravière de 4 à 5 mètres

En raison de ses grandes dimensions, le lac Léman accumule en été une énorme quantité d'énergie qu'il restitue au cours de l'hiver. Le climat des rives lémaniques est ainsi plus clément que celui de l'arrière-pays.

DES MÉLANGES VARIABLES

selon la salinité, la profondeur ou la température

Un lac est holomictique lorsque le brassage affecte la totalité de la colonne d'eau. Certains plans d'eau, qualifiés de lacs méromictiques, possèdent une zone profonde qui ne se mélange pas aux eaux de surface. Ce phénomène peut avoir une origine chimique et être lié par exemple à une forte salinité des eaux profondes qui augmente leur densité. Il peut, comme cela semble le cas pour le lac Baïkal, être lié à la très grande profondeur du bassin lacustre.

Dans plusieurs grands lacs préalpins, l'homogénéisation verticale des températures et la circulation totale des eaux ne se réalisent qu'au cours d'hivers rigoureux et venteux. Ainsi, on a observé que les eaux profondes du lac Léman ne se sont mélangées qu'une fois tous les quatre ans en moyenne aux eaux de surface pendant la période 1956-1981.

de profondeur est par exemple 4 à 5 fois plus faible que celui du lac Léman pour une même superficie. En réalité, la différence est moindre car le sédiment des lacs peu profonds emmagasine également de la chaleur durant l'été.

Une barrière thermique

L'eau n'est jamais totalement stagnante. Des études effectuées en période de stratification, et donc de stagnation apparente, ont permis de détecter des déplacements de masses d'eau dans l'hypolimnion, ceci même sous une couche de glace. La thermocline constitue malgré tout une barrière qui ralentit considérablement les échanges entre l'épilimnion et l'hypolimnion. Le mélange des eaux et la circulation des substances au niveau du fond sont par conséquent très lents. C'est pourquoi les périodes d'homogénéisation verticale des eaux sont un événement essentiel pour la vie et la santé d'un lac.

Les déplacements de masses d'eau sont surtout dus au soleil et au vent. Des courants de convection liés à de petites différences thermiques peuvent créer des turbulences quasi quotidiennes au sein de l'épilimnion. Il existe également des courants induits par l'écoulement des eaux entre les affluents et les effluents du lac. Souvent sensiblement plus froides que les eaux lacustres, les eaux des affluents descendent dans les zones profondes.

L'action du vent est complexe. Il donne naissance à des courants superficiels qui viennent buter sur les berges ou sur le fond. Il se crée alors des courants en retour profonds, dirigés en sens inverse de la direction du vent. Dans les lacs stratifiés, ces courants en retour se situent souvent juste au-dessus de la thermocline.

Dans l'hémisphère Nord, les courants lacustres sont déviés vers la droite par la « force de Coriolis », née du mouvement de rotation de la Terre. Cette déviation s'accentue avec la profondeur. Il en résulte dans les grands lacs profonds des courants de dérive induits, dont la direction est contraire à celle du vent.

« Seiches » en surface et dans les fonds

Des oscillations temporaires de la surface des eaux lacustres sont parfois observées. Ces balancements, qui découvrent périodiquement une partie de la berge, ont été appelés « seiches » par les riverains du lac Léman dès le XVIe siècle. Les seiches naissent d'un vent violent ou d'une perturbation atmosphérique locale qui provoque une brusque dénivellation des eaux. En raison de l'inertie mécanique de l'eau, le retour à l'équilibre se traduit par un mouvement d'oscillation. Dans le lac Léman, les dénivellations occasionnées font le plus souvent quelques centimètres, bien qu'une seiche de 63 cm ait été observée dans la rade

La formation des seiches

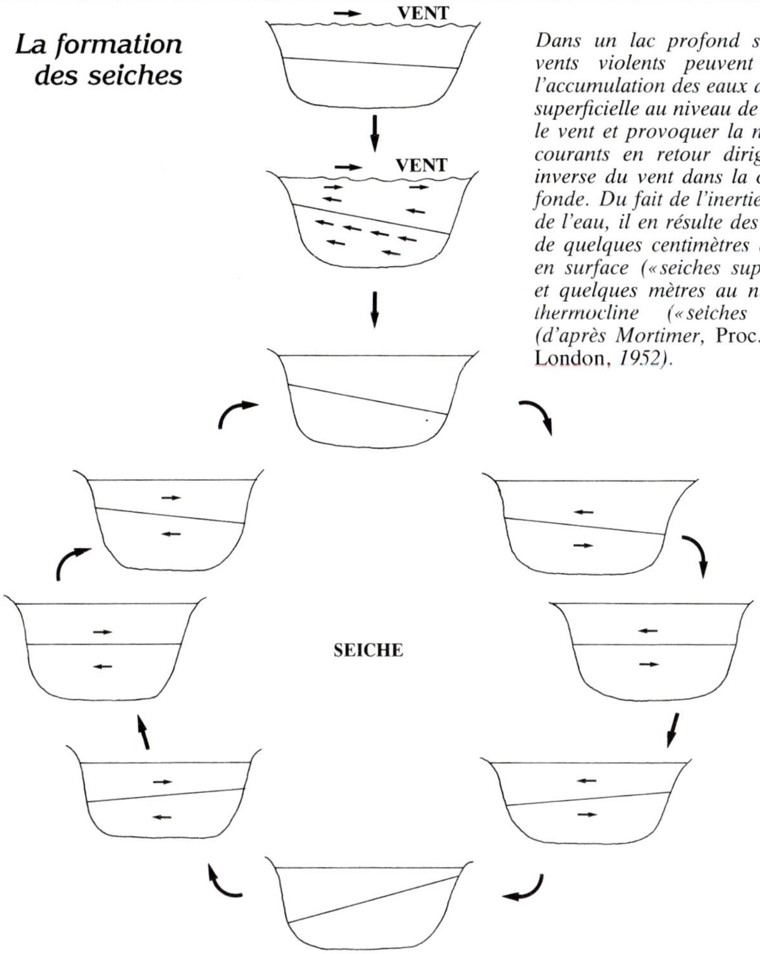

Dans un lac profond stratifié, des vents violents peuvent provoquer l'accumulation des eaux de la couche superficielle au niveau de la rive sous le vent et provoquer la naissance de courants en retour dirigés en sens inverse du vent dans la couche profonde. Du fait de l'inertie mécanique de l'eau, il en résulte des oscillations de quelques centimètres d'amplitude en surface («seiches superficielles») et quelques mètres au niveau de la thermocline («seiches internes») (d'après Mortimer, Proc. Roy. Soc. London, *1952).*

DES VAGUES, DES DUNES

et des lacs

Le frottement de l'air sur la surface de l'eau donne naissance aux vagues, qui peuvent être assez hautes si la surface du lac est importante. Elles atteignent régulièrement 1,50 m et exceptionnellement 2,50 m dans le lac Léman. Les vagues exercent une action importante d'érosion du littoral et peuvent limiter l'installation des macrophytes sur les berges. Si le littoral est meuble, les courants en retour induits par le ressac entraînent les matériaux d'érosion vers le large. Ces matériaux se déposent progressivement et forment une plateforme peu inclinée, la «beine», terminée par un talus d'éboulement abrupt souvent appelé «mont».

Dans les baies protégées, l'alluvionnement peut être plus important que l'érosion. Les matériaux fins transportés le long des côtes et déposés dans les zones abritées forment parfois des bancs sableux ou isolent des lagunes, riches en oiseaux limicoles. Les formations dunaires sont en revanche très rares en milieux lacustres. Le lac Balaton et le lac Léman sont les seuls lacs d'Europe à posséder de véritables dunes de sable fin de quelques mètres de hauteur.

de Genève en 1890. Lorsque le lac est stratifié, les seiches superficielles induisent des perturbations au niveau des couches profondes et provoquent un balancement du métalimnion beaucoup plus lent mais pouvant atteindre plusieurs dizaines de mètres d'amplitude. Ces « seiches internes » expliquent les variations de température parfois très importantes qui peuvent être observées en quelques heures au niveau de la thermocline d'un lac.

L'attraction du Soleil et de la Lune est également à l'origine de marées dans les grands lacs. Cependant, l'amplitude de ces oscillations reste faible : elle ne dépasse pas quelques millimètres.

Un peu de chimie lacustre

Les eaux naturelles contiennent de nombreuses substances minérales ou organiques, sous forme particulaire ou dissoute. Les caractéristiques moléculaires de l'eau lui confèrent, rappelons-le, de grandes capacités de dissolution. En d'autres termes, l'eau originellement pure ne le reste jamais très longtemps.

Les substances présentes dans les écosystèmes aquatiques interfèrent étroitement avec les organismes vivants. L'oxygène et le gaz carbonique sont intimement liés aux processus de formation et de décomposition de la matière vivante. D'autres gaz, comme l'hydrogène sulfuré, sont toxiques. La concentration en phosphore est souvent un facteur limitant la production algale dans les lacs oligotrophes. La silice est indispensable à certaines algues et en particulier aux diatomées, dont l'enveloppe externe est constituée de silice hydratée... On pourrait multiplier de tels exemples d'interactions entre les processus biologiques et chimiques.

La chimie des eaux est cependant un domaine aussi vaste que complexe. Seuls seront donc abordés ici quelques processus essentiels pour la compréhension de la vie dans les milieux lacustres.

La salinité des eaux continentales

La salinité d'une eau peut être définie comme sa concentration en électrolytes, c'est-à-dire en corps chimiques qui, en solution dans l'eau, se dissocient sous forme d'ions chargés positivement ou négativement. La salinité de l'eau de mer avoisine 35 grammes de sels par litre, dont 30 grammes de chlorure de sodium, utilisé comme sel de cuisine. L'eau douce comporte moins de 0,5 gramme de sels par litre.

Il est fréquent d'assimiler les eaux continentales aux eaux douces. Ceci n'est pas toujours vrai. Certains milieux ont une salinité largement supérieure à celle de l'eau de mer. Les eaux continentales se caractérisent avant tout par des compositions en sels très variées, fonctions de la nature géologique du bassin versant, du climat, du relief et du renouvellement des eaux.

Quatre cations (ions chargés positivement) et quatre anions (ions chargés négativement) dominent la composition des eaux. Les cations sont le calcium (Ca^{++}), le magnésium (Mg^{++}), le sodium (Na^{+}) et le potassium (K^{+}). Les anions sont les ions bicarbonate et carbonate (HCO_3^- et CO_3^{--}), l'ion sulfate (SO_4^{--}) et le chlore (Cl^-). Ces éléments majeurs déterminent la salinité de la plupart des eaux continentales. Dans un grand nombre de plans d'eau européens, et notamment en régions calcaires, le calcium et les bicarbonates sont largement dominants. Les eaux sont alors dites bicarbonatées-calciques. En raison des apports marins, les lacs littoraux sont quant à eux souvent plus riches en chlorure de sodium que les eaux intérieures.

Des échanges gazeux entre l'air et l'eau

Outre des électrolytes, l'eau contient des gaz en solution. Les gaz présents dans l'air sont en effet tous solubles dans l'eau. Ils ont donc naturellement tendance à diffuser dans les milieux aquatiques. Cependant, leurs proportions ne sont pas similaires dans les deux éléments. La concentration maximale d'un gaz dissous dans l'eau pure, appelée teneur à saturation, se calcule aisément par une formule connue sous le nom de loi de Henry:

$$c = p \times K$$

Le paramètre p représente la pression partielle du gaz dans l'air. Au niveau de la mer, la pression de l'air est de 1 atmosphère; la pression partielle de l'oxygène, qui entre pour 21 % dans la composition volumétrique de l'air, est donc égale à 0,21 atmosphères. K est un coefficient de solubilité caractéristique de chaque gaz.

L'oxygène est 31 fois moins soluble que le gaz carbonique. En conséquence, le rapport de ces deux gaz, qui est de 635 à 1 dans l'air, n'est plus que de 20 à 1 dans l'eau pure. L'azote, qui est de loin le premier constituant de l'air, est lui-même 2 fois moins soluble que l'oxygène.

Volume des principaux gaz atmosphériques dans l'air et dans l'eau pure à 10° C

Gaz	Millilitres par litre	
	Air	Eau pure à 10° C
Azote (N_2)	780,84	14,53
Oxygène (O_2)	209,46	7,90
Argon (Ar)	9,34	0,39
Gaz carbonique (CO_2)	0,33	0,39

Une solubilité variable

La solubilité des gaz n'est pas constante. Elle diminue légèrement avec l'augmentation de la salinité, mais ceci est peu important dans la plupart des milieux aquatiques continentaux. Une élévation de 1 000 mètres en altitude se traduit par une réduction de la pression atmosphérique d'environ 11,5 %. Pour des conditions identiques par ailleurs, la teneur à saturation des gaz est par conséquent plus faible dans les eaux de montagne. Un autre facteur de variation dont nous avons déjà vu toute l'importance pour la vie dans les rivières, est la diminution de la solubilité avec l'augmentation de la température. Rappelons que la quantité d'oxygène dissous dans de l'eau pure à 25° C ne représente qu'un peu plus de la moitié de la teneur observée à 0° C.

Les gaz et le métabolisme des êtres vivants

La diffusion entre l'air et l'eau n'est pas le seul phénomène déterminant la concentration des gaz dans les écosystèmes aquatiques. Des processus physico-chimiques et biologiques peuvent également intervenir. Il est donc tout à fait possible que la concentration réelle de ces gaz diffère fortement de leur teneur à saturation.

C'est en particulier souvent le cas pour l'oxygène et le gaz carbonique, qui jouent des rôles fondamentaux dans la photosynthèse et la respiration. Ces deux processus vitaux complexes peuvent en effet se résumer par les équations chimiques inverses:

$$6\,CO_2 + 6\,H_2O + \text{énergie} \underset{\text{Respiration}}{\overset{\text{Photosynthèse}}{\rightleftharpoons}} \underset{\text{glucide}}{C_6H_{12}O_6} + 6\,O_2$$

Rappelons que la photosynthèse permet aux végétaux de convertir de l'énergie lumineuse en énergie chimique, par synthèse de matière organique. La respiration permet à l'ensemble des êtres vivants de libérer l'énergie stockée dans la matière organique. Cette énergie pourra être utilisée par les cellules vivantes dans différents travaux, notamment dans les synthèses de molécules complexes.

Température et solubilité de l'oxygène

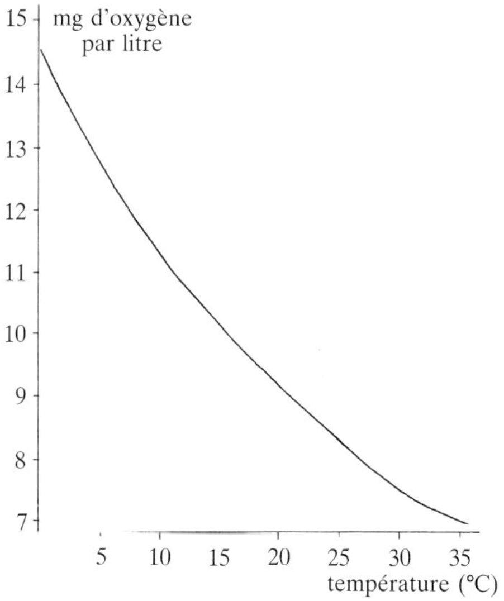

Quantité d'oxygène présente dans de l'eau pure saturée d'air en fonction de la température.

Les lacs oligotrophes, pauvres en matières organiques, sont souvent d'un bleu profond. Les organismes en décomposition sont assez peu nombreux et, du fait de la transparence des eaux, la photosynthèse a lieu à une certaine profondeur d'où une teneur en oxygène assez homogène sur toute la profondeur.

La stratification de l'oxygène

La photosynthèse étant dépendante de l'énergie lumineuse et de la température, la production d'oxygène est maximale en été dans l'épilimnion des lacs. Dans l'hypolimnion, la respiration des algues, des bactéries et des animaux entraîne en revanche une réduction progressive de la teneur en oxygène. La décomposition par les bactéries aérobies des cadavres et des détritus tombés au fond en consomme également des quantités considérables.

Les milieux transparents et pauvres en matière organique (lacs « oligotrophes ») se caractérisent par une répartition verticale assez homogène de l'oxygène. Dans les milieux très riches en matière organique (lacs « eutrophes »), la forte production algale peut entraîner d'importantes sursaturations de l'épilimnion, la concentration en oxygène atteignant parfois 200 % de la teneur à saturation. Le déficit en oxygène des eaux profondes peut au contraire atteindre l'anoxie en raison de l'accumulation excessive de matière organique en voie de décomposition.

Le brassage de l'eau par le vent est indispensable pour assurer la diffusion des gaz dans les écosystèmes aquatiques. Oxygéner un lac anoxique, même peu profond, par simple diffusion des molécules depuis la surface nécessiterait plusieurs années si le milieu était parfaitement stagnant. En période d'homogénéisation thermique des eaux, les turbulences provoquent une accélération de la diffusion de l'oxygène. Ce dernier présente alors un profil vertical homogène, avec des concentrations proches de la teneur à saturation.

Dans le lac Léman, seuls les hivers rigoureux et caractérisés par des périodes de forte bise permettent le mélange complet et l'oxygénation de sa partie la plus profonde (« grand lac »). Les conditions d'oxygénation de la partie profonde du grand lac se sont malheureusement fortement dégradées au cours des dernières décennies, du fait de l'augmentation de la production algale du plan d'eau.

En cas de gel hivernal des eaux superficielles, les échanges d'oxygène avec l'extérieur cessent. Cependant, la glace est transparente et limite assez peu la pénétration de la lumière. La photosynthèse peut donc se

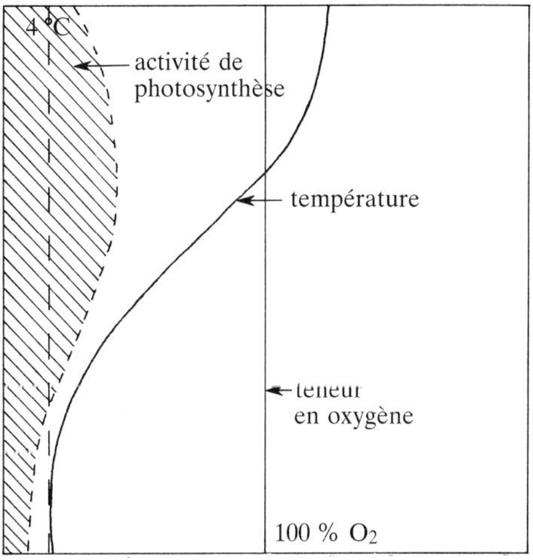

Dans un lac oligotrophe, l'activité photosynthétique, modérée, s'exerce jusqu'à une grande profondeur. La teneur en oxygène est généralement voisine de la teneur à saturation de l'eau.

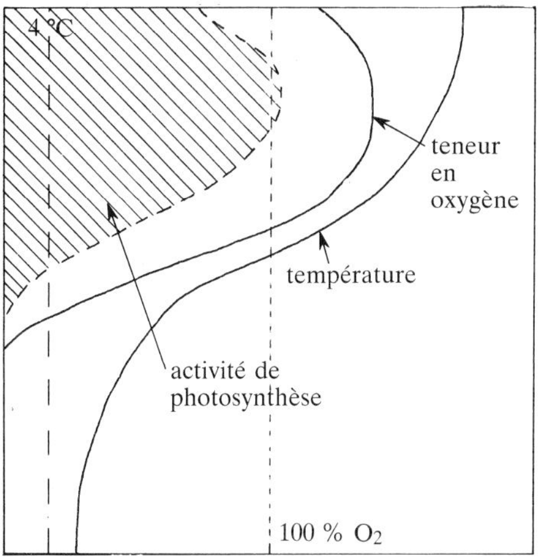

Dans un lac eutrophe, l'activité photosynthétique, importante dans la couche superficielle, est nulle en profondeur. L'oxygène, très abondant à proximité de la surface, est absent dans la zone profonde.

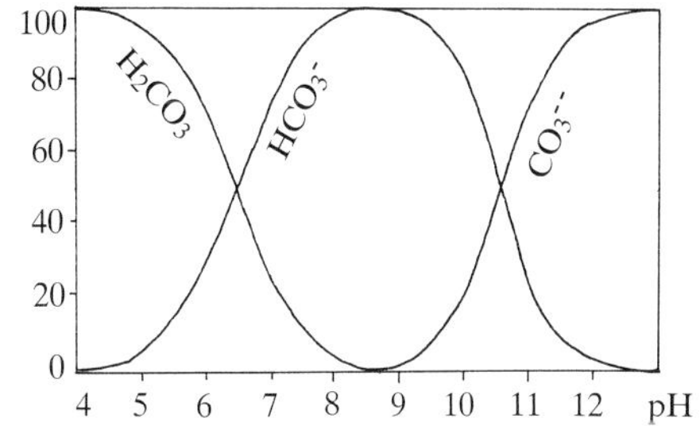

Concentration relative de l'acide carbonique (H_2CO_3) et des ions bicarbonate (HCO_3^-) et carbonate (CO_3^{--}) en fonction de l'acidité des eaux (eaux acides: pH < 7, eaux alcalines: pH > 7).

poursuivre. En raison de leur métabolisme ralenti, les organismes se satisfont par ailleurs de teneurs en oxygène assez basses. En revanche, une accumulation de neige poudreuse à la surface du plan d'eau peut réduire de façon drastique la pénétration des radiations lumineuses (jusqu'à 99 % dans 20 cm de neige) et donc l'oxygénation des eaux.

Les différentes formes du gaz carbonique

Les équations de la photosynthèse et de la respiration font apparaître une relation négative entre le gaz carbonique et l'oxygène. De fait, on observe souvent une répartition verticale inverse des teneurs en oxygène et en gaz carbonique dans les lacs stratifiés. Alors que la photosynthèse consomme du gaz carbonique dans l'épilimnion, la respiration et la décomposition aérobie des détritus en libèrent dans l'hypolimnion.

L'évolution de la concentration en gaz carbonique obéit cependant à des règles complexes dans les eaux douces. Le CO_2 existe en effet sous plusieurs formes chimiques. De manière très schématique, une petite partie du gaz carbonique dissous se combine avec des molécules d'eau (s'hydrate) pour donner de l'acide carbonique:

$$CO_2 \text{ dissous} + H_2O \rightleftharpoons \underset{\text{acide carbonique}}{H_2CO_3}$$

Une fraction de l'acide carbonique se dissocie selon les réactions suivantes:

$$H_2CO_3 \rightleftharpoons \underset{\text{ion bicarbonate}}{HCO_3^-} + H^+$$

$$HCO_3^- \rightleftharpoons \underset{\text{ion carbonate}}{CO_3^{--}} + H^+$$

Le processus de la photosynthèse consomme essentiellement du gaz carbonique libre. On sait cependant que certains végétaux peuvent assimiler également les bicarbonates (HCO_3^-). Le gaz carbonique (libre ou hydraté), l'ion bicarbonate et l'ion carbonate ne peuvent coexister tous les trois. Leurs concentrations relatives reposent sur un équilibre précis qui dépend du pH, c'est-à-dire de l'acidité des eaux. Une variation du pH ou de la concentration d'une de ces formes dérivées du CO_2 entraînera un déplacement de l'équilibre.

Le lac de Darbon, situé dans la région du Haut-Chablais en Haute-Savoie, constitue un exemple de lac de doline. Les dolines sont des cuvettes nées de la dissolution du calcaire par des eaux chargées en gaz carbonique.

Ce système complexe d'interactions chimiques joue un rôle tampon dans les eaux continentales. En d'autres termes, il tend à s'opposer aux variations chimiques du milieu et maintient notamment un degré d'acidité relativement constant.

Calcium et gaz carbonique

Le calcium entre dans la composition du squelette des vertébrés et des coquilles des mollusques. Sa présence est donc particulièrement importante pour de nombreux êtres vivants. En raison de son abondance dans de nombreux milieux lacustres, il joue également, sous forme de carbonate et de bicarbonate de calcium, un rôle clé dans l'équilibre entre les formes dérivées du CO_2.

Le carbonate de calcium ($CaCO_3$) est le principal constituant du calcaire. Il est très peu soluble dans l'eau pure. Cependant, la présence de gaz carbonique confère à l'eau une force de dissolution bien plus importante (souvenons-nous de la formation des dolines, décrite précédemment). Le carbonate de calcium se transforme alors en bicarbonate de calcium, lequel est beaucoup plus soluble dans l'eau :

$$\underset{\text{carbonate de calcium}}{CaCO_3} + CO_2 + H_2O \rightleftarrows \underset{\text{bicarbonate de calcium}}{Ca(HCO_3)_2} \rightleftarrows Ca^{++} + 2\,HCO_3^{-}$$

La notion d'équilibre signifie que les réactions chimiques vont tendre à s'opposer aux modifications du milieu. La photosynthèse est consommatrice de CO_2 dissous. En période de forte production primaire, les réactions décrites précédemment s'effectuent de la droite vers la gauche pour permettre une libération de CO_2 libre dans le milieu. Dans une eau riche en calcium (« eau dure »), il y a transformation du bicarbonate de calcium soluble en carbonate de calcium et précipitation de ce dernier. Les eaux chargées en particules prennent alors une couleur blanchâtre et l'on observe des dépôts de craie lacustre sur les berges et la végétation littorale. De la même manière, la diffusion du CO_2 dans l'atmosphère ou son assimilation par les plantes aboutissent à la formation de concrétions calcaires (« tuf ») dans les sources riches en bicarbonate de calcium dissous (sources dites « incrustantes »).

Au contraire, des eaux excédentaires en CO_2 dissous (« eaux agressives ») tendent à dissoudre le calcaire…

Le cycle de l'azote

D'autres éléments, mineurs du point de vue quantitatif, jouent un rôle primordial dans le fonctionnement des biocénoses. Ce sont en particulier l'azote et le phosphore. L'azote est présent dans l'eau sous forme de gaz (N_2), de sels minéraux (NO_3^-, NO_2^- et NH_4^+) et de divers composés organiques. Le cycle de l'azote est complexe car il existe de nombreux ponts entre ces différentes formes.

Très abondant dans l'atmosphère, l'azote gazeux est présent en quantités assez importantes dans les milieux aquatiques. Cependant, il est inaccessible à la majorité des organismes vivants. La molécule d'azote gazeux se caractérise en effet par une triple liaison N≡N, très solide et très difficile à briser. Seules certaines bactéries, dont des cyanobactéries (plus connues sous le nom d'algues bleues), sont capables de le fixer directement et de le transformer en ion ammonium (NH_4^+). L'importance de cette fixation est encore mal connue. Elle semble faible dans les lacs oligotrophes et très élevée dans certains milieux eutrophes.

L'azote est assimilé directement par les végétaux sous forme d'ions nitrate (NO_3^-) et ammonium. L'ion nitrate est la forme minérale la plus commune et la plus stable dans les eaux bien oxygénées. L'ion ammonium, principal produit d'excrétion des animaux aquatiques, est rapidement réabsorbé par les organismes. Dans les eaux bien oxygénées, il est présent en faible quantité. Il en est de même pour les nitrites (NO_2^-), qui sont rapidement transformés en d'autres formes azotées (notamment en nitrates).

La décomposition de la matière organique morte par des bactéries et des champignons microscopiques libère de l'azote minéral sous forme d'ammonium. C'est pourquoi ce dernier peut être localement abondant dans les zones polluées et peu oxygénées ou dans l'hypolimnion des lacs eutrophes, riches en matières organiques.

Une fraction importante de l'azote minéral provient aussi de l'extérieur. Très solubles dans l'eau, les nitrates sont facilement lessivés dans les sols ou entraînés par les eaux de ruissellement vers les milieux aquatiques. L'urbanisation et l'emploi intensif d'engrais ont considérablement aug-

Le cycle de l'azote

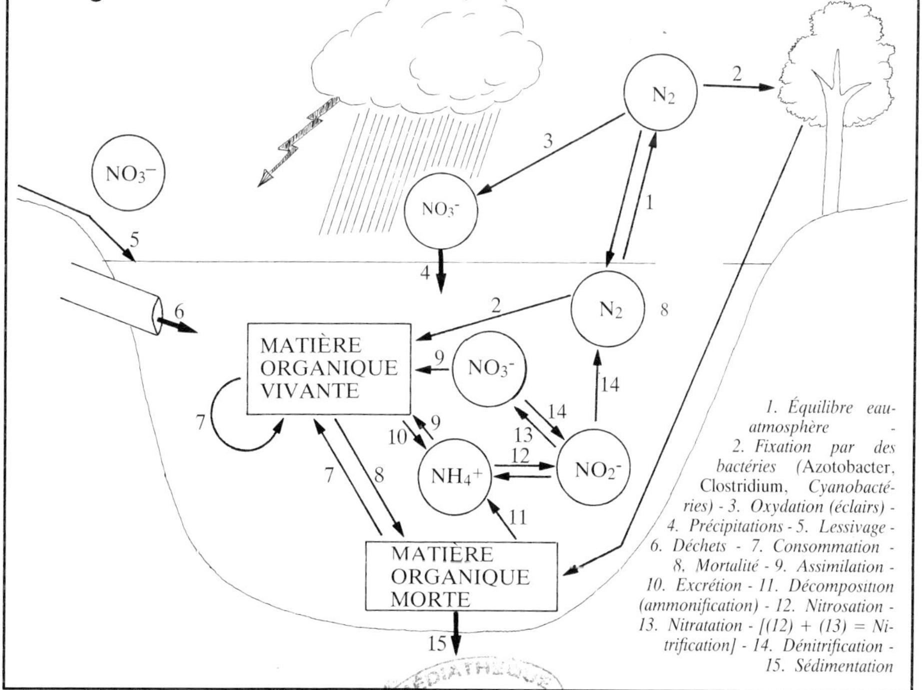

1. Équilibre eau-atmosphère - 2. Fixation par des bactéries (Azotobacter, Clostridium, *Cyanobactéries) - 3. Oxydation (éclairs) - 4. Précipitations - 5. Lessivage - 6. Déchets - 7. Consommation - 8. Mortalité - 9. Assimilation - 10. Excrétion - 11. Décomposition (ammonification) - 12. Nitrosation - 13. Nitratation - [(12) + (13) = Nitrification] - 14. Dénitrification - 15. Sédimentation*

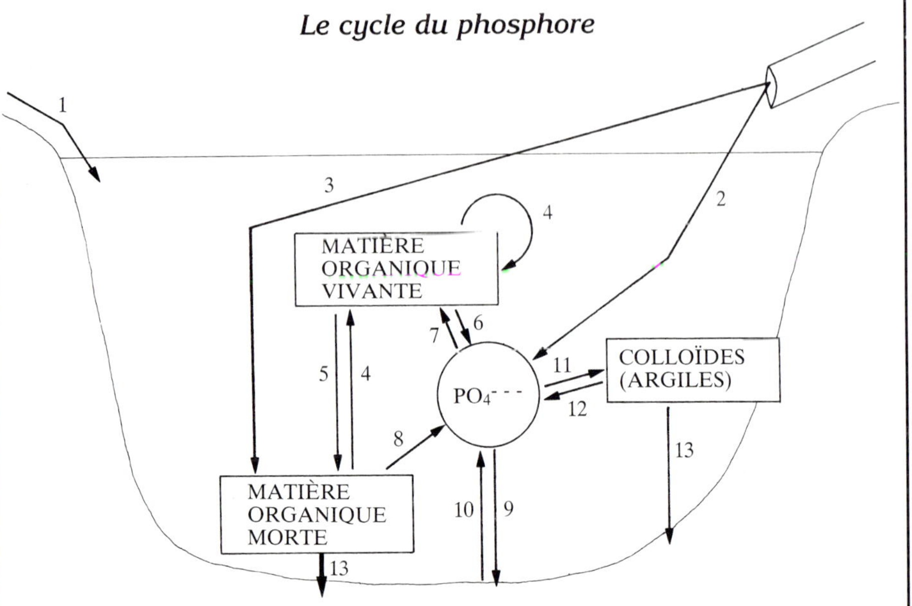

1. Lessivage et apport par les rivières - 2. Apport de phosphates (lessives) - 3. Déchets organiques - 4. Consommation - 5. Mortalité - 6. Excrétion - 7. Assimilation - 8. Minéralisation - 9. Immobilisation (avec Ca^{++}, Fe^{+++}) - 10. Relargage - 11. Adsorption sur des colloïdes - 12. Désorption - 13. Sédimentation.

menté l'importance de ces apports. L'accumulation des nitrates dans les nappes souterraines, avec les risques qu'elle entraîne pour la santé des êtres vivants, est devenue très préoccupante.

Le cycle du phosphore

Le phosphore est un élément assez rare sur terre, et la matière vivante en contient assez peu. Il est toutefois indispensable à toutes les formes de vie. Lors de leur minéralisation par les micro-organismes, les composés organiques phosphorés sont progressivement simplifiés et transformés en phosphates solubles (PO_4^{3-}). Ces derniers, très rapidement assimilés et recyclés par les organismes, sont présents dans l'eau en très faibles quantités.

Le phosphore arrive naturellement en quantités limitées dans les lacs, par les rivières et les eaux de ruissellement. Les activités humaines ont toutefois profondément perturbé le cycle naturel de cet élément. Les principales sources sont maintenant les lessives phosphatées, les eaux usées et les engrais.

Cet excès de phosphates, et dans une moindre mesure l'excès de nitrates, sont responsables d'une augmentation de la production végétale des milieux aquatiques et d'une dégradation des eaux (« eutrophisation »). Ce phénomène a malheureusement pris une dimension préoccupante au cours des dernières décennies.

Le sédiment : un piège pour le phosphore

Lorsque le milieu est bien oxygéné, le phosphore se combine à d'autres éléments (fer, aluminium) pour former des complexes insolubles qui précipitent au niveau de la vase. Une fraction du phosphore est ainsi stockée dans le sédiment. En période de déficit en oxygène, ces complexes chimiques peuvent être retransformés en composés plus solubles. La vase libère ainsi jusqu'à mille fois plus de phosphates en période d'anoxie qu'en période d'oxygénation.

Le cycle de la matière et les flux d'énergie

Les relations alimentaires sont parmi les interactions les plus importantes au sein des communautés animales et végétales. Elles déterminent en grande partie le cycle de la matière. Ce dernier repose sur trois niveaux essentiels: les producteurs, les consommateurs et les décomposeurs.

Les végétaux photosynthétiques (algues, macrophytes) sont qualifiés de producteurs. Ces organismes sont autotrophes, c'est-à-dire capables de fabriquer de la matière organique à partir d'éléments minéraux et d'énergie lumineuse. Contrairement aux producteurs, les consommateurs, qu'ils soient herbivores ou carnivores, sont obligés d'utiliser des produits organiques complexes comme sources d'énergie. Ils sont dits hétérotrophes.

Une telle chaîne trophique, allant des producteurs aux superprédateurs, ne pourrait fonctionner sans un recyclage permanent de la matière organique en éléments simples, à nouveau assimilables par les végétaux. C'est ici qu'interviennent les décomposeurs (bactéries et champignons), qui minéralisent la matière organique morte.

La notion de chaîne alimentaire est une simplification importante de la réalité et il est plus exact de parler de réseau trophique: une proie est consommée par différents prédateurs et le régime de ces derniers comporte souvent plusieurs proies appartenant à divers niveaux trophiques. De plus, le régime alimentaire change avec l'âge des animaux: le gardon, par exemple, qui se nourrit de plancton au cours des premiers mois de sa vie, adopte progressivement un régime varié comportant des végétaux et des animaux.

Milieux ouverts ou milieux fermés?

Nous avons précédemment qualifié les rivières de systèmes hétérotrophes ou ouverts. La vie y repose en effet sur l'importance des apports extérieurs de matière organique. Une chaîne alimentaire très simplifiée du cours supérieur d'une rivière pourrait être:
débris organiques → éphémères → truite.

Une chaîne trophique typique de lac alpin serait en revanche:
phytoplancton → zooplancton → corégone.

Le phytoplancton est dans ce cas la base de la chaîne alimentaire, ce qui amène à considérer les milieux lacustres comme des systèmes autotrophes. Cependant, le cycle de la matière n'est pas totalement fermé. Comme nous l'avons vu précédemment, les apports de matières minérales et organiques par le bassin versant et les échanges avec l'atmosphère jouent un rôle clé dans le cycle des principaux éléments composant la matière vivante.

La dissipation de l'énergie

Systèmes plus ou moins fermés au niveau du cycle de la matière, les lacs sont, à l'instar de tous les écosystèmes, ouverts au niveau des flux d'énergie. Sans l'apport continu d'énergie par le soleil, la vie serait impossible.

Une fraction de l'énergie fournie aux organismes est dégradée sous forme de dépenses métaboliques (entretien, croissance, activités). De plus, seule une fraction de la matière produite par un niveau trophique est généralement accessible au niveau supérieur. Pour ces deux raisons, la quantité d'énergie accumulée sous forme de matière vivante par les maillons successifs d'un réseau trophique ne peut que diminuer (notion de «pyramide des énergies»).

La pyramide des énergies dans les lacs

Bien que reposant sur des concepts simples, la pyramide des énergies est difficile à établir avec précision en raison de la complexité des réseaux trophiques.

On nomme production primaire la quantité de matière élaborée pendant un temps donné par les végétaux. Le rendement de la photosynthèse, c'est-à-dire le rapport entre l'énergie assimilée sous forme chimique par les algues (production primaire) et l'énergie lumineuse incidente, est très faible dans les lacs (0,1 % à 1 %).

On nomme production secondaire la

Réseau trophique simplifié en milieu pélagique

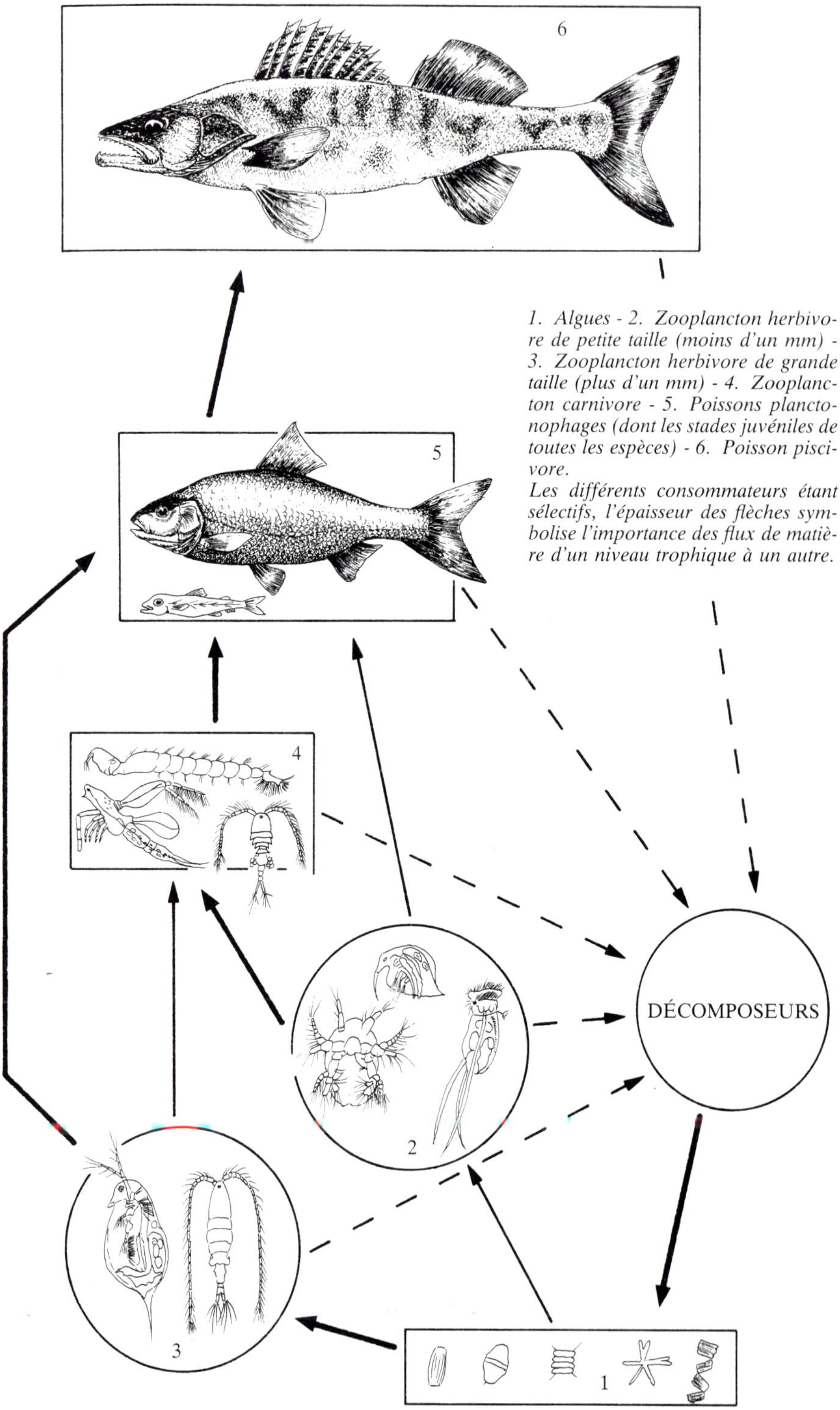

1. Algues - 2. Zooplancton herbivore de petite taille (moins d'un mm) - 3. Zooplancton herbivore de grande taille (plus d'un mm) - 4. Zooplancton carnivore - 5. Poissons planctonophages (dont les stades juvéniles de toutes les espèces) - 6. Poisson piscivore.
Les différents consommateurs étant sélectifs, l'épaisseur des flèches symbolise l'importance des flux de matière d'un niveau trophique à un autre.

La pyramide des énergies

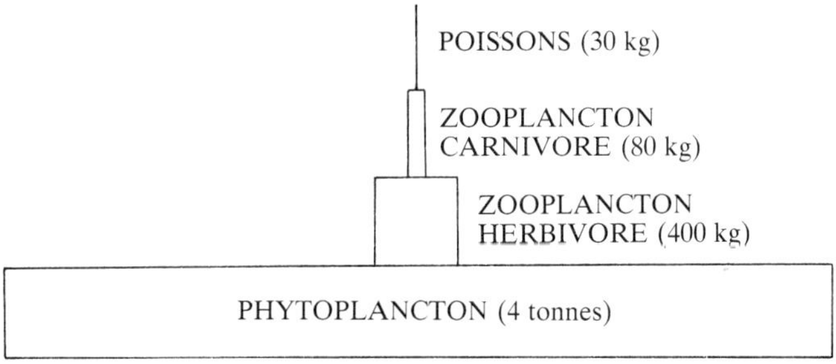

Les valeurs entre parenthèses représentent la quantité de matière sèche produite par hectare et par année par les différents niveaux trophiques d'un lac mésotrophe.

quantité de matière élaborée par les organismes hétérotrophes. La majeure partie de cette production secondaire est attribuable à des organismes herbivores. Dans un lac, les principaux consommateurs du phytoplancton sont des organismes zooplanctoniques. Leur production, quant à elle, représente en moyenne un peu plus de 10 % de la production primaire.

Le rendement de production des espèces zooplanctonophages est souvent supérieur à celui des espèces herbivores. La production du zooplancton carnivore représente souvent à elle seule près de 20 % de celle des herbivores. Si on y ajoute la production des poissons zooplanctonophages, on atteint un rendement avoisinant 30 %. La détermination de l'efficacité de production des niveaux supérieurs est assez complexe car la majorité des poissons sont opportunistes et consomment une large gamme de nourriture.

Oublions les chiffres précis et retenons les ordres de grandeur. Du fait de la dissipation d'énergie tout au long de la chaîne trophique, un lac produisant plusieurs dizaines de tonnes d'algues chaque année, fournira quelques tonnes de zooplancton et seulement quelques dizaines de kilogrammes de poissons adultes. Dans les cours d'eau, la situation est similaire. Cependant, la productivité piscicole dépend beaucoup plus des apports exogènes que de la productivité primaire. C'est pourquoi des rivières à truites peuvent produire autant de poissons à l'hectare que les lacs, malgré une production algale très réduite.

Une question de métabolisme

En raison de l'importante atténuation de la lumière avec la profondeur, la production primaire des lacs est souvent très inférieure à celle des milieux terrestres.

En revanche, les rendements de production des consommateurs herbivores et carnivores sont cinq à quinze fois plus élevés dans les lacs que dans les milieux terrestres. Les organismes aquatiques, poïkilothermes, peuvent en effet allouer une fraction importante de leur énergie à la production de matière. À l'inverse, les nombreux animaux terrestres homéothermes dépensent beaucoup d'énergie pour maintenir leur température constante.

À ceci s'ajoute la haute valeur alimentaire des algues planctoniques. De petite taille, elles sont bien ingérées et assimilées par le zooplancton. Au contraire, les végétaux terrestres ne sont consommés que très partiellement par les herbivores.

Ainsi, malgré leur faible productivité primaire, les milieux aquatiques sont des écosystèmes très efficaces dans la transformation des algues en matière animale. Un étang géré de manière traditionnelle fournit autant de protéines animales qu'une prairie naturelle de même surface.

PRODUCTIVITÉS PRIMAIRES ANNUELLES APPROCHÉES DES PRINCIPAUX ÉCOSYSTÈMES TEMPÉRÉS ET DES OCÉANS

(pour les milieux lacustres, les estimations concernent uniquement le phytoplancton)

Écosystème	**Matière sèche** (tonnes/hectare/an)
Milieux aquatiques continentaux tempérés	
lac oligotrophe de montagne	0,5-1
lac acide - lac de tourbière	0,5-2
grand lac mésotrophe (type préalpin)	3-4
petit lac eutrophe peu profond - étang	6-10
macrophytes submergés	1-7
roselière - marais	20-40
Océan et milieux littoraux	
au large	1-2
zones côtières	5
estuaires	15-15
marais salé	25-80
Milieux terrestres tempérés	
forêt décidue	13
forêt de conifères	17
prairie fauchée ou pâturée	15
culture	10-30

PRODUCTIVITÉS EN POISSONS DE QUELQUES ÉCOSYSTÈMES TEMPÉRÉS ET DES OCÉANS PRODUCTIVITÉ COMPARÉE D'UNE PRAIRIE PERMANENTE EUROPÉENNE

Écosystème	**Poids vif** (kilogr./hectare/an)
Milieux aquatiques continentaux tempérés	
rivière à truites	30-200
lac (oligotrophe à eutrophe)	2-200
étang de pisciculture traditionnelle	150-500
eaux enrichies et aménagées	2000-5000
Production exploitée des milieux marins (pêches)	
océans	0,5
mer du Nord	17
Milieux terrestres tempérés	
prairie permanente (bovins)	200-400

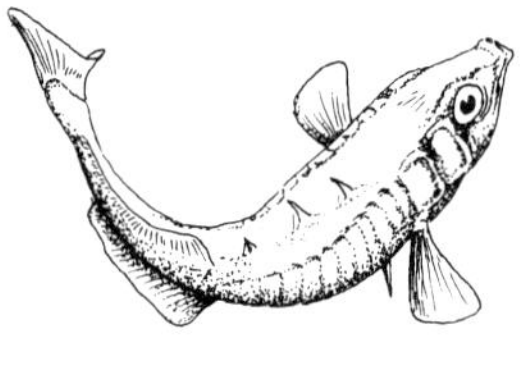

Les producteurs primaires

Intéressons-nous de nouveau à la base du réseau trophique. Celle-ci est formée de deux groupes de végétaux: les macrophytes et les algues.

Les premiers sont des végétaux de grande taille, qui se développent dans la zone littorale des lacs ou dans les milieux aquatiques peu profonds. La plupart sont des plantes à fleurs, fixées au sédiment par des rhizomes ou des racines.

Les algues sont des végétaux inférieurs, sans feuilles, sans tiges et sans racines. Certaines recouvrent le sédiment d'une pellicule filamenteuse et glissante ou sont fixées aux plantes aquatiques supérieures. Les algues libres constituent le phytoplancton, qui est l'élément végétal le plus important dans les milieux aquatiques de grandes dimensions.

La zonation des milieux lacustres

La succession des différents groupes végétaux permet de définir plusieurs zones écologiques au sein d'un plan d'eau.

La zone littorale s'étend de la berge au seuil limite d'implantation des macrophytes. Elle dépasse rarement une dizaine de mètres de profondeur. Le substrat y est souvent assez grossier. La zone qui lui fait suite est qualifiée de sublittorale. Quelques mousses et des algues fixées tapissent encore le sédiment, généralement assez bien oxygéné. Vient enfin la zone profonde au sédiment meuble, caractérisée par l'absence de végétaux fixés.

L'eau libre qui succède à la zone littorale est nommée zone pélagique (ou de pleine eau). Cette région est le domaine du plancton. La partie supérieure, qualifiée de zone trophogène (ou euphotique), est le siège de la photosynthèse. Au-dessous, se trouve la zone tropholytique, où prédominent les processus de décomposition. La profondeur à laquelle la consommation d'oxygène par la respiration égale la production de celui-ci par la photosynthèse est nommée profondeur de compensation. À ce niveau, la luminosité ne représente qu'environ 1 % de la lumière qui vient frapper la surface du plan d'eau.

Les différentes zones d'un lac

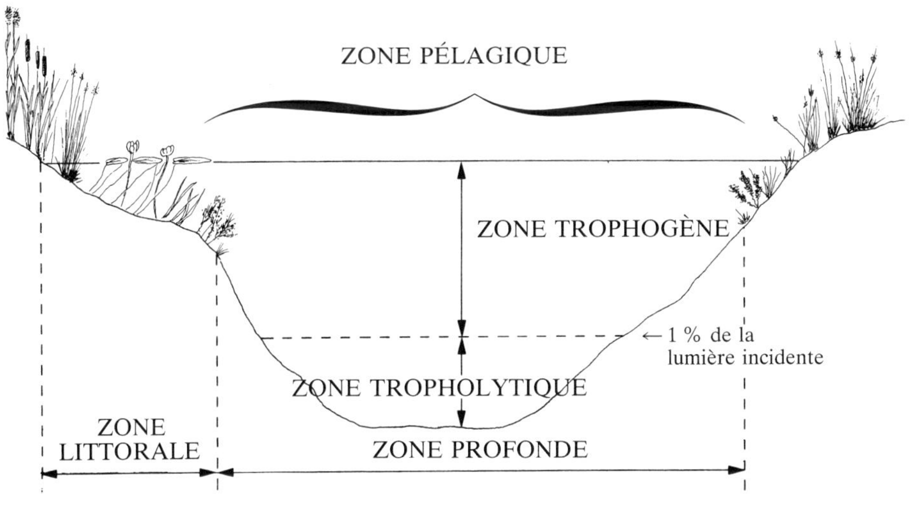

Un lac se divise en zones littorale (présence de macrophytes), profonde (absence de végétaux fixés) et pélagique (domaine du plancton). La région pélagique se divise elle-même en zones trophogène et tropholytique, où les processus de photosynthèse et de décomposition sont respectivement dominants.

Plusieurs ceintures de végétation se succèdent dans la zone littorale d'un lac ou d'un étang. Des hydrophytes à feuilles flottantes (au premier plan) font suite aux hélophytes (au niveau du fond).

Plusieurs ceintures de végétation

La zone littorale des eaux dormantes est sans doute l'un des milieux biologiques les plus attrayants pour le naturaliste. Cette zone frontière entre la terre ferme et la pleine eau présente une succession de formations végétales de la berge vers le large.

Une première région supralittorale n'appartient pas vraiment au domaine lacustre, mais plutôt au domaine palustre. Elle comprend souvent une cariçaie à grandes laîches, dont l'espèce la plus fréquente est la laîche élevée *(Carex elata)*. Cette zone peut être exondée pendant de longues périodes. Le marais à petites laîches et à choin noirâtre *(Schoenus nigricans)* ainsi que la prairie à molinie *(Molinia caerulea)* lui succèdent fréquemment en direction des terres sèches.

La première ceinture de la zone littorale proprement dite est formée par des plantes aquatiques émergentes. Ces végétaux, capables de supporter des périodes d'immersion, sont nommés hélophytes (« plantes de la vase »). Le roseau commun *(Phragmites communis)* enfonce ses racines en eau peu profonde. Les massettes *(Typha)*, au système radiculaire plus réduit, préfèrent les eaux un peu plus profondes et riches en nutriments. Enfin, le jonc des tonneliers *(Scirpus lacustris)*, qui dépasse 3 mètres de hauteur, se rencontre jusqu'à 1,5 mètres de profondeur. Prêles *(Equisetum)*, rubaniers *(Sparganium)*, plantain d'eau *(Alisma plantago)* et iris jaune *(Iris pseudacorus)* sont fréquemment rencontrés dans cette première ceinture.

Au-delà, des végétaux qui ne se développent que dans des milieux inondés prennent le relais. Ils sont nommés hydrophytes (« plantes de l'eau »). Une deuxième ceinture de végétation est constituée par la zone des nénuphars et des potamots, aux feuilles immergées ou flottantes et aux fleurs émergées. Le nénuphar blanc *(Nymphaea alba)* et le nénuphar jaune *(Nuphar luteum)* peuvent respectivement s'enraciner jusqu'à 3 mètres et 5 mètres de profondeur. Parmi les potamots, des espèces fréquemment rencontrées sont le potamot nageant *(Potamogeton natans)*, le potamot crépu *(P. crispus)* et le potamot pectiné *(P. pectinatus)*. Ces plantes

Les ceintures de végétation de la zone littorale

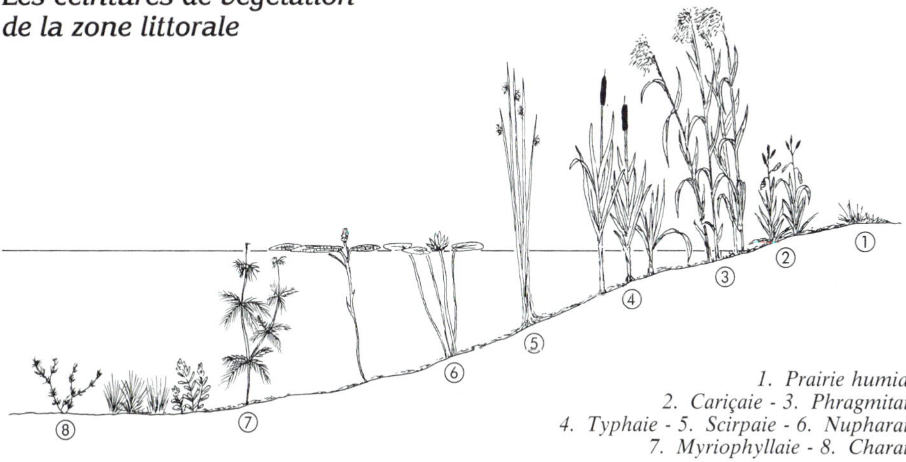

1. Prairie humide
2. Cariçaie - 3. Phragmitaie
4. Typhaie - 5. Scirpaie - 6. Nupharaie
7. Myriophyllaie - 8. Charaie

DES PLANTES « LIBRES »

pourtant dotées de racines

*Si les végétaux non fixés les plus communs sont les algues planctoniques, quelques végétaux supérieurs possèdent également cette particularité. À la surface de l'eau, les plus fréquents sont les minuscules lentilles d'eau, qui forment souvent un véritable tapis sur les étangs. Le faux nénuphar (*Nymphoides peltata*, photo ci-dessus), la morène (*Hydrocharis morsus-ranae*), et la châtaigne d'eau (*Trapa natans*) sont beaucoup plus rares. Les cératophylles (*Ceratophyllum*) vivent entre deux eaux.*

*Pour une plante aquatique, flotter librement constitue une sécurité vis-à-vis des fluctuations du niveau d'eau et offre un avantage dans la compétition des plantes pour la lumière. La nutrition est assurée de différentes manières. Bien que n'ayant plus de rôle de fixation, le système racinaire de la morène est très développé et offre une importante surface d'échange avec le milieu. Chez les cératophylles, la nutrition est assurée par des feuilles divisées en très fines lanières. Les utriculaires (*Utricularia*) ont une stratégie plus étonnante. On rencontre ces petites plantes à proximité de la surface dans des eaux très pauvres en matières minérales. Partiellement hétérotrophes, elles se nourrissent en capturant de minuscules animaux planctoniques dans de petites vésicules insérées à la base des feuilles* sont souvent accompagnées de la renouée amphibie *(Polygonum amphibium)*. Plusieurs plantes non fixées sont également présentes à la surface du plan d'eau.

Viennent ensuite les plantes entièrement submergées. Les myriophylles *(Myriophyllum)* et l'envahissante élodée du Canada ou peste d'eau *(Elodea canadensis)* accompagnent les cératophylles *(Ceratophyllum)*, dont les fleurs sont fécondées sous l'eau. Les isoètes *(Isoetes)* sont des ptérydophytes, fixés au fond des lacs et des étangs des Vosges, du Massif central et des Pyrénées. Ces plantes rares sont les derniers survivants d'un groupe abondant pendant l'ère primaire. Ils constituent à ce titre des plantes reliques. Des mousses *(Fontinalis)* et surtout des algues *(Chara, Nitella)* marquent la limite de la zone littorale et le début de la zone profonde.

La pénétration de la lumière est bien sûr un facteur déterminant pour les végétaux de la zone littorale. Les végétaux supérieurs ne se développent guère en deçà d'une luminosité égale à 2 % de celle de la surface. Un deuxième facteur limitant est la pression hydrostatique de l'eau.

Des épiphytes...

Les macrophytes de la zone littorale sont recouverts de nombreuses algues (« épiphytes ») et de bactéries. Ces petits organismes servent de nourriture à des micro-invertébrés, qui utilisent la flore littorale comme support de ponte et comme refuge contre les prédateurs. Les macrophytes sont peu consommés par ces micro-invertébrés. En revanche, ils peuvent servir de nourriture à de nombreux insectes, aux écrevisses, à des mollusques gastéropodes et aux vertébrés (mammifères, oiseaux et poissons cyprinidés). Enfin, leurs organes végétatifs visibles meurent durant l'hiver et sont consommés par les détritivores et les décomposeurs.

... aux bactéries photosynthétiques

Bien qu'elles forment la base essentielle des réseaux trophiques lacustres, les algues planctoniques retiennent peu l'attention des non-spécialistes. L'observation de ces végétaux minuscules, d'une taille com-

Les cyanobactéries (ici Anabaena lutea*) sont des organismes photosynthétiques primitifs qui ont été très étudiés au cours des dernières années en raison de la prolifération de certaines espèces dans les lacs eutrophes.*

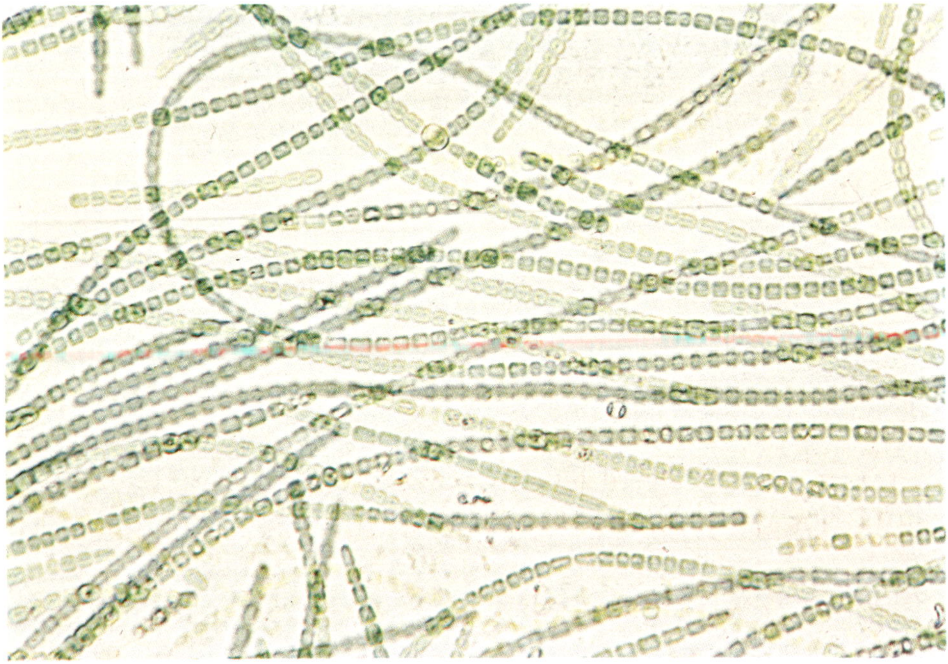

RAYONNEMENT SOLAIRE

et photosynthèse

Nous avons évoqué à plusieurs reprises la photosynthèse, qui permet aux végétaux de synthétiser de la matière organique à partir de gaz carbonique et d'eau. Ce processus très complexe comporte deux grands ensembles de réactions:

– les réactions claires, qui correspondent à une phase d'approvisionnement en énergie à partir des radiations solaires;

– les réactions sombres, qui correspondent à une phase de stockage de l'énergie par voie chimique.

Les cellules végétales utilisent des pigments photorécepteurs pour capter les photons qui composent le rayonnement solaire. Les principaux pigments sont les chlorophylles (en particulier la chlorophylle a*), qui donnent aux plantes leur couleur verte caractéristique. D'autres pigments accessoires sont les carotènes et les xanthophylles. Les pigments ne peuvent pas capter l'ensemble des radiations, mais uniquement celles qui correspondent à certaines longueurs d'onde. Chaque pigment a ainsi un spectre d'absorption caractéristique. Le spectre d'absoption de tous les pigments couvre en revanche l'ensemble du spectre lumineux.*

prise entre quelques millièmes et quelques dixièmes de millimètre, nécessite en effet l'utilisation d'un microscope.

Quelques dizaines à plusieurs centaines d'espèces algales peuvent coloniser un seul milieu lacustre. Ces algues peuvent être isolées ou constituer des colonies de plusieurs centaines de cellules. Les algues se reproduisent le plus souvent par simple division cellulaire. Leur vitesse de reproduction est extrêmement élevée et on assiste parfois à de véritables explosions de phytoplancton. Un litre d'eau peut contenir de plusieurs milliers à plusieurs millions de cellules.

Les algues possèdent différentes catégories de pigments (chlorophylles, carotènes, xanthophylles...), qui sont des capteurs d'énergie lumineuse. Les associations de ces pigments donnent de multiples colorations. On distingue ainsi des algues vertes (chlorophycées, euglénophycées), des algues jaunes ou brunes (diatomées, chrysophycées, péridiniens, cryptophycées) et des algues rouges. Les organismes très primitifs et sans noyau cellulaire, classés jusqu'à une époque récente dans la catégorie des algues bleues (cyanophycées), sont en fait reconnus maintenant comme des bactéries photosynthétiques (cyanobactéries). Ces organismes possèdent des pigments bleus (phycocyanines) et rouges (phycoérythrines) qui, additionnés aux autres pigments, donnent une gamme de couleurs extrêmement variées allant du rouge au bleu-vert en passant par le violet. Les cyanobactéries ont été très étudiées au cours des dernières décennies en raison de leurs proliférations aboutissant à une dégradation de la qualité des eaux dans les lacs eutrophes.

Des indicateurs biologiques

L'eutrophisation d'un lac se caractérise non seulement par une augmentation de sa productivité primaire mais aussi par une modification du peuplement algal. Certaines diatomées (*Cyclotella* sp.) et chrysophycées (*Dinobryon* sp.), abondantes dans les lacs oligotrophes, reculent au profit des chlorophycées dans les milieux mésotrophes. Dans les eaux eutrophes, les péridiniens et les cyanophycées prennent plus d'importance encore.

De plus, la diversité des espèces algales diminue fréquemment dans les milieux eutrophes. Quelques espèces deviennent fortement dominantes et prolifèrent au détriment des autres. Elles forment des accumulations en surface («fleurs d'eau»). Certaines fleurs d'eau, et notamment celles que forment les cyanophycées, peuvent être toxiques pour les animaux.

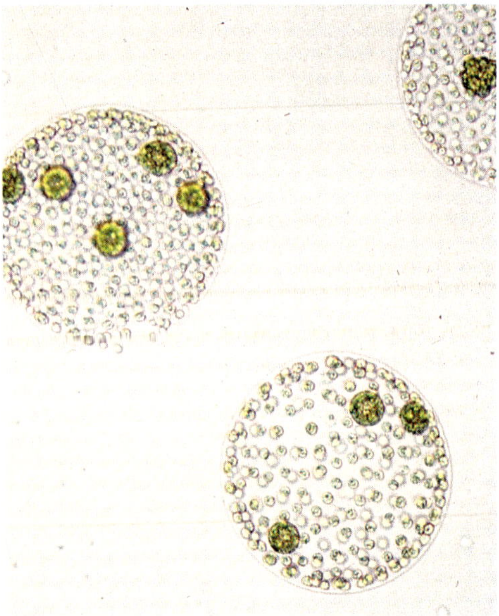

Les algues planctoniques (ici Volvox aureus*) sont les principaux producteurs primaires en milieux lacustres.*

Production algale: la loi du minimum

Le développement des algues est très dépendant de la lumière et de la température. C'est pourquoi l'activité photosynthétique est maximale pendant la saison chaude et s'effectue uniquement dans la zone euphotique. La lumière peut parfois devenir inhibitrice. Par temps ensoleillé, on peut ainsi observer une réduction de la photosynthèse dans les premiers mètres d'eau aux environs de la mi-journée. Certaines cellules algales ont la capacité de se déplacer grâce à la présence de petits fouets (flagelles) et d'adapter leur profondeur à l'optimum lumineux.

La production algale dépend également de la disponibilité des éléments minéraux. L'équation très schématique de la photosynthèse utilisée précédemment faisait uniquement intervenir le carbone, l'oxygène et l'hydrogène. Cependant, la matière vivante comprend de nombreux autres éléments et en particulier de l'azote et du phosphore. Une image un peu plus complexe du processus de formation de la matière est fournie par la réaction suivante, qui fait intervenir des phosphates (HPO_4^{--}) et des nitrates (NO_3^-):

$$106\ CO_2 + 122\ H_2O + 16NO_3^- + HPO_4^{--} + 18\ H^+ + \text{énergie} \rightarrow \underbrace{C_{106}\,H_{263}\,O_{110}N_{16}P}_{\text{constituant des cellules végétales}} + 138O_2$$

Cette équation indique que les algues ont besoin de 16 atomes d'azote pour 1 atome de phosphore lors de la synthèse de matière végétale (soit 7 grammes d'azote pour 1 gramme de phosphore).

La loi du minimum indique que l'élément dont la disponibilité est la plus faible détermine le degré de développement d'un organisme. Dans les lacs européens, le rapport azote/phosphore est très souvent supérieur à 10. C'est pourquoi le phosphore est le facteur limitant la photosynthèse dans la plupart d'entre eux.

LE « SANG DES BOURGUIGNONS »

Des bactéries pour une légende

Oscillatoria rubescens *est une cyanobactérie de couleur rouge, typique des lacs eutrophes. Cette espèce unicellulaire forme des colonies filamenteuses qui ne sont pratiquement pas consommées par le zooplancton. La prolifération d'*Oscillatoria rubescens *aboutit à la formation de fleurs d'eau à la surface des plans d'eau, qui prennent alors une couleur rouge caractéristique. En 1825, les riverains du lac de Morat, situé en Suisse, constatèrent pour la première fois l'apparition de ce phénomène. Ils lui donnèrent le nom de « sang des Bourguignons », en souvenir d'une bataille qui eut lieu à cet endroit en 1476. À cette date, les Bernois massacrèrent les soldats de Charles le Téméraire et les précipitèrent dans le lac. La légende veut que le sang des victimes réapparaisse périodiquement à la surface du lac pour hanter la mémoire des habitants.*

Zooplancton et zoobenthos

Le zooplancton des eaux douces est constitué de trois groupes principaux: les rotifères, les cladocères et les copépodes. Des protozoaires (tintinnidés, paramécies) et des larves d'insectes diptères *(Chaoborus)* viennent parfois s'ajouter à ces trois composantes.

Les invertébrés zooplanctoniques ont une taille comprise entre quelques centièmes de millimètre et quelques millimètres. Leurs capacités de déplacement, liées à la présence de cils vibratiles, d'antennes ou de pattes natatoires, ne leur permettent pas de s'opposer aux courants lacustres.

Petits, mais complexes

Les rotifères sont des organismes non segmentés proches des vers et dont la taille est généralement comprise entre 0,1 et 1 mm (le plus souvent inférieure à 0,5 mm). Leur nom (du latin *rota*, «roue», et *ferre*, «porter») provient de la présence d'une couronne de cils vibratiles qui entoure la bouche, à l'extrémité antérieure du corps. Présents dans tous les types d'eaux stagnantes, les rotifères sont très abondants dans les mares et les étangs, où leurs densités dépassent parfois cinq mille individus par litre.

En dépit de leur petite taille, les rotifères présentent une organisation complexe. Extérieurement, on peut distinguer une tête, un tronc et un pied (ce dernier peut être absent chez les espèces les plus typiquement planctoniques). Chez certains rotifères, tels les kératelles (*Keratella* spp.) et les brachions (*Brachionus* spp.), la cuticule forme une épaisse cuirasse, la «lorica», souvent ornementée et garnie d'épines.

La nourriture des rotifères est constituée par des algues planctoniques, des protozoaires, des bactéries et des détritus. Ces particules sont acheminées vers la bouche grâce aux vibrations de la couronne ciliaire et broyées par le «mastax», pharynx formé de plusieurs pièces articulées. Quelques espèces, telles les *Asplanchna*, qui ressemblent à de petites outres translucides, sont carnivores et s'attaquent au petit zooplancton.

La croissance des rotifères est continue, et le temps séparant deux générations est de trois à six jours à 15 °C. La reproduction est le plus souvent parthénogénétique (sans fertilisation des œufs par un mâle). Les individus présents dans l'eau sont donc généralement des femelles, qui donnent naissance à de jeunes femelles identiques aux adultes. Cependant, sous certaines conditions de photopériode et de température, ou après de brusques modifications de l'environnement, des mâles peuvent apparaître et une reproduction sexuée peut avoir lieu. Les femelles fécondées par les mâles produisent des œufs particuliers nommés œufs de durée, dont l'éclosion n'a lieu qu'après une période de latence. Ces œufs sont capables de résister à un environnement hostile (froid intense, dessiccation...). Avec le retour de conditions propices, l'éclosion des œufs de durée permet la recolonisation du milieu.

Epiphanes brachionus *(ici une femelle porteuse d'œufs) est un rotifère commun dans les étangs et les lacs. Les rotifères sont des organismes de petite taille, pour la plupart herbivores ou détritivores.*

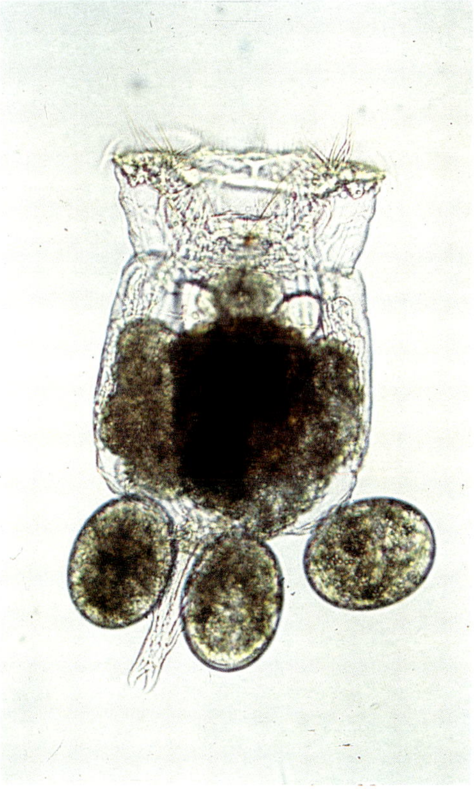

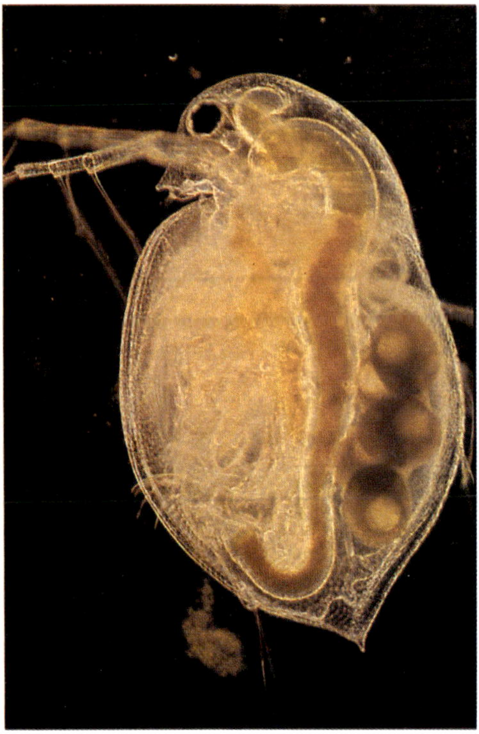

Daphnia obtusa *femelle porteuse d'œufs. Les grands cladocères constituent des organismes filtreurs très efficaces au sein du zooplancton.*

De paisibles herbivores

Les cladocères sont des crustacés entomostracés, d'une taille généralement comprise entre 0,2 et 2 mm. Leur densité varie entre quelques individus et plusieurs centaines d'individus par litre d'eau. Les cladocères les plus connus sont sans doute les daphnies, ou «puces d'eau», utilisées comme aliment pour les poissons d'aquarium.

Le corps de la plupart des espèces est presque totalement recouvert par une carapace bivalve et ne présente pas de segmentation visible. De longues antennes natatoires biramées et munies de longues soies, permettent aux animaux de se déplacer.

Les cladocères les plus communs au sein du zooplancton appartiennent à trois familles, les daphniidés (*Daphnia* spp., *Ceriodaphnia* spp.), les sididés (*Diaphanosoma* spp.) et les bosminidés (*Bosmina* spp.). Ce sont tous des herbivores ou détritivores. Pour acheminer les particules en suspension vers la bouche, ils utilisent leurs pattes thoraciques, munies de longues soies superposées et formant une sorte de filtre.

Comme chez les rotifères, la reproduction des cladocères est le plus souvent asexuée. Les œufs sont enfermés dans une poche incubatrice interne. À l'éclosion, les femelles juvéniles sont identiques aux adultes. la croissance s'effectue par mues successives et se poursuit chez les adultes. Le temps séparant deux générations est de dix à vingt jours à 15 °C. Des phases sexuées peuvent apparaître périodiquement et aboutissent à la formation d'œufs de durée (nommée «éphippies» chez les bosminidés et les daphniidés).

Deux groupes de copépodes

Les copépodes sont des crustacés entomostracés, au corps nettement segmenté, dont la taille varie entre 0,5 et 3,5 mm. Leur densité dans les eaux dormantes est comparable à celle des cladocères.

On distingue les calanoïdes (tels les *Diaptomus*) et les cyclopoïdes (tels les *Cyclops*). Les premiers possèdent de «longues» antennules, et leurs femelles ovigères portent un seul sac d'œufs. Ils sont essentiellement herbivores. Les seconds ont de «courtes» antennules, et leurs femelles portent deux sacs d'œufs. Les plus petits individus sont herbivores, alors que les plus grands sont omnivores ou carnivores.

Les copépodes se reproduisent uniquement par voie sexuée. À l'éclosion, les œufs donnent naissance à des petites larves nommées «nauplius», dont la morphologie est très différente de celle des adultes. Onze mues sont nécessaires pour atteindre la maturité. La durée de développement des copépodes est relativement longue (de quatre à sept semaines à 15 °C).

Alors que certains calanoïdes sont capables de produire des œufs de durée, les cyclopoïdes n'ont pas cette faculté. Les espèces non pérennes assurent leur survie dans un environnement défavorable grâce à une période de latence dans le sédiment.

Une filtration importante

Les algues les plus consommées par les herbivores ont une taille comprise entre 1 μm et 30 μm. Ces algues de petites dimensions forment le nanoplancton. Les herbivores les plus efficaces sont généralement les grands cladocères, et en particulier les daphnies. À certaines périodes, l'impact des herbivores sur les populations algales, et notamment sur le nanoplancton, peut être énorme. Ainsi, lorsque la température est suffisante, la totalité de l'eau d'un lac peut être filtrée en une seule journée !

De redoutables prédateurs

Outre certains rotifères et les grands cyclopoïdes cités précédemment, trois espèces de cladocères *(Leptodora kindtii, Polyphemus pediculus* et *Bythotrephes longimanus)* sont prédatrices et se nourrissent de petits crustacés et de rotifères. La morphologie de ces organismes est très éloignée de celles des autres cladocères et leur taille est également plus importante. Les *Leptodora*, que l'on observe uniquement dans les grands plans d'eau, atteignent 10 à 15 mm de longueur. Les larves de corèthres (*Chaoborus* sp.) sont également des prédateurs redoutables. Ces dernières ne sont généra-

Des prédateurs sélectifs

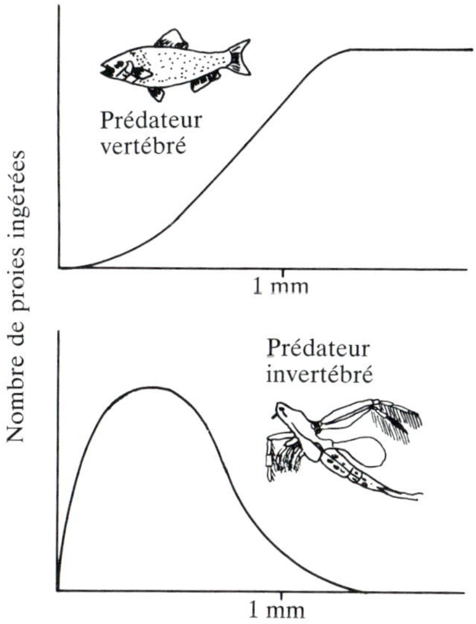

Alors que les poissons zooplanctonophages préfèrent les grandes espèces zooplanctoniques, les carnivores invertébrés sélectionnent le zooplancton de petite taille.

Eudiaptomus gracilis, *femelle ovigère (copépode calanoïde). Contrairement aux rotifères et aux cladocères, les copépodes calanoïdes et cyclopoïdes se reproduisent uniquement par voie sexuée.*

lement planctoniques que durant la nuit et se maintiennent à la surface du sédiment pendant le jour.

Les prédateurs invertébrés sont des prédateurs tactiles: ils capturent les individus qu'ils ont rencontrés au hasard de leurs déplacements. Les proies dont la longueur est inférieure à 1 mm sont les plus facilement capturées.

La quantité de nourriture ingérée quotidiennement par les carnivores est souvent équivalente à 30 % de leur poids. Lorsque la nourriture est abondante, elle peut être beaucoup plus élevée et dépasser 150 % du poids du prédateur.

Une double menace

Le zooplancton doit non seulement faire face aux prédateurs invertébrés, mais aussi aux poissons. Les alevins de toutes les espèces sont planctonophages. Plusieurs petits poissons omnivores se nourrissent partiellement de zooplancton. Tous chassent à vue. Les proies de grande taille ou très pigmentées sont donc préférées. Quelques grands poissons (corégones) sont également planctonophages. Le rendement de la chasse à vue est trop faible pour satisfaire les besoins énergétiques de ces grandes espèces, qui récoltent le zooplancton en filtrant l'eau à travers leurs branchies. Ce sont donc les organismes de grande taille qui sont les mieux retenus.

Ainsi, le comportement alimentaire des poissons planctonophages est opposé à celui des carnivores planctoniques et se traduit par une sélection des plus grands individus. L'aspect sélectif de la prédation exercée par les carnivores invertébrés et vertébrés est en partie responsable de la nature des espèces dominantes dans les plans d'eau:

— une forte charge piscicole provoque l'élimination des grands organismes zooplanctoniques, qu'ils soient herbivores ou prédateurs, et la domination des petits herbivores (rotifères, petits cladocères et petits cyclopides);

— en milieu peu poissonneux, le zooplancton prédateur et les grands herbivores (grands cladocères, calanoïdes...) supplantent les petites espèces.

Moins vulnérable avec des épines

La réalité est bien sûr plus complexe. L'équilibre entre les prédateurs invertébrés et vertébrés n'est pas constant. L'action des poissons est surtout importante au cours de l'été, alors que les prédateurs invertébrés se développent essentiellement au printemps

Des défenses morphologiques contre les prédateurs

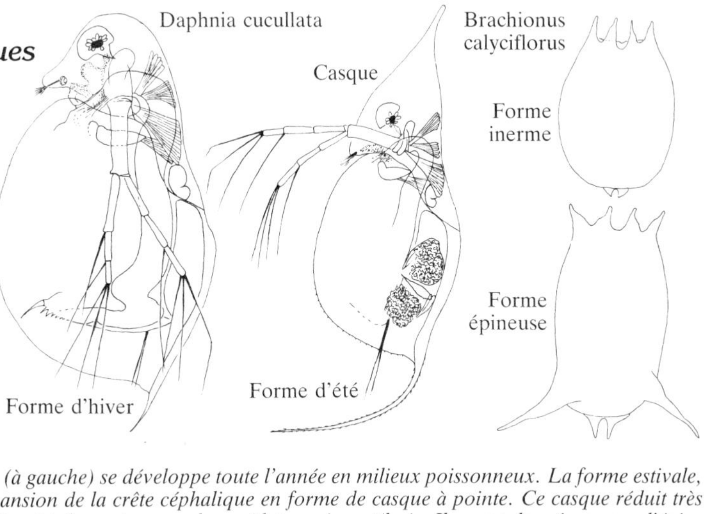

Daphnia cucullata *(à gauche) se développe toute l'année en milieux poissonneux. La forme estivale, développe une expansion de la crête céphalique en forme de casque à pointe. Ce casque réduit très probablement l'efficacité de capture par les prédateurs invertébrés. Il en est de même pour l'épine caudale. Lorsque des individus du rotifère* Brachionus calyciflorus *(à droite) sont mis en présence du rotifère prédateur* Asplanchna girodi, *ils donnent naissance à des individus porteurs de longues épines dissuasives pour les prédateurs. réduisent considérablement son efficacité de capture et d'ingestion.*

et en fin d'été. De plus, le succès de la reproduction des poissons dépend énormément des conditions climatiques. D'importantes variations du recrutement» en poissons juvéniles peuvent survenir, en particulier dans les petits milieux.

Le zooplancton doit donc être capable de faire face à la variabilité saisonnière ou interannuelle des menaces. La sélection naturelle a favorisé le développement d'adaptations parfois spectaculaires.

1°) Les espèces planctoniques qui se développent en été sont plus petites et moins pigmentées que les espèces rencontrées de l'automne au printemps. Certains cyclopides de grande taille *(Cyclops vicinus)* s'enfouissent dans le sédiment peu avant la reproduction estivale des poissons.

2°) L'augmentation estivale de l'activité alimentaire des poissons coïncide généralement avec une diminution de la taille au sein d'une même espèce pérenne. Les individus d'été sont également moins pigmentés et donc moins visibles.

3°) Certaines proies potentielles des prédateurs invertébrés développent, aux époques d'intense prédation, des expansions tégumentaires (épines, crêtes...), qui rendent leur capture plus difficile.

4°) Plusieurs espèces planctoniques se nourrissent pendant la nuit dans la zone euphotique plus riche en algues. Pendant la journée, elles se maintiennent dans l'hypolimnion, pourtant moins riche en nourriture et en oxygène. Ce comportement constitue probablement une défense contre les poissons planctonophages et notamment contre les alevins, qui sont essentiellement diurnes et qui ont d'importantes exigences en oxygène. L'introduction de poissons planctonophages dans des lacs a provoqué après quelques années l'apparition de migrations verticales chez des copépodes qui ne migraient pas auparavant.

L'évolution saisonnière des algues et du zooplancton

Les organismes planctoniques se caractérisent par de fortes capacités de reproduction ainsi que par un taux de mortalité élevé. De ce fait, d'importantes modifications affectent en permanence les espèces. Certaines disparaissent alors que d'autres sont brusquement favorisées. Cette succes-

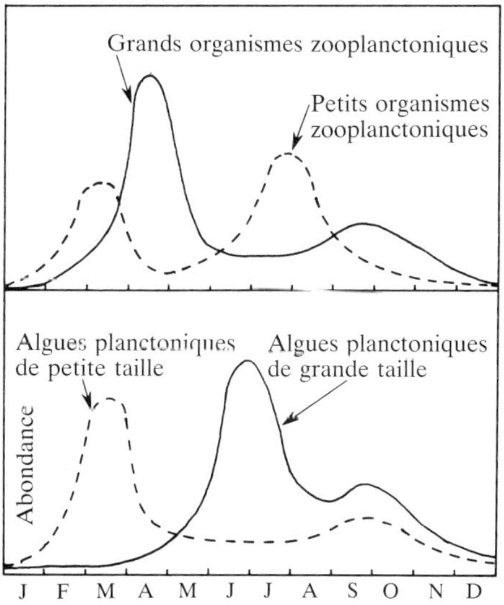

Évolution saisonnière de l'abondance des organismes planctoniques selon leur taille (voir texte).

sion des espèces au cours des saisons ne se fait pas au hasard, mais répond à l'évolution des conditions du milieu. De nombreux facteurs interviennent simultanément, et les successions qui en résultent obéissent à un schéma très complexe. On peut distinguer six étapes dans les lacs stratifiés tempérés.

À la fin de l'hiver, la circulation des eaux enrichit l'ensemble de la colonne d'eau en éléments nutritifs et en oxygène. L'augmentation de la luminosité permet une poussée de petites algues (nanoplancton) à croissance très rapide (cryptophycées, petites diatomées). Cette explosion printanière assure le développement de petits animaux planctoniques, rotifères et petits cladocères (bosmines), progressivement remplacés par de grands cladocères (daphnies) et par des copépodes calanoïdes.

Les organismes herbivores se développent en densités suffisantes pour provoquer une chute drastique de la quantité de cellules algales. La raréfaction du phytoplancton entraîne une augmentation marquée de la transparence des eaux à la fin du printemps (période des «eaux claires»).

Ayant fortement contribué à l'épuisement de leurs ressources alimentaires et étant également soumises à une forte prédation par les poissons zooplanctonophages, les grandes espèces zooplanctoniques diminuent à leur tour au début de l'été. De petites espèces (rotifères, bosmines et cério-

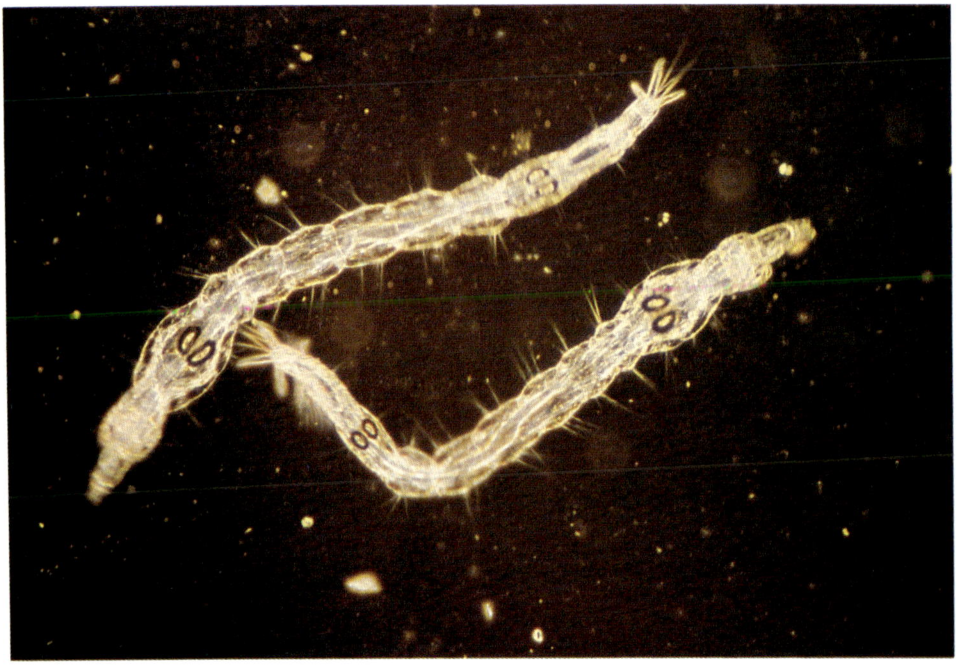

Les larves des diptères appartenant au genre Chaoborus *constituent de redoutables prédateurs invertébrés. On distingue sur la photo les deux paires de vésicules hydrostatiques permettant à ces larves d'insectes d'adopter un mode de vie planctonique pendant la nuit.*

daphnies chez les cladocères, petits cyclopides) prennent leur place. On assiste à un second développement du phytoplancton, et en particulier des algues vertes. De grandes diatomées peuvent également être observées à condition que la concentration en silice soit encore suffisante (la silice est en effet présente en grandes quantités dans les frustules de ces algues).

La stratification thermique limite ensuite les ressources nutritives aux seuls éléments disponibles dans l'épilimnion. La croissance des algues provoque bientôt un épuisement des éléments minéraux, et en particulier du phosphore. Les teneurs en silice diminuent également, et ceci d'autant plus que les diatomées sédimentent rapidement dans un milieu calme. On observe alors de nouveaux remplacements au niveau du plancton, avec l'apparition de cyanobactéries coloniales et de grandes algues à croissance lente, tels les péridiniens. Ces organismes sont peu ingérables par les herbivores en raison de leur grande taille. Plus mobiles que les diatomées et capables de migrations verticales, ils sont également moins sensibles à la sédimentation.

La disparition automnale de la stratification provoque la réaugmentation de la teneur en éléments minéraux, notamment en phosphore et en silice. Un nouveau bouleversement survient au sein du phytoplancton, avec l'apparition d'espèces adaptées à la turbulence des eaux. De grandes algues unicellulaires et des algues filamenteuses se développent. On assiste notamment à une nouvelle multiplication des diatomées. Ces algues peu ingérées par le zooplancton sont souvent mélangées à de petites espèces, qui sont au contraire bien consommées. La diminution de la prédation par les poissons zooplanctonophages permet le retour des grandes espèces zooplanctoniques.

Au milieu de l'automne, enfin, la diminution des radiations solaires et de la température provoque un ralentissement marqué de la photosynthèse et une diminution de la biomasse algale et de la densité du zooplancton. Une reproduction sexuée apparaît chez certains cladocères, qui forment des œufs de durée pour la mauvaise saison. Des cyclopides s'enfouissent dans le sédiment. L'hiver approche et l'activité de tous les êtres vivants se ralentit.

Une zone profonde peu diversifiée

L'évolution des communautés benthiques de la berge vers le centre d'un lac permet de retrouver le découpage en une zone littorale et une zone profonde, découpage effectué précédemment en fonction de la végétation.

Le zoobenthos de la zone profonde comprend généralement quatre groupes essentiels d'organismes. Ce sont des larves de diptères chironomidés, des larves de *Chaoborus* (benthiques pendant la journée), des vers oligochètes et des mollusques (en particulier des sphaéridés du genre *Pisidium*). On y trouve également des protozoaires, des nématodes, des rotifères et des microcrustacés benthiques. La plupart des espèces benthiques de la zone profonde sont détritivores.

Dans les lacs eutrophes, le zoobenthos de la zone profonde est très peu diversifié. On retrouve généralement la situation décrite précédemment pour le cours inférieur des rivières, caractérisée par la forte dominance d'un nombre réduit d'espèces tolérantes aux déficits en oxygène et par une très forte densité d'individus. Dans les lacs oligotrophes, les communautés, moins riches, sont beaucoup plus diversifiées.

La zone littorale

Plus de la moitié des six mille animaux des eaux douces européennes peuvent être observés dans la zone littorale des lacs. Ainsi, le zoobenthos de cette région contraste fortement avec celui de la zone profonde, par la multitude d'organismes — herbivores, détritivores ou carnivores — qui peuvent y être observés. Nous retrouvons, là encore, une partie des communautés animales des berges du cours inférieur des rivières. Les protozoaires sont très abondants. Des éponges, des hydres et des bryozoaires sont fixés au substrat. On observe également des rotifères, des sangsues, des nématodes, des mollusques (notamment la moule zébrée *Dreissena polymorpha*), et de multiples insectes et crustacés. Parmi ceux-ci, des copépodes, des ostracodes et un grand nombre de cladocères mauvais nageurs, appartenant notamment aux familles des chydoridés et des macrothricidés, colonisent les fonds vaseux et les herbiers.

Poissons et statut trophique

Il est possible, nous l'avons vu, de classer les cours d'eau en rivières à salmonidés et rivières à cyprinidés. Une séparation similaire existe entre les lacs oligotrophes et les lacs eutrophes.

Les poissons nobles

Les poissons typiques des lacs oligotrophes et bien oxygénés d'Europe du Nord et des Préalpes sont les corégones et les salmonidés. Ces poissons, très recherchés par l'homme, sont qualifiés de poissons « nobles ». Ils préfèrent la zone pélagique ou les eaux profondes des lacs et fraient pendant l'hiver.

La truite de lac *(Salmo trutta lacustris)* se différencie de la truite de rivière par une taille plus importante. C'est une forme migratrice qui remonte les rivières à la fin de l'automne pour frayer. L'omble chevalier *(Salvelinus alpinus)* est un autre salmonidé typique des milieux lacustres oligotrophes. Il est maintenant menacé par l'eutrophisation des eaux dans plusieurs lacs subalpins.

Les corégones (*Coregonus* spp.) sont des poissons très variables dont on a déterminé de nombreux écotypes locaux. Le lavaret se trouve dans le lac du Bourget. La palée, originaire du lac de Neuchâtel, a été introduite dans le lac Léman pour remplacer la féra et la gravenche, surpêchées depuis le début du siècle et maintenant disparues.

Dans plusieurs lacs subalpins, l'eutrophisation des plans d'eau a entraîné une accélération de la croissance des corégones : pour une même taille, les individus sont plus jeunes qu'ils ne l'étaient il y a quelques

Les oiseaux aquatiques

De nombreux oiseaux peuplent les eaux dormantes, et en particulier leurs zones littorales. Ils jouent parfois un grand rôle au sein des chaînes trophiques et occupent des niches écologiques variées - 1. Les fauvettes aquatiques, familières des roselières, se nourrissent d'insectes, d'araignées, de mollusques et de végétaux. - 2. Dans les zones riches en végétation, le râle d'eau consomme des invertébrés variés, des végétaux, et parfois des petits vertébrés. - 3. La bécassine des marais se nourrit d'invertébrés qu'elle capture dans la vase, de graines et de débris végétaux. - 4. Les bécasseaux, les chevaliers et les courlis se nourrissent d'invertébrés aquatiques. Certaines espèces consomment à l'occasion des graines et des baies. - 5. Le héron cendré ingère des poissons, des batraciens, des reptiles, des rongeurs et des mollusques. - 6. Le canard colvert (canard de surface) se nourrit essentiellement de végétaux. - 7. La foulque macroule, sur les plans d'eau découverts en hiver et dans les milieux riches en végétation en été, se nourrit d'invertébrés, de mollusques, de végétaux et de graines aquatiques. - 8. Le fuligule morillon (canard plongeur) se nourrit de végétaux et de mollusques trouvés au fond de l'eau, de vers et de larves d'insectes. - 9. Le grèbe huppé consomme surtout des poissons, mais aussi des batraciens, divers invertébrés aquatiques et des graines. - 10. La mouette rieuse, très opportuniste, se nourrit d'invertébrés (notamment de lombrics), de petits poissons, de graines, de petits mammifères, de charognes et de déchets variés. - 11. La sterne pierregarin consomme essentiellement des petits poissons, mais aussi des invertébrés aquatiques. - 12. Le balbuzard pêcheur se nourrit exclusivement de poissons, qu'il capture en plongeant.

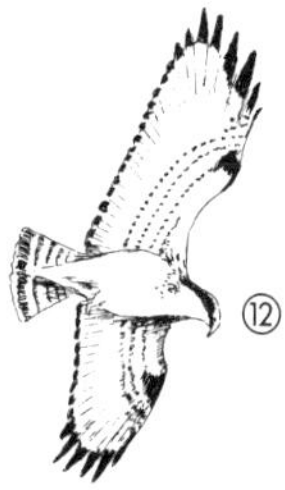

Les voraces, tel le brochet, constituent le dernier maillon des chaînes alimentaires au sein des peuplements pélagiques.

décennies. La dimension minimale de capture n'ayant pas été modifiée, il en a résulté une augmentation de la capture des individus immatures et une diminution progressive du rendement des pêches.

Les lacs de montagnes sont souvent très froids et très oligotrophes. Ils sont couverts de glace pendant une bonne partie de l'année. Ils ne sont donc pas très favorables au développement de populations piscicoles abondantes. De plus, beaucoup de ces plans d'eau n'ont pas de communications avec le réseau hydrographique et ne possèdent donc pas de populations naturelles. La truite de rivière, le vairon, l'omble et le chabot survivent encore dans ces lacs, à plus de 2 000 mètres d'altitude.

Les voraces et les blancs

On qualifie de «voraces» les poissons piscivores, tels le brochet *(Esox lucius)*, la perche *(Perca fluviatilis)* et le sandre *(Lucioperca lucioperca)*. Ces poissons fraient au printemps. Les «blancs» regroupent quant à eux les nombreuses espèces de cyprinidés, tels le gardon *(Rutilus rutilus)*, la brème *(Abramis brama)* et l'ablette *(Alburnus alburnus)*. Ces poissons omnivores fraient à la fin du printemps. Ils peuvent survivre dans des eaux chaudes et peu oxygénées.

Les voraces et les blancs se rencontrent dans les grands lacs subalpins comme le lac Léman. Les poissons blancs y ont été favorisés au cours des dernières décennies par l'eutrophisation. Le milieu typique des cyprins et des voraces est cependant le lac de plaine assez eutrophe ou l'étang. La faune piscicole de ces plans d'eau correspond à celle décrite précédemment pour le cours inférieur des rivières.

Des milieux condamnés à mourir

Le lac oligotrophe typique est un milieu jeune, caractérisé par de faibles concentrations en éléments minéraux. Souvent profond, il ne présente pas de stratification verticale marquée de la teneur en oxygène. La zone euphotique est importante. La production reste cependant assez faible. La flore littorale est peu abondante.

Le vieillissement d'un lac

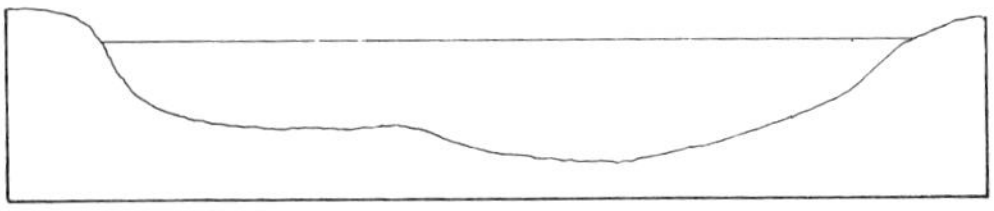

◀ *Lac jeune, oligotrophe.*

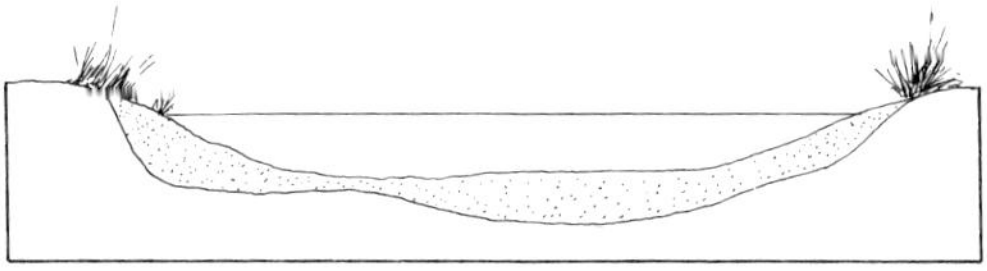

Lac mésotrophe. Les apports du bassin versant enrichissent progressivement le plan d'eau. ▶

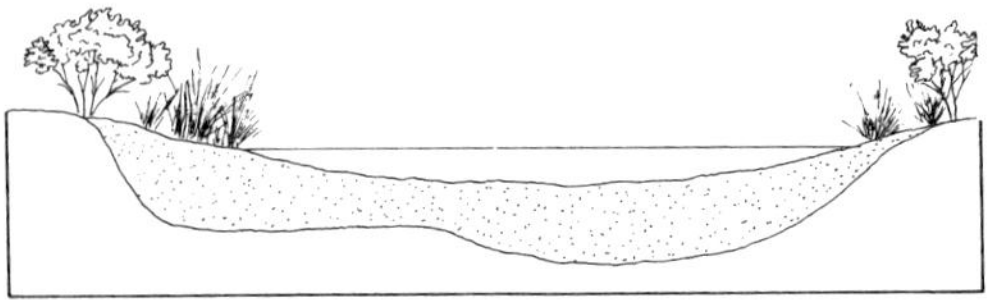

◀ *Lac eutrophe en voie de comblement. La ceinture littorale est devenu importante.*

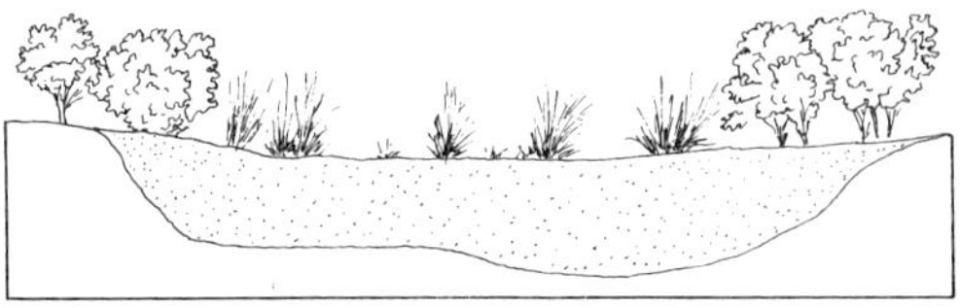

Marais. Le processus d'atterrissement, aboutira selon les situations, à une tourbière ou à une forêt. ▶

Au cours du temps, le lac évolue. Cette évolution est tout d'abord très lente. Les apports du bassin versant provoquent son enrichissement progressif en matières nutritives. La production de la zone euphotique augmente, alors qu'un déficit en oxygène modéré peut s'installer au niveau de la couche profonde. La flore littorale se développe. Avec le temps, cette évolution s'accélère. L'accroissement de la production primaire dans la zone euphotique et la diminution de la teneur en oxygène au sein de l'hypolimnion réduisent les capacités de décomposition de la matière organique par les micro-organismes. Une fraction sans cesse croissante de la matière produite n'est plus digérée par le plan d'eau, qui se comble progressivement. Les apports d'alluvions par les affluents et les dépôts de craie lacustre peuvent accélérer ce processus de comblement. Le lac est devenu eutrophe.

La ceinture littorale de macrophytes s'étend progressivement vers le centre du plan d'eau. L'ancienne ceinture de potamots et de nénuphars est maintenant colonisée par la roselière, alors que les carex ont envahi la région précédemment colonisée par les phragmites. Ce phénomène de comblement et de diminution de la surface du plan d'eau est nommé «atterrissement». Si aucune perturbation climatique ou humaine ne survient, le lac évoluera vers l'état de marais, de prairie humide et, selon les situations, vers une tourbière ou une forêt.

L'eutrophisation et l'atterrissement des lacs sont ainsi des phénomènes naturels de vieillissement. Le tort de l'homme est de les accélérer.

Entre terre et eau

De la roselière à la forêt

Les zones humides regroupent des milieux diversifiés, telles les zones littorales des plans d'eau, les prairies marécageuses et les tourbières. Ces milieux se caractérisent par une démarcation incertaine entre la terre et l'eau. Tout comme nous l'avions vu précédemment pour les ceintures littorales des lacs, différents types de biotopes humides peuvent se succéder dans l'espace ou au cours du temps.

Nous avons décrit au chapitre précédent les différentes ceintures de végétation qui se succèdent à la périphérie des lacs et des étangs. La dernière formation typiquement aquatique est la roselière. Le roseau commun *(Phragmites communis)* forme une ceinture dense quasiment monospécifique. La massette à larges feuilles *(Typha latifolia)* et l'alpiste taux-roseau *(Typhoides* ou *Phalaris arundinacea)* peuvent également constituer des formations importantes, notamment dans les milieux eutrophes ou pollués. Grâce à leur développement rapide dû à une multiplication végétative efficace, tous ces grands hélophytes forment rapidement d'épais réseaux de rhizomes, qui contribuent au comblement progressif du milieu.

Le marais à grandes laîches

Avec la diminution du niveau des eaux, le sol peut parfois rester exondé pendant plusieurs mois. Cependant, la nappe phréatique est encore très proche. En milieu suffisamment humide, les espèces caractéristiques de la roselière sont généralement remplacées par des cypéracées, comme le cladium marisque *(Cladium mariscus)* et surtout diverses espèces de grands carex. Cette ceinture, nommée magnocariçaie, peut atteindre 1 m à 1,5 m de hauteur. Sur sol alcalin, la laîche élevée *(Carex elata* ou *C. stricta*) et le carex paniculé *(Carex paniculata)* forment de hauts « touradons » : chaque touffe pousse au sommet d'une éminence formée par le système radiculaire et reste ainsi émergée pendant les périodes de hautes eaux. La laîche à fruits velus *(Carex lasiocarpa)* recherche des sols très humides et tourbeux. La laîche renflée *(Carex rostrata* ou *C. ampullacea)* fréquente couramment les milieux plus oligotrophes et acides comme les bords de mares forestières. En milieux peu tourbeux, la dégradation des roselières favorise le développement de la laîche des marais *(Carex acutiformis* ou *C. paludosa)*. La lysimaque vulgaire *(Lysimachia vulgaris)*, la cicutaire vireuse *(Cicuta virosa)*, les oenanthes aquatique et fistuleuse *(Oenanthe aquatica* et *Oenanthe fistulosa)*, le gaillet des marais *(Galium palustre)*, l'euphorbe des marais *(Euphorbia palustris)*, la gratiole officinale *(Gratiola officinalis)*, la prêle des bourbiers *(Equisetum fluviatile)* et le paturin des marais *(Poa palustris)* sont autant d'espèces rencontrées au sein de ces groupements végétaux.

Victoire de la forêt

La forêt humide, ou hygrophile, constitue généralement le stade final naturel du phénomène d'atterrissement sous nos latitudes. Les saules, et notamment le saule cendré *(Salix cinerea)*, tendent à coloniser le marais. Vient ensuite l'aulnaie, caractérisée par la présence de l'aulne glutineux *(Alnus glutinosa)*, ou verne. Ce dernier est souvent accompagné du saule blanc *(Salix alba)*, du peuplier tremble *(Populus tremula)*, du peuplier blanc *(Populus alba)* et du frêne *(Fraxinus excelsior)*. Les sous-bois comportent des carex, des graminées, des prêles et des fougères. En milieu tourbeux pauvre et acide, le bouleau *(Betula pubescens)* est souvent dominant, avec un sous-bois riche en sphaignes et en mousses.

Dans les vallées alluviales, la grande variabilité du niveau des eaux et les dépôts d'alluvions déterminent la nature de la végétation. Des groupements végétaux instables, à forte proportion d'espèces annuelles, se développent dans le lit de la rivière durant la période des basses eaux. On y trouve notamment des composées, comme le chanvre d'eau *(Bidens tripartita)*, des renouées (*Polygonum* spp.), des renonculacées (*Ranunculus* spp.), des labiacées et des chénopodes (*Chenopodium* spp.). Viennent ensuite les gazons de scirpes (*Scirpus* spp.), de joncs (*Juncus* spp.) et de laîches (*Carex* spp.). Solidement enracinées, ces plantes résistent aux crues moyennes. Des massifs d'alpistes faux-roseaux ou de roseaux s'installent également, généralement suivis de saules buissonnants. La saulaie ripariale évolue vers l'aulnaie riveraine en conditions stables.

Zonation de la végétation riveraine

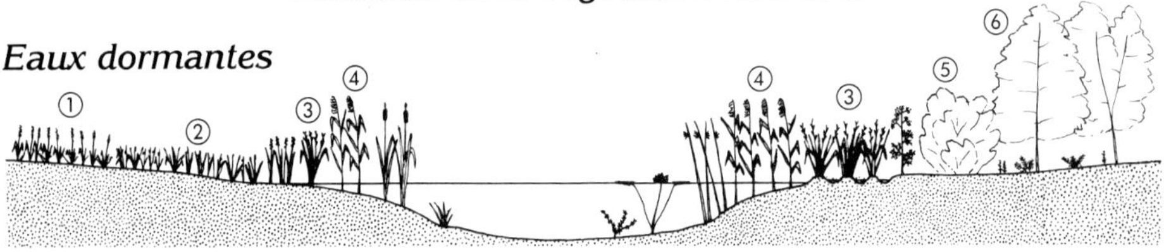

1. Prairie à molinie - 2. Prairie à choin et à laîche courte - 3. Marais à grande laîche - 4. Roselière - 5. Buissons de saules - 6. Aulnaie - La forêt humide constitue le stade ultime du phénomène d'atterrissement sous nos latitudes (à droite, sur la figure). L'action de l'homme altère fortement la succession naturelle de la végétation (à gauche sur la figure).

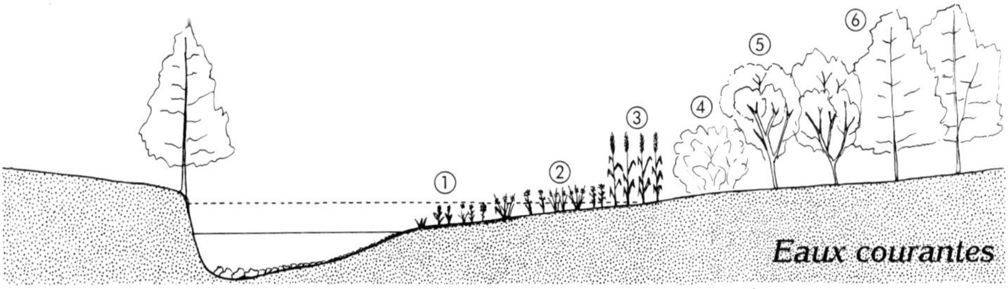

1. Groupements de plantes annuelles instables - 2. Gazon de scirpes, de joncs et de laîches - 3. Alpiste faux-roseau - 4. Buissons de saules - 5. Saulaie - 6. Aulnaie - La succession de la végétation dans la zone inondable des rivières dépend des fluctuations du niveau des eaux.

Foulque macroule sur son nid. La végétation littorale des milieux lacustres et les marais sont des lieux de reproduction pour de nombreuses espèces d'oiseaux aquatiques.

Les tourbières

Lorsque l'eau stagne en permanence dans une dépression imperméable ou suinte constamment le long d'une pente, la matière végétale se minéralise très lentement. Celle-ci peut alors s'accumuler sous forme de tourbe, dépôt très partiellement décomposé et encore très riche en matière organique. La tourbe est utilisée comme combustible ou en horticulture. On considère généralement qu'une tourbière est formée lorsque l'épaisseur de tourbe dépasse 40 cm et que la teneur en matière organique dans les horizons superficiels est supérieure à 30 %. Des teneurs réduites en oxygène, une eau acide, un climat froid et humide favorisent son établissement. Une tourbière est vivante tant que le processus de turbification se poursuit. Elle devient morte si l'assèchement du milieu provoque l'arrêt de l'accumulation. La turbification peut se maintenir durant très longtemps (2 millions d'années pour la tourbière du cratère de Senèze dans le Puy-de-Dôme). Cependant, la plupart des tourbières sont nées il y a quelque 10 000 ans, dans les cuvettes laissées par le retrait des glaciers. Elles se sont maintenues en très grand nombre dans les régions nordiques. On en trouve également dans les zones froides et humides de l'Europe tempérée, comme en Écosse, en Irlande et dans certaines régions françaises (Jura, Vosges, Massif central et Bretagne).

Tourbières topogènes et tourbières ombrogènes

Il existe deux grands types de tourbières. Les tourbières topogènes se forment dans des zones engorgées en permanence du fait de la topographie. Leur surface étant parallèle à la nappe d'eau qui baigne les racines des plantes, on parle de tourbières plates ou basses (ce dernier terme désigne plus précisément le stade initial de la tourbière). Leurs eaux d'alimentation sont généralement alcalines et assez riches en sels minéraux. C'est pourquoi la plupart des tourbières topogènes sont eutrophes et ont un pH neutre ou basique. La tourbe neutre est brune ou noirâtre, avec des structures végétales encore visibles. Riche en cendre, elle constitue un mauvais combustible.

Les tourbières alimentées uniquement par les eaux de précipitation sont dites ombrogènes. Leur formation nécessite un climat froid et pluvieux. Les eaux de pluie sont peu minéralisées et pauvres en cations. Ces tourbières sont donc généralement oligotrophes et acides. De telles formations peuvent résulter de l'évolution de tourbières plates. Lorsque la tourbe s'accumule suffisamment en hauteur, la nappe phréatique ne peut plus alimenter le sommet de la tourbière, qui s'acidifie. On passe ainsi pro-

Mare en zone tourbeuse. Mousses, laîches et linaigrettes sont abondantes dans de telles zones humides.

De la tourbière topogène à la tourbière ombrogène

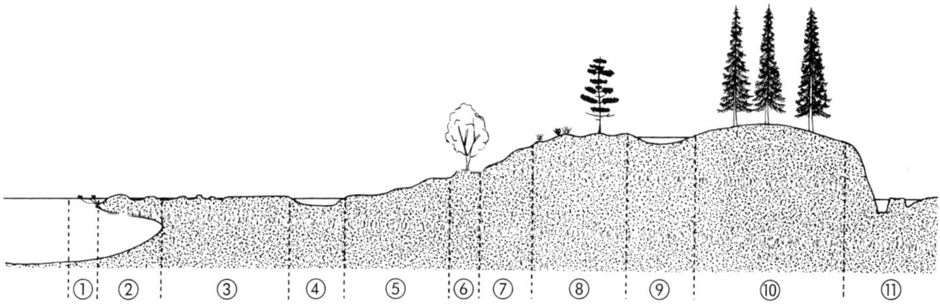

Schéma typique de succession végétale allant du bas marais, alcalin et eutrophe, à la tourbière haute, acide et oligotrophe. quelques plantes fréquemment observées dans les différents groupements végétaux sont citées en parenthèses.
*1. Hydrophytes - 2. Tourbière flottante ou tremblant (pleurocarpes, laîche à fruits velus, scirpe cespiteux, trèfle d'eau) - 3. Tourbière basse alcaline (laîche élevée, laîche de Davall, linaigrette à feuilles larges, choin noirâtre, primevère farineuse, parnassie des marais) - 4. Mare de tourbière plate (*Scorpidium*, laîche des bourbiers, utriculaires, rossolis à feuilles longues) - 5. Tourbière de transition (comaret, violette palustre) - 6. Bétulaie à sphaignes développée sur une ancienne zone d'exploitation (bouleau pubescent, saules) - 7. Tourbière bombée oligotrophe (canneberge, andromède, linaigrette engainante) - 8. Tourbière bombée boisée (callune fausse-bruyère, bruyère à quatre angles, airelle des marais, pin à crochet, pin sylvestre, bouleau nain) - 9. Mare de tourbière haute, bordée d'une pelouse vacillante (scheuchzérie des marais, laîche des bourbiers, laîche renflée, trèfle d'eau, rynchospore, rossolis à feuilles intermédiaires et à feuilles rondes) - 10. Pessière à sphaignes sur tourbe drainée (sapin blanc, épicéa, lycopode inondé, myrtilles) - 11. Tourbière exploitée.*

gressivement d'une tourbière plate, topogène et basique, à une tourbière haute (ou bombée), ombrogène et acide. La tourbe, blonde, peut s'accumuler sur une dizaine de mètres d'épaisseur. Sans intérêt horticole, elle constitue un meilleur combustible que la tourbe neutre.

Il existe évidemment des stades intermédiaires entre les tourbières topogènes et les tourbières ombrogènes typiques (tourbières de transition). De plus, les deux faciès coexistent fréquemment dans une même zone (tourbières mixtes).

De l'eau libre à la tourbière eutrophe

Dans un lac ou dans une mare en milieu calcaire, la première étape de formation d'une tourbière plate est constituée par l'invasion du plan d'eau par différents macrophytes (potamots, renouée amphibie, callitriches, characées, élodée du Canada, scirpes, phragmites, rubaniers, laîches, prêles...). Les rhizomes du trèfle d'eau *(Menyanthes trifoliata)* et de certaines laîches, telle la rare laîche à longs rhizomes *(Carex chordorrhiza)*, s'entrelacent parfois avec les autres hydrophytes et contribuent à la formation de radeaux flottant à la surface de l'eau. Ces formations sont envahies par des mousses, notamment des *Scorpidium*, et donnent naissance à une tourbière flottante instable, le «tremblant», progressivement colonisée par d'autres d'espèces. Avec le temps, le radeau s'enfonce et colmate progressivement le plan d'eau.

Les dépressions peu importantes et imbibées d'eau, les abords de source sont colonisés par un tapis de petites laîches *(Carex lasiocarpa)*, de scirpes et de mousses *(Drepanocladus* spp.). On y rencontre quelques plantes carnivores, telles la grassette vulgaire *(Pinguicula vulgaris)*, l'utriculaire mineure *(Utricularia minor)* et, plus rarement, le rossolis à longues feuilles *(Drosera longifolia)*. Une cypéracée, le choin noirâtre *(Schoenus nigricans)*, colonise alors souvent la tourbière et se mêle aux petites laîches. On y observe également des plantes variées, tels la linaigrette à feuilles larges *(Eriophorum latifolium)*, la primevère farineuse *(Primula farinosa)*, plusieurs *Orchis*, l'épipactis des marais *(Epipactis palustris)* et la parnassie des marais *(Parnassia palustris)*.

Vers la tourbière oligotrophe

En régions froides et pluvieuses, la tourbière plate peut évoluer vers une tourbière ombrogène, par accumulation de tourbe et acidification progressive du milieu. Des eaux acides et oligotrophes peuvent également évoluer naturellement en tourbière acide lors de l'atterrissement. Dans tous les cas, les sphaignes (*Sphagnum* spp.) jouent un rôle essentiel dans l'évolution de la tourbière. Ces bryophytes aux couleurs très variées peuvent emmagasiner jusqu'à 40 fois leur poids sec en eau dans des cellules mortes appelées hyalocystes. Les sphaignes stockent ainsi les eaux de pluie et peuvent poursuivre leur croissance en formant d'épais tapis bombés, même lorsqu'elles ne sont plus alimentées par la nappe phréatique ou par l'eau d'une mare. De plus, elles concourent à l'acidification du milieu en libérant des molécules d'acides organiques.

Dans la tourbière ombrogène typique, la pauvreté et l'acidité du milieu ne sont guère favorables au développement des autres végétaux. Les rossolis (*Drosera* spp.), sont capables de remédier à la pauvreté en nutriments par leur mode de nutrition carnivore. L'espèce la plus typique est le rossolis à feuilles rondes *(Drosera rotundifolia)*. On observe également la linaigrette engainante *(Eriophorum vaginatum)* et de petits arbrisseaux aux feuilles coriaces, telles l'andromède à feuilles de polium *(Andromeda polifolia)*, la canneberge *(Vaccinium oxycoccos* ou *Oxycoccus quadripetala)*. Au fur et à mesure que la tourbe s'accumule (au rythme de 1 à 10 cm par siècle!), le milieu s'assèche. Au stade final, il peut être colonisé par la callune fausse-bruyère *(Calluna vulgaris)*, la bruyère à quatre angles *(Erica tetralix)* et le pin à crochet *(Pinus uncinata)*.

Rossolis à feuilles rondes émergeant d'un tapis de sphaignes. Carnivore comme les autres droséras, cette espèce est typique des tourbières acides et oligotrophes.

DES ESPÈCES

venues du froid

Les tourbières comportent plusieurs espèces relictes de l'ère glaciaire ou typiques des régions boréo-arctiques. Ces espèces subsistent grâce au microclimat froid qui caractérise ces milieux. En France, elles présentent en général leur optimum de développement dans le Jura (départements du Doubs et du Jura). Ce sont par exemple la calamagrostis négligée (Calamagrostis neglecta), *la laîche à longs rhizomes* (Carex chordorrhiza), *la laîche cespiteuse* (Carex cespitosa), *le carex étoile-des-marais* (Carex heleonastes), *le saxifrage œil-de-bouc* (Saxifraga hirculus), *la ligulaire de Sibérie* (Ligularia sibirica), *le saule des Lapons* (Salix lapponum), *le bouleau nain* (Betula nana), *la canneberge* (Vaccinium oxycoccos) *et l'andromède* (Andromeda polifolia). *Les tourbières représentent à ce titre des biotopes dont la protection s'impose.*

Des milieux de transition

Les dépressions qui entourent les buttes du haut marais, les fossés creusés pendant l'exploitation de la tourbière et les milieux de transition entre les tourbières plates et les tourbières hautes ont également une flore typique. On y rencontre le trèfle d'eau, le comaret *(Potentilla palustris)* et la violette des marais *(Viola palustris)*. Parmi les cypéracées, figurent la laîche renflée *(Carex rostrata)*, la laîche des bourbiers *(Carex limosa)*, le rhynchospore *(Rhynchospora)*, la linaigrette à feuilles étroites *(Eriophorum angustifolium)* et, au-dessus de 500 m d'altitude, la scheuchzérie des marais *(Scheuchzeria palustris)*.

Fauche, pâturage et prairies humides

L'homme joue un rôle important dans la physionomie des zones humides. L'exploitation artisanale de la tourbe peut permettre le rajeunissement de certaines parties de la tourbière et le maintien d'une richesse spécifique maximale. Un drainage modéré, ou le fauchage des marais à laîches ou des tourbières provoque fréquemment le développement d'une prairie à molinie *(Molinia caerulea)*. Cette graminée forme des prairies d'un vert violacé lors de la floraison et d'un jaune doré à la fin de l'automne. Elle se développe sur des sols d'humidité variable. Cette espèce stocke l'azote dans ses racines en hiver. Elle est ainsi capable de subsister sur des sols pauvres en nitrates. La fauche maintient une grande diversité florale et évite la colonisation du biotope par une végétation arborée. De fait, de nombreuses prairies marécageuses se sont maintenues jusqu'à nos jours grâce au fauchage et au pacage. Beaucoup moins exploitées, elles tendent maintenant à être rapidement envahies par une végétation arborée ou buissonnante.

Des milieux menacés

Si elles sont très appréciées par les naturalistes pour les multiples espèces végétales et animales qu'elles abritent, les zones humides doivent faire face à une profonde hostilité de la part de beaucoup d'entre nous. Les marais d'Europe occidentale et d'Europe méridionale furent pendant longtemps des foyers importants du paludisme (malaria), transmis par les femelles de moustiques du genre anophèle (*Anopheles* spp.) Cette maladie est encore à l'origine d'un million de décès chaque année dans les pays tropicaux. Elle a cependant été éradiquée en Europe, où la crainte des marais est maintenant fortement teintée d'irrationnel. Ces terres mouvantes et inquiétantes, ces eaux croupissantes et fangeuses, grouillantes d'une vie cachée, sont les refuges de tous les démons nés de l'imagination des hommes, et beaucoup d'entre elles ont été asséchées. L'emploi encore si fréquent du terme «assainissement» est révélateur de notre état d'esprit face à ces milieux.

GUIDE DES ESPÈCES D'EAU DOUCE

Les végétaux

Les animaux

Les mousses et les ptéridophytes

Les bryophytes et les ptéridophytes sont des cryptogames qui se reproduisent non pas par des fleurs et des graines, mais grâce à des organes spéciaux où se forment des spores.

Les bryophytes, plantes non vasculaires, comprennent les mousses et les hépatiques. Les mousses ont des feuilles et des tiges bien différenciées. Ce n'est pas toujours le cas des hépatiques. La plupart des bryophytes poussent dans les endroits humides mais très peu se développent dans l'eau.

*Les ptéridophytes, au contraire vasculaires, possèdent des vaisseaux conducteurs de la sève. Certaines espèces de la famille des fougères se trouvent dans des lieux humides (*Osmunda regalis, Polystichum sp., Blechnum spicant, *par exemple). Il en est de même pour le lycopode inondé* (Lycopodiella inundata), *de la famille des lycopodiacées. Les prêles (famille des équisétinées) sont aussi très liées à l'eau. Toutes les espèces de la famille des marsileacées, des salvinacées, des azollacées et des isoétacées sont aquatiques.*

SPHAIGNES
Sphagnum spp.

DESCRIPTION — Les sphaignes forment des coussins spongieux et épais, allant du vert vif au rouge. Elles ont des tiges dressées et des branches, disposées en verticilles le long de celles-ci et en rosette au sommet. Elles n'ont pas de vraies racines. Des feuilles en écaille sont insérées sur la tige et d'autres, très petites, sur les branches.
ÉCOLOGIE — Les feuilles de sphaignes contiennent des cellules mortes appelées « hyalocystes », qui retiennent l'eau (jusqu'à 40 fois leur poids sec). Les sphaignes servent ainsi de réservoirs pour les autres plantes. Ces bryophytes sont à l'origine de la tourbière haute. Elles poussent en hauteur en formant de petites buttes, séparées par des dépressions. Les parties inférieures meurent et se décomposent incomplètement pour former la tourbe. Elles sont également présentes dans les tourbières basses et les forêts marécageuses. Les sphaignes contribuent à l'acidification du milieu.
DISTRIBUTION — Une trentaine d'espèces, difficiles à identifier, sont présentes en France.

PRÊLES
Equisetum spp.

DESCRIPTION — Les prêles, dites aussi queues de renard, ou encore queues de cheval, sont des ptéridophytes d'origine très ancienne. Les tiges, cannelées, sont constituées de plusieurs articles et portent des ramifications verticillées, insérées au niveau des nœuds. Durcies par des concrétions siliceuses, elles ont un port dressé. Les feuilles, également verticillées, très petites, sont en fait soudées et forment une petite collerette dentée à chaque nœud. Les spores sont regroupées dans un épi noirâtre situé au sommet de la tige.
ÉCOLOGIE — Ces plantes vivaces possèdent un rhizome et se multiplient activement de façon végétative. Elles produisent des spores de mars à août. Toutes les espèces françaises sont liées aux zones humides (plantes hélophytes), à l'exception de la prêle des champs *(Equisetum arvense)* qui peut fréquenter des lieux plus secs. Les prêles les plus aquatiques sont *E. palustre* et surtout *E. fluviatile* (ou *E. limosum*).
DISTRIBUTION — Vingt-cinq espèces existent dans le monde, dont neuf en France. La prêle des marais *(E. palustre)* et la prêle des bourbiers *(E. fluviatile)* sont communes dans toute la France. La prêle élevée *(E. telmateia* ou *E. maximum)* se développe dans le Sud-Est et le Midi.

MARSILIA À QUATRE FOLIOLES
Marsilea quadrifolia

DESCRIPTION — Ces ptéridophytes de 5 à 15 cm ont les feuilles (à 4 folioles) flottantes ou dressées. Ces feuilles sont émises par un rhizome rampant qui fixe la plante dans la vase. Les sporanges sont enfermés dans un fruit globuleux, le sporocarpe. Ce dernier est situé à la base des feuilles.
ÉCOLOGIE — Plante vivace, elle est présente au bord des mares, des étangs et des rivières lentes, ainsi que dans les fossés.
DISTRIBUTION — En France, cette espèce en régression se trouve dans le Centre et l'Ouest.

◄ *Les sphaignes sont des mousses qui contribuent à la formation des tourbières.*

◄ *Riches en silice, les prêles ont un port dressé.*

► *Épi terminal regroupant les spores de la prêle élevée.*

► *Marsilia à quatre folioles.*

Les graminées

Les graminées forment une famille assez homogène, de plus de 600 genres et près de 10 000 espèces dans le monde (80 genres et 350 espèces en France). Ce sont des plantes herbacées à tige creuse, à feuilles linéaires et à inflorescences en épi ou en panicule. Ces inflorescences sont formées d'épillets à fleurs de petite taille, le plus souvent verdâtres. Les graminées, pour la plupart terrestres, forment l'essentiel de la flore des prairies. Cependant, quelques espèces ont une grande importance dans les milieux aquatiques.

GLYCÉRIE FLOTTANTE

Glyceria fluitans

DESCRIPTION — Appelée également manne de Pologne, herbe de la manne ou encore brouille, la glycérie flottante mesure 0,4 à 1,5 m de longueur. La tige, souple, est couchée à la base et se redresse ensuite chez les formes terrestres. La tige et les feuilles sont submergées ou flottent à la surface de l'eau en radeaux caractéristiques chez les formes aquatiques. Les épillets, allongés (environ 2 cm), regroupent 5 à 15 fleurs verdâtres à anthères violettes. Ils sont disposés en panicules unilatérales, en grappes simples assez lâches.
ÉCOLOGIE — Plante vivace sans stolons, à souche rampante, dont l'habitat s'étend des prairies inondables aux eaux assez profondes, stagnantes ou courantes. Elle fleurit de mai à août.
DISTRIBUTION — Présente presque partout dans le monde, elle est commune en France.
ESPÈCE PROCHE — La glycérie aquatique *(G. aquatica* ou *G. maxima)* est une grande graminée à tige rigide et dressée pouvant atteindre 2,5 m de longueur. Les panicules, formées de nombreux épillets d'environ 1 cm de longueur, sont grandes, et ramifiées dans tous les sens. Cette plante se développe sur les berges vaseuses et dans les endroits humides. De distribution circumboréale, la glycérie flottante est commune en France au-dessous de 500 m (sauf en région méditerranéenne).

MOLINIE BLEUE

Molinia coerulea

DESCRIPTION — La molinie, ou canche bleue, est une graminée à tige dressée pouvant atteindre 2 m. Une à quatre feuilles partent de la base de la tige. Ces feuilles sont rudes, effilées et larges de 2 à 12 mm selon les sous-espèces. D'un bleu vert pendant la bonne saison, la molinie prend une couleur jaune d'or en automne. Cette plante pousse en touffes serrées et forme des touradons dans les zones très humides (la souche s'élève et forme des buttes au-dessus du niveau de l'eau). Les épillets, pédonculés, comportent 1 à 4 fleurs hermaphrodites. Ils sont regroupés en une longue panicule ramifiée (jusqu'à 60 cm), violacée au moment de la floraison.
ÉCOLOGIE — La molinie pousse dans les prairies, les landes, les bois humides, et les tourbières. Cette hélophyte vivace se développe surtout sur sols acides et peut pousser sur des sols pauvres. Elle fleurit de juillet à septembre.
DISTRIBUTION — Espèce holarctique, elle est commune en France, mais absente en Corse et rare en région méditerranéenne.

ROSEAU COMMUN

Phragmites communis

DESCRIPTION — Encore appelée roseau à balais, canne à balais, phragmite commun, jonc à balais, balais de silence, ou grand jonc, cette graminée de 1 à 4 m possède une tige très rigide qui reste en place pendant l'hiver. Les rhizomes, longs et rampants, forment de véritables tapis. Les feuilles, d'un vert bleuté ou grisâtres et à nervure médiane très visible, sont longues, pointues et peuvent atteindre 4 cm de largeur. Les épillets, garnis de poils blancs, regroupent 3 à 8 fleurs brunes à pourpres. Ils forment une épaisse panicule, longue de 30 à 40 cm.
ÉCOLOGIE — Cette plante vivace fréquente le bord des eaux, les marais et les prairies humides. Elle résiste à l'assèchement et à une forte salinité, et colonise de grandes étendues. Ses rhizomes empêchent l'installation des autres plantes aquatiques. Floraison : de juillet à octobre.
DISTRIBUTION — Cette espèce est commune en France et très répandue dans le monde.
ESPÈCE PROCHE — Le roseau à quenouille *(Arundo donax)*, commun en région méditerranéenne, où il est naturalisé, forme de longues panicules de près de 70 cm.

Les feuilles de la glycérie flottante forment de grands radeaux à la surface de l'eau.

Les touffes de molinie bleue peuvent former des buttes appelées touradons.

Rideau de roseaux communs au second plan.

Les cypéracées

Les cypéracées sont des plantes généralement herbacées, à l'aspect de graminées, qui colonisent le plus souvent les zones humides. Elles peuvent se développer en grosses touffes ou à partir de rhizomes rampants. Leur tige, souvent triangulaire (tige trigone), est entourée de feuilles engainantes plus ou moins visibles, disposées sur 3 rangs. Les feuilles sont jonciformes ou pliées en gouttière et souvent dentées en scie sur les bords. Les fleurs, regroupées en épillets, forment une inflorescence, en général ramifiée. Près de 4 000 espèces réparties en 90 genres existent dans le monde, alors que la flore française compte environ 130 espèces réparties en 10 genres. Les Carex *sont de loin les plus nombreux.*

LAÎCHES

Carex spp.

DESCRIPTION — Les laîches sont des plantes en touffes, parfois élevées sur des buttes pour former des touradons. Leur tige, pleine et anguleuse, est le plus souvent triangulaire. Les feuilles sont linéaires et généralement raides et coupantes (le nom latin *Carex* signifie herbes à feuilles piquantes). Elles sont engainantes et partent en général de la base de la tige (feuilles radicales). Elles sont rarement présentes en haut de celle-ci. Les fleurs, peu voyantes, sont unisexuées. Les fleurs mâles ont 3 étamines et les fleurs femelles 3 stigmates. La détermination des différentes espèces est assez délicate.
ÉCOLOGIE — La moitié au moins de la centaine d'espèces françaises sont des hélophytes. Leur habitat va des zones rivulaires aux prairies humides. Les laîches sont vivaces et fleurissent généralement entre mai et juillet.
DISTRIBUTION — Les laîches regroupent 2 000 espèces, présentes dans le monde entier.

SCIRPE LACUSTRE

Scirpus lacustris

DESCRIPTION — Encore appelé jonc des tonneliers, jonc des lacs, jonc des chaisiers, scirpe des lacs, jonc des eaux ou grand jonc, le scirpe lacustre est une plante vivace de grande taille (0,8 à 3 m), ressemblant à un grand jonc. La tige, pleine et d'un vert brillant, est grossièrement cylindrique et s'effile en pointe vers le haut. Les feuilles sont le plus souvent réduites à une gaine entourant la base de la tige. On observe plus rarement une ou deux feuilles en lanière, flottantes ou submergées. Les fleurs, rousses, sont hermaphrodites (3 étamines et 3 pistils). Elles sont regroupées en gros épillets qui forment une sorte d'ombelle latérale située au sommet de la tige.
ÉCOLOGIE — Plante hydrophyte, elle est caractéristique des eaux dormantes où elle fait suite à la roselière, en eau parfois profonde (jusqu'à 3 m). Elle fréquente également les zones calmes des rivières. Cette plante vivace, à rhizomes rampants, est envahissante. Elle fleurit généralement de mai à septembre.
DISTRIBUTION — Espèce cosmopolite (dans presque toute l'Eurasie et dans les autres continents, sauf dans les régions arctiques), le scirpe lacustre est très commun en France au-dessous de 1 500 m.

LINAIGRETTES

Eriophorum sp.

DESCRIPTION — Appelées jonc à coton ou herbe à coton, les linaigrettes sont des plantes vivaces, en touffes ou à rejets. La tige de 10 à 60 cm, dressée, est terminée par un seul épi *(E. vaginatum, E. scheuchzerii)* ou par 2 à 12 épis, formant une ombelle au sommet de la tige *(E. latifolium, E. angustifolium, E. gracile)*. Les épis, à longs pétioles, comportent plusieurs fleurs hermaphrodites de couleur terne. Lorsque les fleurs sont fanées, les poils blancs du périanthe s'allongent et les épis prennent l'aspect de houppes cotonneuses pendantes. Les feuilles sont planes ou carénées selon les espèces.
ÉCOLOGIE — Les linaigrettes se développent dans les marécages et les tourbières, au bord des sources et des étangs. La floraison a lieu d'avril à juillet.
DISTRIBUTION — Cinq espèces, holarctiques, sont présentes en France. *E. scheuchzerii* est typique des régions montagneuses.

On trouve en France plusieurs dizaines d'espèces de laîches au bord des eaux.

Le scirpe lacustre, ou jonc des tonneliers, peut s'élever jusqu'à près de trois mètres au dessus de l'eau.

Après la floraison, les épis de la linaigrette à feuilles étroites ont l'aspect de houppes de coton soyeux.

MASSETTE À LARGES FEUILLES

Typha latifolia

DESCRIPTION — La massette à larges feuilles, dite aussi quenouille, roseau des étangs, chandelle, roseau de la passion ou masse d'eau, appartient à la famille des typhacées, qui ne comporte qu'un seul genre. Cette plante de grande taille a des feuilles grisâtres pouvant dépasser 2 m pour une largeur de 10 à 20 mm. La tige est terminée par un épi grêle de fleurs mâles jaunâtres, dont la floraison est éphémère. Cette inflorescence terminale surmonte un épi serré de fleurs femelles, semblable à une massue d'une quinzaine de centimètres. Vert avant la floraison, puis brun, l'épi femelle éclate en hiver et libère une multitude de graines délicates, disséminées par le vent.
ÉCOLOGIE — La massette est une plante vivace qui colonise rapidement la zone littorale des eaux stagnantes et des rivières lentes. Elle figure parmi les végétaux pionniers des milieux en voie d'assèchement. Elle fleurit de juin à juillet.
DISTRIBUTION — Cette espèce, de répartition quasiment mondiale, est très commune en France sauf dans le Midi.
ESPÈCES PROCHES — La massette à feuilles étroites *(Typha angustifolia)*, commune en France, se distingue de l'espèce précédente par ses feuilles étroites (environ 5 mm de large) et par une séparation nette entre les épis mâle et femelle. La massette naine *(Typha minima)* mesure 30 cm à 1 m de hauteur et possède des feuilles de 1 à 3 mm de largeur. Les épis, de petite taille, ne dépassent pas 4 cm. Cette espèce rare est présente dans le sud-est de la France et en Alsace.

JONCS

Juncus spp.

DESCRIPTION — Les joncs sont des plantes à rhizomes, à port de graminées, appartenant à la famille des joncacées. Leur tige, glabre, est en général cylindrique et rigide. Les feuilles, glabres elles aussi, cylindriques à linéaires, sont généralement radicales et engainantes. Elles sont parfois réduites aux gaines ou à de simples écailles. Les fleurs, petites et peu colorées, sont regroupées en une inflorescence.
ÉCOLOGIE — Ces plantes annuelles ou vivaces, à multiplication végétative rapide, sont généralement hélophytes et colonisent les milieux plus ou moins marécageux. Elles fleurissent de mai à octobre. Une seule espèce, *Juncus bulbosus*, aux longues tiges flottantes, peut être considérée comme typiquement aquatique.
DISTRIBUTION — 250 espèces existent dans le monde, dont plus d'une trentaine en France. Les espèces les plus communes en France sont *Juncus bufonius, J. conglomeratus, J. effusus, J. inflexus, J. articulatus* et *J. acutiflorus*.
À NOTER — Les joncs sont utilisés comme litière, comme matériaux de vannerie et comme liens (du latin *jungere*, «joindre»).

RUBANIER DRESSÉ

Sparganium erectum

DESCRIPTION — Le sparganium dressé (ou ruban d'eau, ou clou de dieu) appartient à l'unique genre de la famille des sparganiacées. Cette plante à rhizome possède une tige cylindrique, lisse, dressée et ramifiée à sa partie supérieure. Cette tige, plus courte que les feuilles (0,5 à 1,5 m), ne se développe qu'à la floraison et porte un faible nombre de feuilles courtes et pointues. De nombreuses feuilles, très longues et larges de 5 à 15 mm, sont disposées en rosette à la base de la plante. De section triangulaire au départ, elles s'aplatissent vers le sommet. Les fleurs, de vertes à blanchâtres, forment des capitules sphériques groupés en épis lâches et ramifiés. Les capitules femelles sont plus gros que les mâles et situés au-dessous de ces derniers. Les fruits, de 3 à 7 mm de diamètre, sont des akènes globuleux, verts et garnis de pointes.
ÉCOLOGIE — Cette plante hélophyte se développe en bordure des eaux dormantes ou à faible courant. Fortement colonisatrice grâce à ses stolons, elle contribue à l'envasement rapide des eaux. Elle fleurit entre juin et août.
DISTRIBUTION — Cette espèce eurasienne est commune en France entre 0 et 500 m (absente en Corse).
ESPÈCES PROCHES — Le rubanier simple *(Sparganium simplex)* se distingue de *Sparganium erectum* par son inflorescence non ramifiée. Le rubanier dit nain *(Sparganium minimum)* est une plante de 10 à 80 cm, généralement submergée, aux feuilles vert pâle, flottantes, planes, longues et étroites (2-3 mm de large). Elle est peu commune en France et se développe dans les eaux pauvres des zones de tourbières, jusqu'à 1 000 m d'altitude.

Les fleurs femelles des massettes (sur cette photo, massettes à larges feuilles) forment un long épi brun très caractéristique.

Inflorescences de jonc.

Rubanier dressé, portant des fruits globuleux, hérissés de pointes.

PLANTAIN D'EAU

Alisma plantago-aquatica

DESCRIPTION — Cette plante à souche bulbeuse, de la famille des alismatacées, appelée aussi pain de grenouilles ou flûteau, a une hauteur comprise entre 20 et 120 cm. Le système radiculaire est bien développé. Les feuilles, à longs pétioles, partent du bas de la tige. Elles sont ovales ou lancéolées, arrondies ou en forme de cœur à la base. Les fleurs, hermaphrodites, de 5 à 8 mm, à trois pétales roses ou blancs, sont regroupées en grandes panicules ramifiées, pyramidales.
ÉCOLOGIE — Cette plante vivace colonise les rives marécageuses, les eaux dormantes, les fossés, les rivières, et les prairies inondables. Elle fleurit de juin à septembre. Elle se développe également par multiplication végétative à partir de bourgeons latéraux.
DISTRIBUTION — Cette espèce holarctique est très commune dans toute la France.
ESPÈCES PROCHES — Le flûteau à feuilles de graminées *(Alisma gramineum)* a souvent des feuilles submergées, rubanées et allongées. Ses fleurs sont plus petites que celles du flûteau commun. Cette espèce eurasienne est présente dans presque toute la France, sauf en Corse. Le plantain d'eau lancéolé *(Alisma lanceolatum)* a des feuilles aériennes se rétrécissant très progressivement en pétioles. Les fleurs sont plus roses et les panicules sont souvent arquées à la fin de la floraison. Cette dernière espèce est plus terrestre que les précédentes. Présente en Europe, en Asie et en Afrique du Nord, elle est assez commune en France.

SAGITTAIRE À FEUILLES EN FLÈCHE

Sagittaria sagittifolia

DESCRIPTION — Également appelée fléchière, flèche d'eau, sagette, queue d'aronde ou queue d'hirondelle, la sagittaire en flèche appartient à la même famille des alismatacées. D'une taille comprise entre 30 et 80 cm, elle possède une tige florifère creuse et triangulaire. Les feuilles sont en rosettes et très hétéromorphes. En eau vive, elles sont surtout immergées, rubanées et translucides, à nervures parallèles. En eaux dormantes, les feuilles rubanées peuvent être absentes. Les feuilles flottantes, d'ovales à lancéolées, et les feuilles aériennes, en forme de pointe de flèche et à nervures rayonnantes, possèdent de longs pétioles de section triangulaire. Les fleurs, blanches ou rosées (15 à 20 mm), à 3 sépales et à 3 pétales, sont disposées en plusieurs verticilles de 3 sur une même tige. Les fleurs mâles, à long pédoncule, sont situées au-dessus des fleurs femelles, moins nombreuses et à pédoncule court.
ÉCOLOGIE — La sagittaire est hydrophyte ou hélophyte. Elle colonise les eaux dormantes ou à faible courant, sur des sols alluviaux, sableux ou vaseux, riches en éléments nutritifs. Elle est rare en altitude. C'est une plante vivace à rhizome. Ce dernier émet des stolons en forme de bulbe, qui se détachent et constituent des hibernacles pendant la saison froide. La sagittaire fleurit en eaux peu profondes entre mai et juin.
DISTRIBUTION — Cette espèce holarctique est assez commune dans toute la France, mais rare dans le Midi et absente en Corse.

BUTOME EN OMBELLE

Butomus umbellatus

DESCRIPTION Dit aussi jonc fleuri, jonc de rivière ou flûteau, ce représentant unique de la famille des butomacées en Europe a une tige dressée, cylindrique et nue, pouvant atteindre 1,5 m de hauteur. Les feuilles, semblables à celles des joncs, sont allongées et étroites et terminées en pointes. Elles partent toutes du rhizome (feuilles radicales). Engainantes à la base, puis triangulaires, elles s'aplatissent dans leur partie terminale. Les fleurs, rose vif, sont hermaphrodites (6 étamines et pistils à 6 carpelles) et ont 3 sépales et 3 pétales non différenciés. Les fleurs sont regroupées en une ombelle entourée de 2 à 4 bractées à l'extrémité d'une hampe florale.
ECOLOGIE — Cette plante hélophyte vivace fréquente les berges vaseuses des eaux dormantes et des cours d'eau, et les zones marécageuses, en régions de faible altitude. Elle peut se reproduire de manière végétative grâce à un rhizome. Elle fleurit de juin à août. Les fruits sont des follicules ovoïdes qui libèrent des semences légères pouvant flotter sur l'eau.
DISTRIBUTION — Le butome en ombelle est présent dans toute l'Europe, à l'exception du nord de l'Écosse et de la Scandinavie. Elle est peu commune à assez commune en France.
À NOTER — Le butome était autrefois utilisé en vannerie.

Plantain d'eau.

Les feuilles de la sagittaire fléchière peuvent avoir des formes variées. Celles en forme de pointes de flèches, très reconnaissables, sont à l'origine de son nom.

Les fleurs roses du butome en ombelle sont regroupées en une inflorescence caractéristique.

ÉLODÉE DU CANADA

Elodea canadensis

DESCRIPTION — La peste d'eau, comme on l'appelle également, est une plante submergée de la famille des hydrocharitacées. La tige, longue (0,1 à 3 m), articulée et très ramifiée, ne forme pas de stolons, mais peut avoir des racines latérales au niveau des nœuds. Les feuilles, vert terne, submergées, de 10 à 15 mm de long et 2 mm de large, n'ont pas de pétiole et sont légèrement ondulées et denticulées. Souvent verticillées par 3, elles sont de plus en plus rapprochées vers le sommet. Les fleurs, blanchâtres à violacées, très petites (3 mm), isolées à l'extrémité de longs pédoncules, flottent à la surface de l'eau.

ÉCOLOGIE — L'élodée est une hydrophyte submergée que l'on trouve en tapis denses dans les eaux dormantes ou à courant modéré, assez riches et bien oxygénées. C'est une plante dioïque (fleurs mâles et femelles sur des pieds différents). Originaire d'Amérique boréale, elle a été introduite en Irlande en 1836 à partir d'un pied femelle. Elle est donc stérile en Europe, où elle se reproduit uniquement de manière végétative. Les fleurs femelles fleurissent de mai à août.

DISTRIBUTION — L'élodée du Canada est répandue dans une grande partie de l'Europe. Elle est assez commune en France.

POTAMOT NAGEANT

Potamogeton natans

DESCRIPTION — On l'appelle aussi potamot à feuilles nageantes, herbe à la perchaude, langue de chien, herbe des étangs ou épi d'eau. C'est une plante herbacée de la famille des potamogétonacées, aux feuilles flottantes ou immergées. Les tiges, simples, fixées dans la vase par un rhizome, peuvent dépasser 1 m. Les feuilles sont alternes et de forme variable. Les feuilles flottantes sont ovoïdes (jusqu'à 12 cm sur 6 cm), arrondies ou légèrement en forme de cœur à la base. Elles possèdent deux plis saillants à la jonction avec leur long pétiole. Les feuilles immergées sont réduites à ce dernier et peuvent atteindre 50 cm de long. Les fleurs, émergées, petites et hermaphrodites, sont regroupées en épis verdâtres de 3 à 6 cm de long, à l'extrémité d'un pédoncule grêle de 4 à 8 cm.

ÉCOLOGIE — Le potamot nageant est une plante hydrophyte submergée colonisant les eaux stagnantes ou à très faible courant, aussi bien en plaine qu'en régions montagneuses, jusqu'à 2 000 m d'altitude. Cette plante vivace se reproduit aisément de manière végétative et peut former d'importantes ceintures de végétation. La floraison a lieu de juin à août. Après fécondation, les épis se couchent et rentrent sous l'eau.

DISTRIBUTION — Le potamot nageant est le plus commun des potamots en eaux stagnantes. Subcosmopolite, il est présent dans toutes les zones tempérées du globe et dans une partie des régions tropicales. Il est commun en France, sauf dans la région méditerranéenne.

AUTRES ESPÈCES — Une dizaine d'autres espèces de potamots sont d'assez communes à très communes en France. Elles se distinguent essentiellement par la forme des feuilles. Le potamot crépu *(P. crispus)* a des feuilles ondulées. Le potamot pectiné *(P. pectinatus)* a des tiges très ramifiées et des feuilles linéaires. Le potamot à feuilles opposées *(P. densus)* possède des feuilles ovales à lancéolées, opposées par paires. Le potamot des rivières *(P. fluitans)*, aux grandes feuilles immergées ou flottantes, est typique des eaux courantes.

RENOUÉE AMPHIBIE

Polygonum amphibium

DESCRIPTION — Dite aussi persicaire des eaux ou renouée aquatique, c'est une plante vivace de la famille des polygonacées, à long rhizome rampant. Cette plante présente une morphologie variable selon qu'elle est aquatique ou terrestre. Chez la forme aquatique, la tige, assez ramifiée, peut atteindre 1 m de long. Les feuilles flottantes, rondes ou cordiformes, sont glabres, luisantes et à bords rudes. Les fleurs rose vif, sont regroupées en épis émergés denses et allongés. La forme terrestre a une tige de 50 cm environ et des entre-nœuds beaucoup plus courts. Les feuilles sont velues et ternes. Les fleurs forment des épis moins colorés et plus courts.

ÉCOLOGIE — Comme son nom l'indique, la renouée amphibie est tout aussi bien hydrophyte qu'hélophyte. La forme aquatique peut s'étendre au-delà de la ceinture des nénuphars dans les eaux calmes ou dormantes. La floraison a lieu de juin à août.

DISTRIBUTION — Espèce circumpolaire à subcosmopolite, en Europe elle est rare dans la région méditerranéenne. En France, elle est commune entre 0 et 2 000 m, sauf dans le Midi.

◀ *L'élodée du Canada est une plante submergée dont seules les fleurs, femelles en Europe, sont visibles à la surface de l'eau.*

▲ *De nombreuses espèces de potamots colonisent les eaux douces françaises. Le potamot nageant est sans doute l'espèce la plus commune des eaux calmes.*

▶

Forme aquatique de la renouée amphibie, dont l'épi de fleurs roses se dresse au dessus de la surface de l'eau.

NÉNUPHAR BLANC
Nymphaea alba

DESCRIPTION — On l'appelle également nymphéa blanc, lis des eaux ou plateau. C'est une plante aquatique de la famille des nymphéacées, à rhizome épais et ramifié, sans tige aérienne. Les feuilles, flottantes (10-30 cm), sont coriaces, ovales, en forme de cœur à la base. Elles sont reliées au rhizome par un pétiole cylindrique pouvant atteindre 2 m. Les feuilles immergées sont plus fines. Les fleurs (5-15 cm), blanches et flottantes, sont isolées à l'extrémité d'un long pédoncule. Les 4 sépales, verts, lancéolés, sont plus courts que les pétales. Ces derniers, ovales et au nombre d'une vingtaine, prennent l'aspect d'étamines au centre de la fleur.
ÉCOLOGIE — Cette hydrophyte vivace fréquente les eaux calmes, jusqu'à 2 m de profondeur. Elle fleurit entre juin et septembre. Après la fécondation, le pédoncule s'incline et le fruit s'enfonce dans la vase.
DISTRIBUTION — Cette espèce eurasienne est commune en France entre 0 et 800 m, mais rare dans la région méditerranéenne.

NÉNUPHAR JAUNE
Nuphar luteum

DESCRIPTION — Cette nymphéacée, dite aussi jaunet d'eau ou petit nénuphar, se distingue de la précédente par des feuilles flottantes plus allongées, au pétiole un peu triangulaire au sommet, pouvant dépasser 3 m. Les fleurs (5 cm environ), jaunes, solitaires, sont dressées à quelques centimètres au-dessus de la surface. Elles possèdent 5 ou 6 sépales arrondis, jaunes à l'intérieur et verdâtres à l'extérieur.
ÉCOLOGIE — Le nénuphar jaune fréquente les eaux calmes et peut coloniser des eaux plus profondes que le nénuphar blanc. On le trouve également plus en altitude. Il fleurit de juin à août.
DISTRIBUTION — Espèce eurasienne, il est commun en France jusqu'à 1 500 m, sauf dans le Midi.
ESPÈCE PROCHE — Le nénuphar nain *(Nuphar pumila)* a des feuilles et des fleurs plus petites. Cette relique de l'âge glaciaire s'observe dans les Vosges, le Jura et les Alpes, entre 500 et 1 700 m d'altitude.

FAUX NÉNUPHAR
Nymphoides peltata

DESCRIPTION — Le faux nénuphar, dit aussi petit nénuphar, limnanthème ou nympheau, appartient à la famille des ményanthacées. Son rhizome peut atteindre 2 m. Les feuilles flottantes, arrondies, sont luisantes et vert foncé sur leur face supérieure, pourprées et tuberculeuses dessous. Le long pétiole est presque fixé au milieu du limbe. Les fleurs jaunes ont 5 pétales à bord frangé et sont disposées en fausses ombelles à l'extrémité de pédoncules de 5 à 10 cm.
ÉCOLOGIE — Cette plante hydrophyte vivace fréquente les eaux tranquilles ou lentes assez pauvres. Elle fleurit de juin à septembre. Après la fécondation, les fruits s'enfouissent dans la vase. Le faux nénuphar peut également se multiplier de manière végétative.
DISTRIBUTION — Cette espèce eurasienne est présente dans une grande partie de la France, bien qu'assez rare (absent dans le Midi et dans les régions montagneuses).

TRÈFLE D'EAU
Menyanthes trifoliata

DESCRIPTION — Le trèfle d'eau est également une ményanthacée. Sa tige, épaisse de 1 cm et longue de 0,5 à 2 m, est rampante ou semi-flottante. Elle est dépourvue de feuilles, sauf à son extrémité, et porte les cicatrices des gaines foliaires des années précédentes. Les feuilles, glabres, à 3 folioles ovales, s'élèvent au-dessus de l'eau. Elles ont de longs pétioles arrondis, engainants à leur base. Les fleurs blanc rosé ont 5 pétales frangés de grands cils blancs et de longs pédoncules. Elles sont regroupées en grappes à l'extrémité d'une hampe florale dont la longueur varie de 10 à 30 cm.
ÉCOLOGIE — Cette plante vivace colonise les mares et les étangs jusqu'à 2 m de profondeur, ainsi que les zones marécageuses et tourbeuses. Elle fleurit d'avril à juin, avec une seconde floraison à l'automne.
DISTRIBUTION — Cette espèce circumboréale fréquente les régions tempérées et froides de l'hémisphère Nord. Elle est assez commune en France entre 0 et 2 400 m. Elle est très rare dans la région méditerranéenne et dans les Pyrénées.

Nénuphar blanc.

Nénuphars jaunes.

Les fleurs du trêfle d'eau sont frangées de grands cils blancs.

Le faux nénuphar ressemble à un petit nénuphar jaune, mais n'appartient pas à la même famille.

LENTILLES D'EAU

Wolffia, Lemna, Spirodela

DESCRIPTION — Plantes flottantes ou submergées de la famille des lemnacées, elles sont réduites à de très petits articles en forme de feuilles. Les fleurs latérales sont également minuscules. Les lentilles de l'espèce *Wolffia arrhiza* (0,5-1,5 mm) n'ont pas de racines. Les *Lemna* possèdent une seule racine. Les frondes foliaires sont ovales chez *L. minor* (2-6 mm), très bombées chez *L. gibba* (2-7 mm), translucides et lancéolées chez *L. trisulca* (5-12 mm). *Spirodela polyrrhiza* (2-10 mm), ovoïde et aplatie, possède un faisceau de 2 à 16 racines.
ÉCOLOGIE — Ces hydrophytes des eaux dormantes se reproduisent surtout par multiplication végétative. Elles peuvent former de véritables tapis à la surface des eaux.
DISTRIBUTION — Les *Lemna* et *Spirodela* sont subcosmopolites à cosmopolites et communes en France jusqu'à 600 m (*L. gibba* jusqu'à 1 500 m). Les *Wolffia* sont très rares en France.

CALLITRICHES

Callitriche spp.

DESCRIPTION — Baptisées étoiles d'eau, capillaires d'eau ou callitries, les callitriches appartiennent à la famille des callitrichacées, à tige grêle et à feuilles opposées. Les feuilles et les fruits sont nécessaires à leur identification. Les feuilles tendent à être linéaires lorsqu'elles sont submergées, ovales ou elliptiques et groupées en rosettes lorsqu'elles sont flottantes ou terrestres. Les fleurs, très petites, verdâtres, situées à la base des feuilles supérieures, sont unisexuées et sans pétales.
ÉCOLOGIE — Les callitriches, annuelles ou vivaces, peuvent être typiquement aquatiques (submergées ou flottantes) ou aériennes dans les milieux marécageux. Elles fleurissent entre avril et octobre.
DISTRIBUTION — Dix espèces à répartition plus ou moins large sont présentes en France.

CÉRATOPHYLLES

Ceratophyllum spp.

DESCRIPTION — Dites aussi cornifles, ces plantes immergées de la famille des cératophyllacées, sans racines, sont parfois fixées dans la vase par des rhizoïdes latéraux. La tige, rigide, mesure 0,2 à 1 m chez le cornifle submergé *(C. submersum)* et 0,3 à 3 m chez le cornifle nageant *(C. demersum)*. Les nombreuses feuilles, verticillées, sont divisées en lanières de façon dichotomique. Elles sont vert sombre, nettement dentées et divisées 1 ou 2 fois *(C. demersum)* ou faiblement denticulées, plus pâles et divisées 3 ou 4 fois *(C. submersum)*. Les fleurs sont submergées, minuscules, solitaires et sessiles à la base des feuilles.
ÉCOLOGIE — Les cératophylles poussent dans les eaux calmes ou à faible courant, où elles se multiplient par fragmentation de la tige. Elles fleurissent sous l'eau entre juin et septembre.
DISTRIBUTION — *C. demersum* est une espèce eurasienne, rare dans le midi de la France. *C. submersum*, qui s'étend également dans le nord de l'Afrique, est distribuée dans pratiquement toute la France.

MYRIOPHYLLES

Myriophyllum spp.

DESCRIPTION — Ces plantes immergées appartiennent à la famille des halorhagidacées, à rhizome rampant et à tige ramifiée (0,5 à 3 m). Les feuilles sont très nombreuses et divisées en fines lanières, les fleurs petites et regroupées en épis. Elles sont roses chez le myriophylle en épis *(M. spicatum)*, aux feuilles verticillées par 4, et chez le myriophylle verticillé *(M. verticillatum)*, aux feuilles verticillées par 5. Elles sont jaunâtres chez le myriophylle à fleurs alternes *(M. alterniflorum)*, dont les feuilles sont verticillées par 4.
ÉCOLOGIE — Hydrophytes d'eaux calmes ou faiblement courantes, les myriophylles fleurissent hors de l'eau entre juin et septembre. Vivaces, ils peuvent se multiplier de manière végétative par des turions qui se détachent de la plante mère.
DISTRIBUTION — *M. spicatum* et *M. verticillatum* sont assez communs en France et subcosmopolites. *M. alterniflorum* (ouest de l'Europe et Amérique du Nord) est absent en région méditerranéenne.

Tapis de lentilles d'eau du genre Lemna.

Callitriches.

Les cératophylles sont des plantes complètement submergées à feuilles divisées en lanières.

L'appareil végétatif des myriophylles est immergé. Les feuilles, très nombreuses, sont finement divisées.

IRIS DES MARAIS
Iris pseudacorus

DESCRIPTION — Iris d'eau, iris jaune, iris faux-acore, iris des marais, glaïeul des marais, flambe d'eau ou pavée: autant de noms pour cette plante de la famille des iridacées, à puissant rhizome ramifié, et à tige aérienne ovoïde de 0,5 à 1,5 m, ramifiée dans sa partie supérieure. Les feuilles en lame de sabre rigides sont aussi longues que la tige. Les fleurs, de 4 à 10 cm, sont jaune vif, à long pétiole et groupées par 2 ou 3. Elles ont 3 grands sépales pétaloïdes étalés et 3 pétales intérieurs dressés. Elles possèdent 3 étamines et 3 stigmates pétaloïdes. Elles sont enveloppées dans une grande bractée avant la floraison. Les fruits, constitués de longues capsules triangulaires à trois loges, libèrent des graines rouge corail.
ÉCOLOGIE — Plante typique des rives d'étang, des fossés, des zones à grandes laîches et des milieux tourbeux, elle fleurit tout l'été.
DISTRIBUTION — Cette espèce eurasienne est commune en France entre 0 et 800 m.

PESSE D'EAU
Hippuris vulgaris

DESCRIPTION — Également appelée hippuris commun, hippuris vulgaire ou pesse, c'est l'unique espèce française de la famille des hippuridacées. Cette plante à apparence de prêle a un long rhizome rampant et une tige creuse dressée, articulée et non ramifiée, de 20 à 40 cm de hauteur (1 m dans une eau courante). De nombreux verticilles de 8 à 12 feuilles sont insérés tout au long de la tige émergée. Ces feuilles vert sombre sont rigides, étroites et pointues. Dans les eaux courantes, les feuilles immergées sont claires, souples et rubanées. Les fleurs, verdâtres, très petites et à enveloppe florale atrophiée, sont isolées à la base des feuilles supérieures.
ÉCOLOGIE — La pesse colonise les eaux stagnantes peu profondes et les petits ruisseaux, ainsi que les marais, en milieux souvent calcaires. Elle fleurit de mai à août.
DISTRIBUTION — Espèce plus ou moins cosmopolite, la pesse d'eau est présente en France entre 0 et 1 600 m. Elle est assez commune à très rare selon les régions (rare dans le Midi).

CRESSON DE FONTAINE
Nasturtium officinale

DESCRIPTION — Ce cresson, dit aussi officinal, est une crucifère de 0,3 à 1 m, à tige initialement rampante, souvent ramifiée, spongieuse et épaisse à la base. Les feuilles, brillantes et charnues, sont alternes et divisées, à folioles plus ou moins arrondies. La foliole terminale est généralement plus grosse. Les fleurs, petites et en grappes, sont blanches à anthères jaunes. Le fruit est une gousse à 2 rangées de graines.
ÉCOLOGIE — Le cresson de fontaine aime les eaux tranquilles ou courantes peu profondes, calcaires, pures et fraîches. Il fleurit de juin à octobre.
DISTRIBUTION — Cette espèce subcosmopolite est commune à très commune en France (jusqu'à 2 000 m).
À NOTER — Cette plante est cultivée dans des cressonnières.

CRESSON DE CHEVAL
Veronica beccabunga

DESCRIPTION — Véronique beccabonga, véronique d'eau ou salade de chouette, le cresson de cheval appartient à la famille des scrophulariacées. La tige cylindrique de 20 à 60 cm, glabre, est tout d'abord rampante, puis redressée. Les feuilles, ovales et épaisses, à bord denté et à pétiole court, sont opposées. Les fleurs (5 à 8 mm) bleues (plus rarement blanches) ont 4 sépales et 4 pétales soudés. Elles sont regroupées par grappes opposées, qui partent de l'aisselle des feuilles supérieures (jusqu'à 25 fleurs par grappe).
ÉCOLOGIE — Plante vivace, présente dans les eaux courantes ou stagnantes peu profondes, fraîches et bien oxygénées, de préférence sur sol acide, elle fleurit de mai à septembre.
DISTRIBUTION — Espèce circumboréale, elle est très commune en France (entre 0 et 2 400 m).

Touffe d'iris des marais.

La pesse d'eau rappelle les prêles par ses nombreux verticilles de feuilles insérés le long de la tige émergée.

Le cresson de fontaine est cultivé dans des cressonnières.

Cresson de cheval.

Les renonculacées

Les renonculacées comprennent plusieurs espèces typiquement aquatiques (hydrophytes) du genre Ranunculus. *Ces espèces se distinguent des autres par des pédoncules arqués après la floraison, des fleurs blanches, éventuellement tachées de jaune à la base, des feuilles plus ou moins découpées. Elles sont souvent difficiles à identifier car il existe de nombreuses sous-espèces ou variétés. De plus, la morphologie des espèces peut varier en fonction de la profondeur et de la vitesse de l'eau. D'autres renonculacées, hélophytes, fréquentent les milieux humides, comme la petite douve* (Ranunculus flammula), *la grande douve* (Ranunculus lingua), *le populage des marais* (Caltha palustris), *et le trolle* (Trollius europaeus).

RENONCULE À FEUILLES CAPILLAIRES

Ranunculus trichophyllus

DESCRIPTION — Espèce très polymorphe, ses feuilles sont généralement toutes submergées, et divisées en fines lanières souples, disposées en éventail. Les feuilles flottantes, lorsqu'elles existent, sont un peu moins divisées. Les fleurs, de 5 à 10 mm, ont des pétales blancs tachés de jaune à la base.
ÉCOLOGIE — Espèce des eaux dormantes ou peu courantes, elle fleurit de mai à juillet.
DISTRIBUTION — Espèce holarctique, elle est commune en France entre 0 et 2 500 m.
ESPÈCE PROCHE — La renoncule divariquée *(R. circinatus* ou *R. divaricatus)* a des fleurs plus grandes (1 à 2 cm) et ses feuilles demeurent rigides hors de l'eau. Cette espèce est commune en France entre 0 et 500 m.

POPULAGE DES MARAIS

Caltha palustris

DESCRIPTION — Caltha des marais, souci des marais, bassinet des marais ou souchet d'eau, le populage des marais est une plante en touffe de 15 à 60 cm, à tige glabre et ramifiée. Les feuilles sont grandes (jusqu'à 25 cm), entières, dentées, arrondies, en cœur à la base, et longuement pétiolées. Elles partent généralement de la base. Partant des tiges, elles sont à pétiole court. Les fleurs, de 1 à 5 cm de diamètre, sont jaune doré. Pétales et sépales sont identiques.
ÉCOLOGIE — Elle habite le bord des eaux, les fossés, les marécages et les prairies humides. Elle fleurit au printemps (jusqu'en août en altitude).
DISTRIBUTION — Cette espèce holarctique est commune en France, sauf dans le Midi.
AUTRES ESPÈCES — La grande douve *(Ranunculus lingua)*, qui peut atteindre 1 m de hauteur, a des fleurs jaune d'or de 2 à 5 cm de diamètre. Ses feuilles sont lancéolées. Assez rare, cette espèce eurosibérienne est présente dans toute la France à l'exception de la Corse. La petite douve *(Ranunculus flammula)* à fleurs jaunes de 1 à 2 cm, est assez commune dans toute la France.

RENONCULE AQUATIQUE

Ranunculus aquatilis

DESCRIPTION — La grenouillette, comme on dit aussi, est de longueur variable (0,1 à 1,5 m) et à tige peu ramifiée. Les feuilles submergées, plus longues que les entre-nœuds, à pétiole très court, sont divisées en fines lanières souples, s'agglomérant en pinceau hors de l'eau. Les feuilles flottantes ont 3 à 5 lobes peu marqués. Les fleurs, blanches à cœur jaune, sont solitaires et mesurent 1 à 2,5 cm. Leurs pétales sont larges et contigus, les pédoncules plus courts que les feuilles.
ÉCOLOGIE — Cette hydrophyte des eaux dormantes ou à faible courant et peu profondes peut se développer temporairement en milieu terrestre. Elle fleurit de mai à août.
DISTRIBUTION — Espèce holarctique, présente dans toute l'Europe, elle est commune à très commune en France entre 0 et 500 m.
ESPÈCE PROCHE — La renoncule flottante *(Ranunculus fluitans)* est commune en France dans les rivières à courant vif. Sa tige est longue (0,5 à 6 m) et très ramifiée. Ses feuilles, immergées, sont découpées en lanières souples et très longues (7 à 16 cm). Les feuilles des formes terrestres ont 3 lobes.

Touffe de renoncule à feuilles capillaires, une espèce hydrophyte commune, dont les feuilles sont finement divisées.

Les fleurs jaune d'or du populage des marais se remarquent bien dans les prairies humides.

La renoncule aquatique est une espèce commune parmi les espèces typiquement hydrophytes de Ranunculus, *dont le nom vient du latin* rana *signifiant grenouille.*

UTRICULAIRE COMMUNE

Utricularia vulgaris

DESCRIPTION — Appelée également lenticulaire ou millefeuille des marais, cette plante submergée ou flottante de la famille des lentibulariacées, sans racines, mesure 0,2 à 1 m. Les feuilles alternes, de 1 à 8 cm, sont vertes, finement divisées en lanières et portent des vésicules transparentes de 3 mm (utricules), fermées par un couvercle. Les fleurs mesurent 15 à 20 mm. La corolle, jaune vif, est formée de 2 lèvres et prolongée par un éperon vers le bas. Les fleurs sont en grappes (par 4 à 10) au bout d'une longue tige émergée, brun-rouge.

ÉCOLOGIE — L'utriculaire se développe dans les eaux dormantes ou très lentes. Carnivore, elle digère de petits invertébrés aquatiques dans ses utricules. Ces utricules assurent sa flottaison lors de la floraison (mai à août). Cette plante vivace se multiplie également de façon végétative grâce à des bourgeons (hibernacles).

DISTRIBUTION — Espèce circumboréale, elle est présente dans presque toute la France entre 0 et 1 000 m, mais assez rare (absente en Corse).

GRASSETTE COMMUNE

Pinguicula vulgaris

DESCRIPTION — Cette plante, qui appartient elle aussi à la famille des lentibulariacées, à tige dressée de 8 à 15 cm, a des feuilles radicales disposées en rosettes. Ces feuilles sont oblongues, vert-jaune et visqueuses. Les fleurs, solitaires, de 10 à 15 mm, à 2 lèvres lobées, sont violettes et à gorge blanche. La lèvre inférieure est munie d'un éperon pointu.

ÉCOLOGIE — La grassette commune est une plante vivace des marécages et des tourbières des étages montagnard et alpin. Elle fleurit de mai à août. Les feuilles de cette plante carnivore s'enroulent vers l'intérieur pour attraper et digérer les insectes.

DISTRIBUTION — Cette espèce holarctique est relativement commune en France.

DROSÉRAS

Drosera spp.

DESCRIPTION — Rossolis, herbe à la rosée ou rosée du soleil, les droséras ont des feuilles vertes en rosette, à poils glanduleux rouges se terminant par une gouttelette visqueuse. Les fleurs sont blanches et disposées en grappe au sommet d'une hampe florale. La droséra à feuilles rondes (*D. rotundifolia*, 6-30 cm) a des feuilles circulaires à long pétiole velu. La droséra intermédiaire (*D. intermedia*, 3-10 cm) a des feuilles 2 à 4 fois plus longues que larges, à pétiole glabre. La droséra à feuilles longues (*D. anglica* ou *D. longifolia*, 10-20 cm) a des feuilles 4 à 8 fois plus longues que larges, à pétiole velu.

ÉCOLOGIE — Les droséras fleurissent entre juin et septembre. Les poils de ces plantes carnivores se referment sur les insectes qui s'engluent sur leurs feuilles. Les droséras poussent dans les landes humides à bruyères et les tourbières acides. *D. anglica* pousse parfois dans les tourbières alcalines.

DISTRIBUTION — *D. rotundifolia* et *D. anglica* sont holarctiques et se développent entre 0 et 2 000 m. *D. intermedia* (espèce atlantique) se développe entre 0 et 1 500 m. Les droséras sont assez rares en France (très rares ou absentes dans le Midi).

PARNASSIE DES MARAIS

Parnassia palustris

DESCRIPTION — C'est la fleur du Parnasse, l'hépatique blanche ou l'hépatique noble, de la famille des parnassiacées. Elle a une tige dressée de 5 à 40 cm de haut et un rhizome épais. Les feuilles radicales, cordées, à long pétiole (10 à 30 cm), sont disposées en rosette. La tige porte en outre une feuille embrassante sans pétiole et une fleur blanche solitaire. Celle-ci mesure 15 à 30 mm et possède 5 pétales dont les nervures sont très apparentes.

ÉCOLOGIE — Plante vivace des tourbières, des prairies et landes humides, et des pelouses alpines, elle fleurit entre juillet et septembre.

DISTRIBUTION — Espèce circumboréale, elle est commune en France, surtout en montagne jusqu'à 2 500 m d'altitude, mais absente de la région méditerranéenne.

L'utriculaire commune est une plante carnivore flottante qui capture les organismes planctoniques dans de petites vésicules disposées sur ses feuilles.

La grassette commune se nourrit d'insectes qu'elle capture grâce à ses feuilles.

La fleur de la parnassie des marais a des pétales blancs nervurés et des organes nectarifères qui alternent avec les 5 étamines.

Comme toutes les droséras, les droséras intermédiaires sont de redoutables pièges pour les insectes. Elles peuvent ainsi survivre sur des sols pauvres, tels ceux des tourbières acides.

REINE DES PRÉS
Filipendula ulmaria

DESCRIPTION — Filipendule ulmaire, ulmaire, barbe de chèvre, herbe aux abeilles ou herbe à la reine, cette rosacée peut atteindre 1,5 m de haut. Ses feuilles alternes ont des stipules à leur base et sont divisées en folioles dentées (11 au maximum). Des folioles de petite taille sont souvent intercalées entre de plus grandes. Les fleurs, blanc crème, petites avec de longues étamines, forment une panicule terminale ramifiée.
ÉCOLOGIE — Cette plante vivace pousse au bord des eaux, dans les prairies et les bois humides. Elle fleurit de mai à septembre.
DISTRIBUTION — Présente en Europe et dans une partie de l'Asie, la reine des prés est commune dans presque toute la France, mais rare dans la région méditerranéenne et absente en Corse.

POTENTILLE DES MARAIS
Potentilla palustris

DESCRIPTION — Cette plante de la famille des rosacées, dite aussi comaret, possède un long rhizome rampant. Sa tige dressée, de 20 à 60 cm, porte des feuilles bleu-vert, divisées en 5 à 7 folioles dentées et à pétioles engainants. Les fleurs, en étoile, sont pourpre foncé. Les pétales (3 à 8 mm), 2 ou 3 fois plus petits que les sépales, sont larges et pointus. D'étroites bractées disposées autour des sépales forment un épicalice.
ÉCOLOGIE — Le comaret est vivace. Il fleurit, de mai à août, dans les zones tourbeuses et vaseuses, avec une préférence pour les sols acides, jusqu'à 2 000 m d'altitude.
DISTRIBUTION — Cette espèce holarctique est présente dans presque toute la France, sauf dans le Sud-Ouest et la région méditerranéenne.

LYTHRUM SALICAIRE
Lythrum salicaria

DESCRIPTION — Lysimaque rouge ou salicaire commune, comme on l'appelle encore, cette robuste plante de la famille des lythracées peut mesurer jusqu'à 2 m de haut. La tige dressée, ramifiée, est quadrangulaire, renflée à sa base et velue à son sommet. Les feuilles sont vert terne, entières, sessiles, lancéolées et étroites (environ 10 cm sur 2 cm). Elles sont opposées ou verticillées par trois. Les fleurs (10-15 mm) à 6 pétales rose pourpre, sont disposées en verticilles et composent de longues grappes terminales. Le calice est allongé en forme de tube. Il est doublé par un épicalice dont les dents sont plus grandes que celles du calice.
ÉCOLOGIE — La floraison a lieu de juin à septembre. La salicaire commune est une plante vivace. On la trouve principalement au bord des eaux, dans les marais et les prairies humides, sur sols plutôt alcalins.
DISTRIBUTION — Cette espèce eurasienne est commune dans toute la France, jusqu'à 1 400 m.

ÉPILOBE DES MARAIS
Epilobium palustre

DESCRIPTION — Plante de la famille des onagracées, à tige cylindrique de 10 à 60 cm et à stolons filiformes, elle présente des feuilles presque toujours entières, parfois légèrement dentées, à bords souvent enroulés. Elles sont sessiles, étroites et lancéolées. Les fleurs (3-7 mm), régulières, roses à blanches, ont 4 pétales souvent échancrés et 8 étamines. Les stigmates sont en forme de massue.
ÉCOLOGIE — Cette plante vivace pousse dans les prairies marécageuses, les marais et les tourbières, jusqu'à l'étage subalpin. Elle fleurit de juin à septembre.
DISTRIBUTION — Espèce circumboréale, elle est répandue dans toute l'Europe et présente dans presque toute la France, à l'exception de la région méditerranéenne et de la Corse.
AUTRE ESPÈCE — L'épilobe hérissé *(E. hirsutum)* a une tige pouvant atteindre 2 m, hérissée de longs poils. Les feuilles sont velues et fortement dentées. Les fleurs pourpres ont des stigmates à quatre lobes. L'espèce est commune en France.

La reine des prés dresse ses hautes tiges en bordure des eaux, dans les prairies ou les bois humides.

La potentille des marais, avec ses fleurs d'un brun rouge, reste discrète dans les zones humides.

Les fleurs de l'épilobe des marais ont 4 pétales, souvent échancrés, de couleur rose à blanche.

La lythrum salicaire fleurit en longues grappes rose vif.

ÉLODÈS DES MARAIS

Hypericum elodes

DESCRIPTION — Cette petite plante velue de la famille des guttifères (millepertuis), à tige grêle et rampante s'enracinant au niveau des nœuds, a des feuilles duveteuses, arrondies, sessiles et opposées. Les fleurs (15 mm), groupées en panicules, ont 5 pétales jaune citron à nervures vertes et 5 sépales ponctués de cils glanduleux rouges.

ÉCOLOGIE — Cette plante vivace pousse dans les prairies humides et les marais tourbeux. Elle fleurit de juin à septembre.

DISTRIBUTION — Espèce subatlantique, elle est assez commune dans le centre, l'ouest et le sud-ouest de la France, entre 0 et 1 300 m d'altitude. Elle manque dans les Alpes, le Jura et la région méditerranéenne.

ÉPIPACTIS DES MARAIS

Epipactis palustris

DESCRIPTION — Dite aussi helléborine des marais ou helléborine à grandes feuilles, cette plante à rhizome appartient à la famille des orchidacées. La tige de 20 à 60 cm porte dans sa partie supérieure des feuilles de 12 à 15 cm, ovales et allongées. À la base, seule une gaine sans limbe est présente. Les fleurs, assez grandes et à longs pédoncules, sont pendantes, en grappe unilatérale. Les pétales sont blancs, rosés à la base. Le labelle (lèvre inférieure de la corolle) est concave, arrondi, blanc, strié de rouge avec une tache jaune au sommet. Les sépales sont pourpres et lancéolés.

ÉCOLOGIE — Cette plante vivace pousse dans les prés humides et les marais tourbeux alcalins. Elle fleurit de juin à août.

DISTRIBUTION — Espèce eurasienne, elle est assez commune en France de 0 à 1 500 m.

OENANTHE SAFRANÉE

Oenanthe crocata

DESCRIPTION — Plante de la famille des ombellifères, à souche tuberculeuse, sa tige dressée (jusqu'à 1,5 m) porte des feuilles divisées en éléments, eux-mêmes scindés une ou deux fois en lobes ovales et allongés. Les fleurs blanches, de petite taille, sont réunies en ombellules, elles-mêmes groupées par 15 à 30 en ombelles.

ÉCOLOGIE — Cette plante vivace fleurit de juin à juillet. Elle pousse dans les prairies humides et aux bords des rivières.

DISTRIBUTION — L'espèce, atlantique, n'est présente que dans l'ouest de la France et en Corse.

ESPÈCES PROCHES — Les oenanthes sont toutes plus ou moins liées aux zones humides. Les espèces les plus aquatiques sont *O. aquatica* (eaux stagnantes dans presque toute la France) et *O. fluviatilis* (flottante sur les eaux calmes ou lentes, çà et là). Elles se distinguent de la précédente par leurs feuilles supérieures découpées en nombreux lobes très fins.

LYSIMAQUE VULGAIRE

Lysimachia vulgaris

DESCRIPTION — Cette herbe aux corneilles, dite encore chasse-bosse, de la famille des primulacées, présente un rhizome rampant stolonifère et une tige dressée, peu ramifiée, de 50 à 100 cm. Les feuilles de la base sont réduites à des écailles. Les feuilles supérieures, lancéolées et à très court pétiole, mesurent 7 à 10 cm. Elles sont opposées ou verticillées par 3 ou 4. Les fleurs (15-20 mm) ont 5 pétales jaune d'or et des sépales ciliés, pointus et bordés de rouge. Elles sont groupées en verticilles, qui forment une panicule pyramidale feuillée à l'extrémité de la tige.

ÉCOLOGIE — Cette plante vivace pousse sur les berges et dans les milieux humides. Elle fleurit de juin à août.

DISTRIBUTION — Espèce eurasienne, elle est très commune en France (entre 0 et 1 200 m).

ESPÈCES PROCHES — La nummulaire *(L. nummularia)* rampe sur le sol. Ses feuilles sont plus ou moins arrondies et ses fleurs (20 mm) sont jaune vif et solitaires. La lysimaque des bois *(L. nemorum)* est plus petite, tout d'abord rampante, puis dressée. Ses feuilles sont plus étroites et pointues et ses fleurs plus petites (10 mm). Ces deux espèces sont communes dans les milieux humides, sauf dans le Midi.

L'élodes des marais se développe dans les milieux humides, essentiellement dans la partie ouest de la France.

Plusieurs espèces d'orchidées peuvent être observées dans les marais, en particulier l'épipactis des marais.

L'oenanthe safranée est une ombellifère des zones humides, présente dans l'ouest de la France et en Corse.

Les grappes de fleurs jaune d'or de la lysimaque vulgaire s'observent communément dans les lieux humides.

GRANDE CONSOUDE

Symphytum officinale

DESCRIPTION — Plante pubescente de la famille des boraginacées à tige dressée, de 30 à 90 cm, elle présente des feuilles alternes, larges et lancéolées, leur limbe se prolongeant le long de la tige. Les feuilles radicales mesurent jusqu'à 25 cm. Les fleurs sont blanches, verdâtres ou violettes. Les 5 pétales sont soudés et forment une corolle tubulaire s'évasant en cloche, nettement plus longue que le calice. Les fleurs forment des épis unilatéraux, recourbés en crosse avant la floraison.
ÉCOLOGIE — Cette plante vivace pousse au bord des eaux et dans les milieux humides. Elle fleurit de mai à juillet.
DISTRIBUTION — Espèce européenne, elle est commune en France, sauf dans le Midi et la Corse.

MENTHE AQUATIQUE

Mentha aquatica

DESCRIPTION — Baume d'eau, menthe hérissée ou menthe à grenouilles sont les autres noms de cette plante de la famille des labiacées, à tige quadrangulaire, velue, peu ramifiée, de 30 à 80 cm. Les feuilles, opposées, sont dentées et odorantes, les feuilles inférieures sessiles et arrondies. Les fleurs, rosâtres à violettes, petites et nombreuses, forment des capitules terminaux sphériques. La corolle, velue intérieurement, a des pétales soudés en tube et s'élargissant en cloche à 4 lobes. Le calice, à sépales soudés, présente 5 dents étroites.
ÉCOLOGIE — Plante vivace stolonifère du bord des eaux, des prairies marécageuses et des forêts humides, elle fleurit de juin à septembre.
DISTRIBUTION — L'espèce est présente dans une grande partie de l'Europe et commune en France (entre 0 et 1 400 m).

CHARDON DES MARAIS

Cirsium palustre

DESCRIPTION — Ce chardon, ou cirse des marais, de la famille des composées, peut dépasser 2 m. La tige est ailée et très épineuse. Les feuilles sont découpées en lobes profonds. Contrairement au chardon commun *(C. vulgare)*, elles ne portent pas d'épines sur leur face supérieure. Les fleurs sont roses à pourpre foncé (rarement blanches). Elles sont groupées en capitules (10 mm de diamètre), agglomérés au sommet des tiges. Les bractées, rassemblées en involucre à la base des capitules, sont tachées de noir et terminées par une épine.
ÉCOLOGIE — Familier des fossés, des marais et tourbières, ainsi que des prés et bois humides, ce chardon pousse jusqu'à l'étage montagnard. Bisannuel, il forme une rosette de feuilles la première année et fleurit l'année suivante, de juin à septembre.
DISTRIBUTION — Cette espèce eurosibérienne est très commune dans toute la France, sauf dans la région méditerranéenne.
ESPÈCE PROCHE — Le chardon maraîcher *(C. oleraceum)*, presque glabre, a des fleurs jaunes et des feuilles moins divisées.

PULICAIRE DYSENTÉRIQUE

Pulicaria dysenterica

DESCRIPTION — Dite aussi inule dysentérique ou herbe de Saint-Roch, c'est une plante velue, de 10 à 60 cm, de la famille des composées. Les feuilles, lancéolées et à bords ondulés, ont la surface supérieure gaufrée. Les feuilles supérieures sont fortement embrassantes. Les fleurs, groupées en plusieurs capitules jaunes de 15 à 30 mm, s'étalent plus ou moins sur un même plan. Les fleurs extérieures du capitule, en languettes rayonnantes, dépassent largement l'involucre.
ÉCOLOGIE — Plante à rhizome des prairies humides et du bord des eaux, des étages inférieur et montagnard, elle fleurit de juin à septembre.
DISTRIBUTION — Cette espèce est présente en Europe et autour de la Méditerranée. Elle est très commune dans toute la France.

Les fleurs de la grande consoude peuvent être violettes, mais aussi blanches.

Toutes les espèces de menthe se complaisent sur sol humide. La menthe aquatique se caractérise par ses groupes de fleurs de forme globuleuse, au sommet des tiges.

Le chardon des marais peut s'élever jusqu'à près de 2 m.

La pulicaire dysentérique était jadis utilisée comme plante médicinale.

Les arbres du bord de l'eau

Les arbres les plus typiques des zones humides appartiennent à deux familles, les bétulacées (bouleaux et aulnes) et les salicacées (peupliers et saules). Certaines de ces essences peuvent être remarquables par l'élégance de leurs formes.

AUNE GLUTINEUX

Alnus glutinosa

DESCRIPTION — L'aune (ou aulne) glutineux, appelé aussi verne, peut être rencontré sous la forme d'un arbuste ou d'un bel arbre (jusqu'à 30 m) au port conique. Son écorce est sombre et rugueuse, et un très grand nombre de branches partent du tronc. Les feuilles, vertes sur les deux faces, finement dentées et presque glabres, sont arrondies, tronquées ou échancrées au sommet. Les bourgeons et les jeunes feuilles sont visqueux. Les fleurs mâles, pourpres à étamine jaune, se regroupent en longs chatons pendants, eux-mêmes réunis par 4 à 6. Les fleurs femelles s'assemblent en inflorescences ovoïdes et pédonculées, brun-rouge, de 1 à 2 cm, à leur tour réunies par groupes de 3 à 8. Les chatons, fructifères, forment de petits cônes lignifiés.
ÉCOLOGIE — L'aune glutineux pousse au bord des cours d'eau et dans les zones marécageuses ou tourbeuses. Il fleurit de février à avril.
DISTRIBUTION — Cette espèce rencontrée partout en Europe est commune dans presque toute la France jusqu'à 1 200 m d'altitude.
ESPÈCES PROCHES — L'aune blanchâtre *(A. incana)*, de 5 à 10 m, a une écorce lisse et grisâtre. Ses feuilles sont pointues, nettement et irrégulièrement dentées. La face inférieure des jeunes feuilles est duveteuse et blanchâtre. Les inflorescences femelles sont sessiles. L'aune blanchâtre est commun dans l'est de la France (Alsace, Jura, Alpes). L'aune vert *(A. viridis)*, de 1 à 4 m, fleurit entre avril et juin en bordure des torrents de l'étage subalpin. Les feuilles sont ovales et régulièrement dentées, à face inférieure pubescente, en particulier au niveau des nervures.

BOULEAU PUBESCENT

Betula pubescens

DESCRIPTION — Arbre de 2 à 25 m, à écorce grisâtre ou jaunâtre et aux jeunes rameaux pubescents, il a des feuilles pointues et dentées qui atteignent leur plus grande largeur vers le milieu du limbe. Leur face inférieure porte un fin duvet blanc au niveau des nervures. Les fleurs mâles sont regroupées en longs chatons jaunâtres. Les chatons femelles, rougeâtres, pendent isolés.
ÉCOLOGIE — Le bouleau pubescent est typique des forêts humides et des tourbières acides. La floraison se produit courant avril-mai.
DISTRIBUTION — Cette espèce eurasienne est assez commune dans presque toute la France, de l'étage inférieur à l'étage subalpin.
ESPÈCE PROCHE — Le bouleau nain *(B. nana)* est un petit arbuste de 30 à 50 cm, à l'écorce sombre, aux feuilles arrondies et très petites. Cette espèce subarctique est présente dans quelques tourbières du Jura où elle constitue une rare relique des dernières glaciations.

SAULE BLANC

Salix alba

DESCRIPTION — C'est un arbre de 5 à 25 mètres, à rameaux dressés, dont les feuilles, alternes, à court pétiole, finement dentées, mesurent 6 à 8 cm sur 1,5 cm environ. Leur face supérieure est luisante, leur face inférieure soyeuse et blanchâtre. Les fleurs sont regroupées en chatons latéraux allongés, à pédoncules feuillés. Elles apparaissent en même temps que les feuilles. Les fleurs mâles ont deux étamines non soudées et sont regroupées en chatons jaunes à sommet noirâtre. Les fleurs mâles et femelles sont portées par des plantes différentes.
ÉCOLOGIE — Le saule blanc pousse typiquement en bordure des eaux et dans les cuvettes marécageuses. Il fleurit d'avril à mai.
DISTRIBUTION — Cette espèce eurosibérienne est commune dans toute la France au-dessous de 1 000 m d'altitude.
ESPÈCES PROCHES — Il existe de nombreuses espèces de saules, toutes plus ou moins liées aux zones humides et au bord des eaux. Elles ont en commun des feuilles alternes, des chatons mâles et femelles dressés vers le sommet des rameaux et portés par des pieds séparés. Les saules s'hybrident facilement et leur détermination est souvent délicate.

L'aune glutineux se reconnaît à ses feuilles tronquées ou échancrées à leur sommet.

Le bouleau pubescent se développe plutôt sur sol acide, en particulier dans les tourbières à sphaignes.

De nombreuses espèces de saules sont liées aux milieux humides; leur identification est d'autant plus délicate qu'il existe souvent des hybrides.

Les plathelminthes et les annélides

L'embranchement des plathelminthes («vers plats») regroupe des organismes au corps mou, vermiforme, aplati, non annelé et dépourvu de pattes. Ces organismes primitifs possèdent des systèmes respiratoire et circulatoire très rudimentaires et sont dépourvus d'anus. Parmi ces animaux, les planaires (classe des turbellariés, ordre des triclades) comptent de nombreux représentants en eaux douces.

L'embranchement des annélides («vers annelés») regroupe quant à lui des animaux au corps mou, allongé, cylindrique ou plus ou moins aplati, contractile, sans pattes, mais segmenté. Les sous-classes des oligochètes et des hirudinés ou achètes (sangsues) fréquentent les milieux aquatiques.

LES PLANAIRES

DESCRIPTION — Les planaires sont caractérisées par un corps ovale de petite taille (0,5-3,5 cm), contractile, plus ou moins allongé et recouvert de cils vibratiles servant à la locomotion (les planaires se déplacent par glissement). La bouche est située sur la face ventrale. L'appareil reproducteur est hermaphrodite.
ÉCOLOGIE — Les planaires vivent dans les eaux courantes et stagnantes, sous les pierres et parmi la vase et les débris végétaux. Les différentes espèces ont des exigences écologiques assez strictes, et servent d'indicateurs biologiques. Ce sont des carnivores se nourrissant de petits invertébrés. Elles peuvent supporter des périodes de jeûne prolongées et deviennent alors minuscules. Les planaires peuvent se reproduire par scissiparité et aussi de façon sexuée, en pondant 4 à 6 œufs contenus dans des cocons jaunes à bruns, fixés ou non au substrat (généralement par un petit pédoncule). Les larves sortent au printemps.

LES OLIGOCHÈTES

DESCRIPTION — Les oligochètes ont un corps cylindrique, très allongé à segmentation bien visible. La plupart se caractérisent par un léger renflement du corps (clitellum) au niveau de l'appareil génital. Ils possèdent sur chaque segment des soies peu nombreuses, généralement groupées en 2 paires de faisceaux. Quelques rares oligochètes n'en ont pas. Les 2 familles aquatiques principales, les naïdidés (moins de 20 mm, souvent incolores) et les tubificidés (plus de 25 mm, rougeâtres) ont plus de 2 soies par faisceau. Les oligochètes aquatiques sont généralement plus petits que les formes terrestres. Certains sont minuscules.
ÉCOLOGIE — Les oligochètes sont plutôt abondants dans les eaux stagnantes et le cours inférieur des rivières, bien que certaines espèces soient rhéophiles. Certains oligochètes comme les *Tubifex* enfouissent leur tête dans la vase. D'autres vivent sur les macrophytes. La plupart sont détritivores. Les espèces fouisseuses ingèrent une grande quantité de vase, dont elles digèrent la matière organique. Quelques espèces sont prédatrices. Les oligochètes sont hermaphrodites, à fécondation croisée, et produisent des cocons libres ou fixés. Cependant, un grand nombre d'espèces aquatiques se reproduisent de manière asexuée, par scissiparité (ils forment parfois des chaînes de nombreux individus) ou encore par bourgeonnement.

LES SANGSUES

DESCRIPTION — Les sangsues ont un corps allongé, contractile, sans soies, à segmentation moins visible que chez les oligochètes (la segmentation externe ne correspond pas à la segmentation interne). Elles sont généralement aplaties dorso-ventralement. Quelques-unes sont cylindriques. Elles possèdent une ventouse antérieure, qui sert d'organe de succion, et une ventouse postérieure, destinée à la fixation. Leur taille varie de moins de 1 cm à plus de 15 cm.

ÉCOLOGIE — La plupart des sangsues sont dulçaquicoles. Elles se déplacent en nageant par ondulations ou en rampant grâce à leurs ventouses. De nombreuses sangsues se nourrissent du sang d'invertébrés *(Helobdella, Glossiphonia)* ou de vertébrés *(Hirudo)*. D'autres sont prédatrices *(Erpobdella)* plus ou moins nécrophages *(Haemopis)*. Les sangsues sont hermaphrodites. Les œufs, pondus dans une sorte de cocon gélatineux, sont transportés par l'adulte ou fixés au substrat.

Les planaires regroupent des espèces ayant souvent de strictes exigences écologiques.

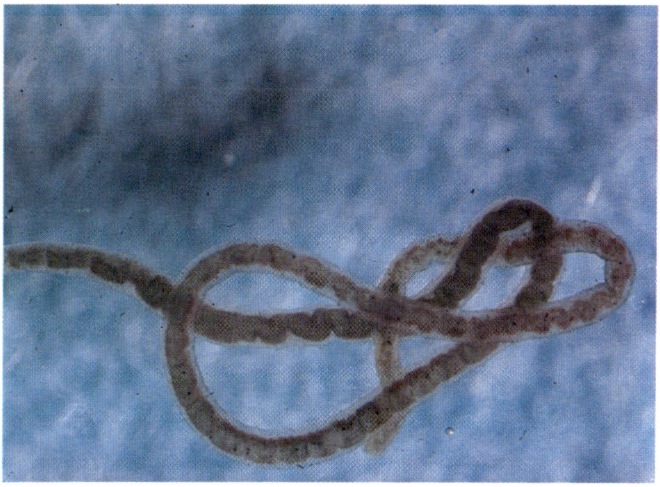

Les tubificidés sont des oligochètes non nageurs, généralement abondants sur les substrats vaseux et riches en matières organiques. La distinction des différentes espèces est très délicate.

La sangsue médicinale (Hirudo medicinalis) *est un hirudiné de grande taille dont la face dorsale, vert sombre, est parcourue de bandes longitudinales orangées. Cette espèce typique des milieux stagnants riches en végétation, se nourrit du sang de vertébrés. Elle est devenue très rare du fait de la destruction de son habitat et de son utilisation médicinale.*

Les mollusques

L'embranchement des mollusques regroupe des organismes au corps mou, déformable, non segmenté, sans pattes. Le corps comprend une tête, un pied et une masse viscérale. Cette dernière est enveloppée par une membrane, le manteau, qui sécrète généralement une coquille calcaire. La respiration est branchiale ou pulmonée. Les mollusques dulçaquicoles appartiennent à deux classes : les gastéropodes et les lamellibranches.

LES GASTÉROPODES

DESCRIPTION — Les gastéropodes ont un pied musculeux, aplati, qui leur sert à se déplacer en rampant. Leur tête est bien distincte, avec 1 ou 2 paires de tentacules rétractiles sur lesquels se trouvent les yeux. La coquille est d'une seule pièce, généralement enroulée en spirale. Les gastéropodes dulçaquicoles regroupent deux sous-classes : les prosobranches et les pulmonés. Les prosobranches *(Theodoxus, Valvata, Viviparus, Bithynia, Bythinella...)* possèdent des branchies et leur coquille peut se fermer par un opercule. Les pulmonés *(Ancylus, Ferrissia, Planorbis, Physa, Lymnaea...)* n'ont pas d'opercule et possèdent généralement des poumons.

ÉCOLOGIE — Les gastéropodes sont le plus souvent brouteurs. Ils raclent le périphyton ou les macrophytes grâce à une langue chitineuse et armée de dents rapeuses, la radula. Les prosobranches vivent dans les eaux courantes *(Theodoxus, Bythinella)* lentes ou stagnantes *(Valvata, Viviparus, Bithynia)*. Ils sont unisexués. Les œufs donnent des larves véligères, libres et nageuses, différentes des adultes. Les pulmonés sont observés dans des milieux aquatiques variés. Ils montent régulièrement respirer à la surface (les ancyles ont cependant une respiration cutanée). Hermaphrodites, ils possèdent simultanément des organes mâles et femelles. Les œufs sont fixés au substrat. À l'éclosion, ils donneront de minuscules « escargots », semblables aux adultes.

LES LAMELLIBRANCHES

DESCRIPTION — Le corps des lamellibranches (ou bivalves) est protégé par une coquille à 2 valves souvent symétriques, articulées au niveau d'une charnière. Le pied est aplati latéralement. La tête n'est pas individualisée. Les branchies sont très développées, fortement ciliées et disposées en lamelles. Les bivalves dulçaquicoles appartiennent tous à l'ordre des eulamellibranches, avec quatre familles, les sphaeridés *(Sphaerium, Pisidium)*, les dreissénidés *(Dreissena)*, les margaritiféridés *(Margaritifera)* et les unionidés *(Unio, Anodonta)*.

ÉCOLOGIE — De nombreux lamellibranches sont fouisseurs. Les dreissènes sont fixées par leur byssus à un substrat dur. Les bivalves se nourrissent de fines particules en suspension dans l'eau, ou aspirées dans la vase. Ils utilisent pour cela leurs branchies, qui servent à la fois à la respiration et à la filtration des particules. Ils vivent dans les eaux courantes *(Margaritifera)* ou dans des habitats variés (sphaeridés, *Dreissena*, unionidés). Les bivalves peuvent être unisexués ou hermaphrodites. La fécondation s'effectue sans accouplement, les spermatozoïdes étant émis dans l'eau. Chez les dreissènes, de minuscules larves ciliées (véligères) sont libérées dès l'éclosion des œufs. Elles passent un temps assez court sous forme libre (planctonique) et se fixent à un substrat. Chez les autres bivalves dulçaquicoles, le développement larvaire s'effectue partiellement ou en totalité dans la cavité palléale (contenant les branchies) des adultes. Chez les sphaeridés, des petits bivalves semblables aux adultes sont libérés. Chez les unionidés et les margaritiféridés, de petites larves pourvues d'une coquille, les « glochidiums », sont relâchées. Ces larves sont parasites et doivent s'enkyster sur un poisson pour poursuivre leur développement. Après quelques semaines ou quelques mois, les petits bivalves tombent sur le fond.

À NOTER — La moule zébrée *(Dreissena polymorpha)* est un bivalve de 2 à 4 cm, à coquille trigone et allongée. Originaire de la région de la mer Caspienne, elle s'est propagée vers l'ouest au siècle dernier. Elle est maintenant commune dans toute l'Europe, sauf en Espagne et en Scandinavie. Elle a atteint la France au milieu du XIXe siècle. Elle a été signalée à partir des années 1960 dans le lac Léman. Depuis, sa pullulation a entraîné une augmentation considérable des populations de foulques et de canards plongeurs hivernants, qui en font une grande consommation. Mais elle obstrue de plus en plus les canalisations. Elle est également l'hôte intermédiaire de *Bucephalus polymorphus*, vers parasite des cyprinidés (maladie de la bucéphalose).

Contrairement à certains de leurs cousins marins ou terrestres, les gastéropodes d'eau douce sont généralement d'un brun terne sans marques distinctives.

Les bivalves d'eau douce regroupent des organismes dont la longueur varie de quelques millimètres (Pisidium) *à plus de 15 centimètres* (Anondonta).

Les arachnides

Cette classe regroupe des arthropodes au corps divisé en prosome (céphalothorax) et abdomen. Le prosome, sans antennes, porte 2 chélicères (pinces), 2 pédipalpes et 8 pattes. Les arachnides dulçaquicoles appartiennent aux ordres des araignées et des acariens.

L'abdomen et le prosome des araignées sont nettement séparés. Le prosome est recouvert d'une carapace chitinisée. L'abdomen est mou avec des filières postérieures produisant de la soie. Les acariens sont généralement de petite taille. Le prosome et l'abdomen sont souvent peu distincts. La partie antérieure du prosome forme une «fausse tête» ou capillatum.

ARGYRONÈTE

Argyroneta aquatica

DESCRIPTION — L'argyronète est une araignée de la famille des agélénidés. Les mâles mesurent 14 à 17 mm et les femelles 8 à 10 mm. Le corps est gris foncé à brun, terne à l'air libre. Il apparaît brillant sous l'eau en raison de la pellicule d'air retenue par les poils hydrofuges de l'abdomen.

ÉCOLOGIE — L'argyronète fréquente les eaux stagnantes ou lentes riches en végétation. Elle vit sous l'eau, dans une «cloche» constituée d'un réseau serré de fils de soie tissés dans la végétation et remplie d'air. Elle respire à la surface par des orifices abdominaux, mais peut respirer dans l'eau grâce à l'air retenu par ses poils hydrofuges. Elle nage la face ventrale tournée vers la surface. Elle sort de son abri pour chasser divers invertébrés aquatiques et même des têtards. À la fin du printemps ou au début de l'été, la femelle place un cocon de 50 à 100 œufs au sommet de la cloche. Les œufs éclosent après 20 jours environ et les jeunes restent encore 2 ou 3 semaines dans la cloche. L'argyronète peut vivre plus de 2 ans et résister à des conditions défavorables, enfermée dans une coque de soie.

DISTRIBUTION — Cette espèce est commune dans une grande partie de l'Europe et en Asie. Elle est répandue dans toute la France, sauf dans la région méditerranéenne.

DOLOMÈDE

Dolomedes fimbriatus

DESCRIPTION — Cette araignée de la famille des pisauridés est l'une des plus grandes d'Europe (femelle: 17-25 mm, mâle: 9,5-13 mm). Son corps, brun roux à verdâtre, est bordé de chaque côté par une bande blanchâtre ou jaunâtre.

ÉCOLOGIE — La dolomède vit en colonies à proximité des eaux stagnantes ou lentes. Elle court à la surface de l'eau et plonge, mais ne peut nager sous l'eau et doit s'agripper à un support immergé. Elle peut rester près d'une demi-heure sous l'eau en respirant l'air qui adhère à son abdomen. Elle se nourrit d'invertébrés aquatiques, de têtards et parfois de petits alevins. Elle se tient souvent à l'affût à la surface de l'eau. Les vibrations de la surface l'avertissent de la présence d'une proie. Les adultes vivent du printemps à l'automne. La reproduction a lieu au début de l'été. Les œufs sont réunis en cocon que la femelle tient dans ses chélicères et transporte jusqu'à leur éclosion, qui survient après 2 ou 3 semaines. Celle-ci a lieu sous une sorte d'abri que la femelle tisse autour du cocon, après l'avoir fixé à une plante.

DISTRIBUTION — Espèce très répandue en Eurasie, elle est présente dans toute la France.

LES HYDRACARIENS

DESCRIPTION — Ces acariens, dits aussi mites d'eau douce, ont un corps mou, globuleux, ovoïde (0,5-2 mm, parfois 6-8 mm), souvent très coloré (rouge, orange ou jaune, avec des taches sombres). Les pattes peuvent être munies de longues soies natatoires. Les larves n'ont que 6 pattes. La tête porte 2 paires d'yeux latéraux.

ÉCOLOGIE — Les hydracariens fréquentent les eaux courantes, mais surtout les eaux dormantes. Les adultes mènent généralement une vie libre et sont des prédateurs d'invertébrés aquatiques. Leurs larves sont en revanche des parasites d'insectes aquatiques (parfois de mollusques). La femelle dépose des amas d'œufs protégés par un mucus transparent. Dès l'éclosion, les larves recherchent un hôte. Après quelques jours, elles se détachent pour se nymphoser et se transformer en adultes. La nymphose est précédée et suivie d'un stade d'inactivité.

DISTRIBUTION — Les hydracariens sont présents presque partout à travers le monde et comptent environ 900 espèces en Europe.

Seule araignée européenne véritablement aquatique, l'argyronète passe une grande partie de son temps dans un abri de soie en forme de cloche et empli d'air.

Les dolomèdes (famille des pisauridés) et les pirates (famille des lycosidés, cette photo) se ressemblent beaucoup et ont des mœurs assez voisines. Les membres de ces deux genres attaquent leurs proies à la surface de l'eau.

Les hydracariens ont un cycle de vie complexe. Alors que les adultes sont généralement libres, leurs larves sont parasites.

Les crustacés

La classe des crustacés regroupe des arthropodes au squelette externe souvent très calcifié, formant parfois une carapace. La tête porte 2 antennules, 2 antennes et 3 paires d'appendices masticateurs (mandibules, maxillules et maxilles). Le thorax et l'abdomen sont également porteurs d'appendices: les péréiopodes et les pléopodes. Souvent, la tête et le thorax sont soudés en un céphalothorax et les premiers péréiopodes modifiés en «pattes-mâchoires» (maxillipèdes), les autres servant à la locomotion. La croissance s'effectue par mues. Les crustacés comprennent deux grands groupes: les entomostracés et les malacostracés.

Les entomostracés sont des crustacés primitifs. En font partie les cladocères et copépodes, des composantes essentielles du zooplancton, et certains crustacés propres aux mares temporaires (Chirocéphalidés, Triopsidés, Limnadiidés). Les malacostracés, plus évoluées, comprennent les gammares, aselles et écrevisses, communs en eau douce.

LES GAMMARES

Gammarus spp.

DESCRIPTION — Ces petites crevettes d'eau douce (9-25 mm), verdâtres à brunes, de l'ordre des amphipodes, ont le corps aplati latéralement et incurvé. Le céphalothorax porte 7 paires de pattes uniramées. Les 4 premières sont préhensiles et dirigées vers l'avant. les 3 dernières locomotrices et dirigées vers l'arrière. L'abdomen, bien développé, porte des appendices biramés.
ÉCOLOGIE — Omnivores, les gammares vivent dans les eaux courantes ou stagnantes, parmi la végétation, sous les pierres ou dans les graviers. Ils nagent couchés sur le flanc. La femelle pond de 8 à 30 œufs qui sont placés dans une poche incubatrice sous le thorax. L'éclosion a lieu après 3 ou 4 semaines et les jeunes restent encore un peu dans la poche incubatrice.
DISTRIBUTION — Le genre est commun partout en France et en Europe.

Les ASELLES

Asellus spp.

DESCRIPTION — Ces petits cloportes d'eau (8-15 mm) brun-gris, au corps aplati dorso-ventralement, appartiennent à l'ordre des isopodes. La première paire de péréiopodes est modifiée en maxillipèdes. Les 6 autres paires sont semblables. L'abdomen, réduit, porte des pléopodes modifiés en appendices respiratoires.
ÉCOLOGIE — Les aselles vivent dans les eaux stagnantes ou légèrement courantes, de préférence chargées en matières organiques. Ces crustacés marcheurs se nourrissent de débris organiques. Les œufs et les nouveau-nés sont placés dans une poche incubatrice ventrale (marsupium).
DISTRIBUTION — Les aselles, présentes dans toute l'Europe, sauf en Espagne, sont communes en France.

LES ÉCREVISSES

(*Astacus* sp., *Austropotamobius* sp.

DESCRIPTION — Les écrevisses regroupent plusieurs espèces très proches, brunâtres à verdâtres, mesurant jusqu'à 15 cm. Elles appartiennent à l'ordre des décapodes, caractérisé par 5 paires de pattes thoraciques marcheuses (la première avec de puissantes pinces) et 3 paires de maxillipèdes. Le céphalothorax, recouvert d'une carapace, porte une paire d'yeux pédonculés et mobiles. L'abdomen a 6 paires de pléopodes.
ÉCOLOGIE — Les écrevisses indigènes vivent dans les eaux assez vives, telle l'écrevisse à pattes rouges *(Astacus astacus)* ou dans les eaux calmes mais bien oxygénées, comme l'écrevisse à pattes blanches *(Austropotamobius pallides)*. Elles se cachent durant le jour. Omnivores, elles se nourrissent de mollusques, d'insectes, d'alevins mais aussi de cadavres et de végétaux. La femelle pond jusqu'à 100 œufs, qu'elle transporte fixés à ses pattes postérieures. Les petits s'accrochent par leurs pinces à leur mère jusqu'à leur première mue.
DISTRIBUTION — Les écrevisses à pattes blanches et à pattes rouges étaient communes en France jusqu'au début du siècle. Leurs effectifs ont chuté en raison du développement d'un champignon parasite et de la pollution.
ESPÈCE PROCHE — L'écrevisse américaine *(Orconectes limosus)*, moins sensible aux parasites et à la pollution, a été introduite en Europe pour remplacer les écrevisses indigènes. Elle fréquente les eaux stagnantes ou lentes.

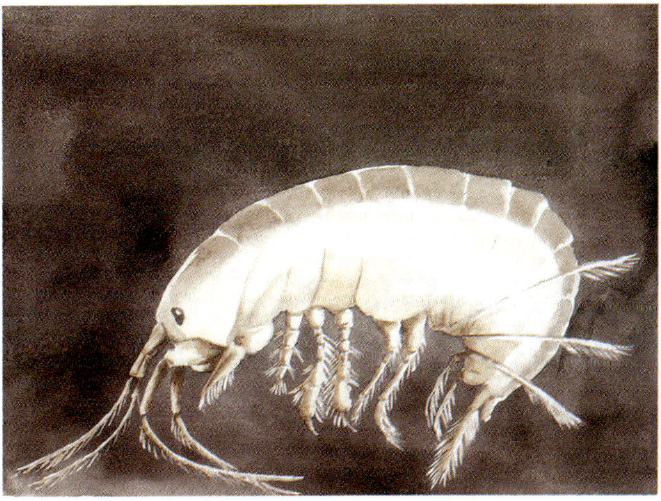

Les gammares sont des petits crustacés très répandus dans une grande diversité de milieux aux eaux assez claires.

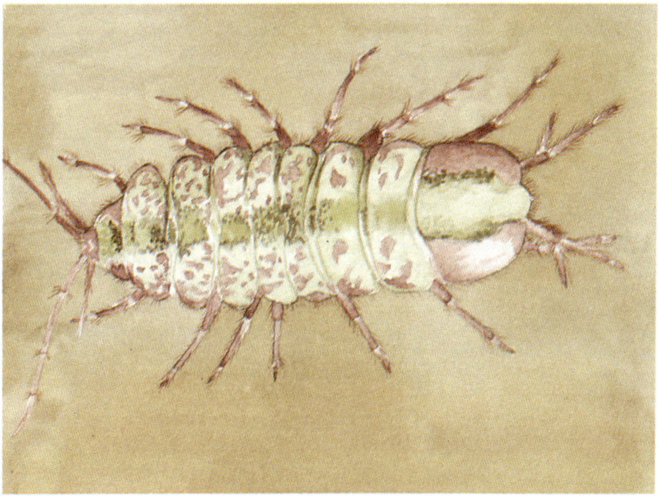

Les aselles ne nagent pas. Ils aiment les eaux chargées en débris organiques, parfois légèrement polluées.

Les effectifs d'écrevisses indigènes ont fortement diminué en Europe. L'écrevisse américaine, espèce introduite, les remplace progressivement dans les eaux stagnantes ou lentes.

Les insectes

Les insectes, et surtout leurs larves, représentent l'essentiel des macro-invertébrés dans les eaux continentales. Les adultes se reconnaissent aisément. Ces arthropodes ont le corps divisé en 3 parties (tête, thorax et abdomen). La tête possède une paire d'antennes. Le thorax est formé de trois segments, chacun porteur d'une paire de pattes. Une ou deux paires d'ailes sont généralement insérées sur le thorax. Ces critères ne s'appliquent pas aux juvéniles. Les insectes ailés (ptérygotes), majoritaires parmi les espèces aquatiques, se divisent en hémimétaboles et holométaboles. Chez les hémimétaboles, les larves ressemblent à des adultes en miniature sans ailes. Ces dernières se développent à l'extérieur du corps au cours des mues successives (insectes exoptérygotes). Les ordres des éphéméroptères, des plécoptères, des odonates et des hémiptères appartiennent à cette catégorie.

Chez les holométaboles, les larves sont totalement différentes des adultes. Les ébauches des ailes sont internes (insectes endoptérygotes). Les insectes passent par une phase (nymphose), pendant laquelle ils ne s'alimentent plus et se transforment. Lors d'une dernière mue (mue imaginale), la nymphe devient un adulte (imago). Les ordres des mégaloptères, coléoptères, trichoptères et diptères appartiennent à cette catégorie.

LES MOUCHES DE L'AULNE

Sialis spp.

DESCRIPTION — Les *Sialis* sont des mégaloptères holométaboles. Les adultes mesurent 20 à 35 mm de long. Ils ont un corps massif, brun terne, et une grosse tête aux longues antennes. Les pièces buccales sont de type broyeur. Les *Sialis* possèdent 2 paires d'ailes membraneuses, à peu près égales, repliées en toit au repos et aux nervures longitudinales et transversales marquées. Les larves sont brunes, allongées (25 à 40 mm au dernier stade), plus ou moins aplaties dorso-ventralement avec des pattes robustes et longues. La tête est quadrangulaire avec de courtes antennes. L'abdomen porte 7 paires de trachéo-branchies plumeuses et articulées, et se prolonge par un long appendice également plumeux.

ÉCOLOGIE — Les larves de *Sialis* vivent dans les eaux stagnantes ou lentes, enfoncées dans la vase et les débris végétaux ou sous les pierres. Elles se nourrissent de larves de chironomes, d'oligochètes et autres invertébrés. Les stades larvaires durent 2 ans. La métamorphose a lieu sur terre entre avril et juin. L'adulte émerge une à quelques semaines plus tard. Il ne vit que quelques jours et reste à proximité de l'eau. Mauvais voilier, il reste sur la rive pour s'accoupler. De 2 000 à 3 000 œufs sont déposés en paquets de 200 ou plus sur la végétation émergée. Après l'éclosion, la larve se laisse tomber à l'eau.

DISTRIBUTION — Les *Sialis*, communes en Europe, sont distribuées dans toute la France.

LES TRICHOPTÈRES

DESCRIPTION — Ces holométaboles regroupent une vingtaine de familles différentes (dont les phryganidés). Les adultes, brunâtres, ressemblent à des papillons nocturnes. Ils possèdent 2 paires d'ailes membraneuses repliées en toit au repos, finement velues et nervurées, surtout dans le sens longitudinal. Les ailes antérieures sont plus étroites que les postérieures, les pattes longues. La tête est petite et porte généralement de longues antennes. Chez les larves, la tête et le dessus du premier segment thoracique (pronotum) sont toujours sclérifiés. Les larves portent 3 paires de pattes thoraciques et sont dépourvues de fourreaux alaires. L'abdomen est mou et terminé par deux crochets anaux. Plusieurs espèces portent des branchies à la base des pattes thoraciques ou sur l'abdomen. Les larves sont libres ou s'abritent dans des étuis en soie à laquelle adhèrent divers matériaux (débris végétaux, sable, graviers, petits coquillages). Cette particularité a valu le surnom de porte-bois à de nombreux trichoptères.

ÉCOLOGIE — Les larves de trichoptères s'observent dans tous les milieux aquatiques. Les espèces lotiques à fourreau lestent leur étui avec des graviers. La plupart des larves à fourreau sont omnivores. Les larves libres, fréquentes dans les eaux courantes, sont souvent carnassières. Elles peuvent tisser des filets entre les pierres pour s'abriter et capturer les proies à la dérive. Les adultes s'éloignent peu des eaux, ne se nourrissent pas et ont la vie brève. Du printemps au début de l'été, les œufs sont pondus par paquets ou en rubans dans l'eau, plus rarement sur les plantes émergées. Ils éclosent après 2 ou 3 semaines. La nymphose s'effectue dans l'eau au printemps suivant. La nymphe sort de l'eau pour se transformer en adulte.

DISTRIBUTION — Ces insectes sont communs dans toute l'Europe.

▲ Sialis

◀ *Les trichoptères adultes sont ternes et discrets. Ces insectes sont surtout connus par les larves de certaines espèces qui se construisent des étuis protecteurs avec des matériaux variés.*

LES MOUCHES DE MAI

DESCRIPTION — Insectes hémimétaboles de couleur terne, jaunâtre ou brunâtre, ces éphéméroptères regroupent une dizaine de familles. Les adultes (3 à 25 mm) ont des ailes membraneuses délicates, nervurées et transparentes. Les ailes postérieures sont absentes ou beaucoup plus petites que les antérieures. Au repos, l'insecte tient ses ailes verticalement à la manière des papillons de jour. Le corps, mou et fragile, est plus ou moins cylindrique et très effilé. Seul le second segment thoracique est bien développé. Les pattes sont inégales, les antérieures étant les plus longues (surtout chez les mâles). Deux longs appendices caudaux filamenteux (cerques), auxquels s'ajoute parfois une troisième soie médiane (paracerque), terminent l'abdomen. La tête est petite, avec 2 gros yeux composés, 3 ocelles sur le front et de courtes antennes. Les pièces buccales sont vestigiales. Les larves (3 à 30 mm) ont 2 fourreaux alaires bien visibles et des pièces buccales broyeuses. Elles possèdent généralement des trachéo-branchies abdominales, latérales ou dorso-latérales, foliacées, plumeuses ou en lamelles. Leur abdomen est terminé par 3 cerques, sauf chez un seul genre *(Epeorus)*, à 2 cerques.

ÉCOLOGIE — Les larves se rencontrent parfois en très grand nombre dans les eaux courantes ou stagnantes assez pures. Nageuses, rampantes ou fouisseuses, elles vivent, selon les familles, dans la vase, sur le sable, cachées dans la végétation, sous ou sur les pierres. Les larves de la famille des heptagéniidés, au corps très aplati dorso-ventralement, s'accrochent à la surface des blocs par de puissantes griffes et résistent à de forts courants. Les larves sont surtout herbivores et mangent des algues et des débris végétaux. Quelques espèces sont prédatrices. Le développement larvaire dure de 1 à 3 ans (il y a parfois plus de 25 stades larvaires). Les insectes émergent entre mai et septembre et déploient leurs ailes : ce sont alors des subimagos. Fait unique chez les insectes, une mue supplémentaire est encore nécessaire pour atteindre le stade adulte (imago). Les subadultes se distinguent des adultes par des ailes opaques, des couleurs plus ternes et des cerques plus courts. Les adultes mâles se rassemblent par milliers et accomplissent une danse nuptiale au-dessus de l'eau. Ils saisissent les femelles avec leurs pattes antérieures et s'accouplent en plein vol. Très peu de temps après, les femelles pondent de 300 à 8 000 œufs, qui sont lâchés dans l'eau ou déposés sous l'eau sur des plantes ou des cailloux. Les adultes ne s'alimentent pas. Leur existence éphémère (moins d'un jour à une semaine) est à l'origine du nom donné à l'ordre.

DISTRIBUTION — Les principales familles (caenidés, ephéméridés, baétidés, heptagéniidés...) sont très communes dans toute l'Europe.

LES PERLES

DESCRIPTION — Ces mouches de pierre ou plécoptères, hémimétaboles, regroupent 7 familles. Les adultes (1-3 cm) sont ternes, jaunes, verts ou bruns. Ils ont généralement 2 paires d'ailes transparentes très nervurées, les postérieures étant souvent plus larges que les antérieures. Au repos, les ailes sont repliées le long du corps et recouvrent complètement l'abdomen. Le corps est mou, cylindrique ou légèrement aplati dorso-ventralement, souvent terminé par une paire de cerques, parfois très réduits. Les 3 segments thoraciques ont des tailles semblables et portent des pattes robustes, terminées par une forte griffe. La tête arbore des yeux composés, 2 ou 3 ocelles, et de longues antennes filiformes. Les pièces buccales, broyeuses, sont rudimentaires. Les larves, très semblables aux adultes, ont le corps aplati, avec des fourreaux alaires et 2 cerques bien développés. Lorsqu'elles existent, les branchies sont céphaliques, thoraciques ou anales (jamais abdominales).

ÉCOLOGIE — Les larves aquatiques montrent une préférence pour les eaux rapides, claires et bien oxygénées (cours supérieur des rivières). Elles vivent sous les pierres, parmi les mousses et les débris végétaux, à l'abri des courants trop violents. La plupart des larves obtiennent l'oxygène dont elles ont besoin par simple diffusion à travers le corps. Elles sont surtout végétariennes, bien que certaines familles regroupant des espèces assez grandes soient prédatrices (chloroperlidés, perlodidés et perlidés). Le développement larvaire dure de 1 à 3 ans (parfois plus de 33 stades larvaires). En général, les adultes ne se nourrissent pas et ne vivent que 2 ou 3 semaines. Ces mauvais voiliers, plutôt nocturnes, se retrouvent fréquemment sur les pierres ou les plantes riveraines. Ils ne s'accouplent pas en vol. Les femelles déposent plusieurs centaines d'œufs à la surface de l'eau. Ces derniers coulent et se collent sur les pierres.

DISTRIBUTION — Cet ordre, bien représenté en Europe, voit la régression de nombreuses espèces du fait de la pollution.

▲ *Les éphéméroptères adultes se reconnaissent aisément à leur silhouette caractéristique et à leurs longs cerques abdominaux, au nombre de 2 ou 3. À l'exception du genre* Epeorus, *les larves ont 3 cerques abdominaux.*

◄ *Les adultes et les larves de plécoptères ont une morphologie très voisine. Contrairement aux éphéméroptères, les larves ont 2 cerques et ne possèdent pas de branchies abdominales.*

LES COLÉOPTÈRES *sont des holométaboles. Les adultes possèdent généralement des pièces buccales broyeuses et des ailes antérieures cornées (élytres) recouvrant les ailes postérieures au repos. Toutes leurs larves aquatiques ont des pattes thoraciques, des yeux simples et des mandibules courtes. Elles n'ont jamais simultanément un prolongement effilé de l'abdomen et des branchies latérales; à l'exception des gyrinidés, elles sont dépourvues de crochets anaux.*

LES DYTIQUES

Dytiscus spp.

DESCRIPTION — Les adultes (20-35 mm) ont un corps ovale, aplati, vert foncé à noir. Le thorax et les élytres sont bordés de jaune. Les élytres sont lisses chez les mâles, cannelés chez les femelles. Les pattes postérieures sont aplaties et frangées de longues soies natatoires. Les larves (jusqu'à 6 cm) ont un abdomen à 8 segments, prolongé par 2 cerques et des pattes ciliées. Les mandibules creuses sont transformées en puissants crochets acérés.
ÉCOLOGIE — Larves et adultes vivent dans les eaux stagnantes ou lentes. Les adultes volent d'un milieu à l'autre pendant la nuit. Ils montent régulièrement à la surface pour respirer grâce à des stigmates terminaux (l'adulte accumule de l'air sous ses élytres). Ces redoutables prédateurs se nourrissent de têtards, d'alevins et d'invertébrés. La larve injecte dans ses victimes une salive dissolvante puis aspire le contenu du corps grâce à ses mandibules. La nymphose a lieu à terre. Les femelles pondent leurs œufs dans les tiges des plantes aquatiques.
DISTRIBUTION — Ce genre, largement répandu en Europe, est commun en France. Le dytique bordé *(D. marginalis)* est le plus grand (30-35 mm) et le plus commun (rare dans le Midi).

HYDROPHILE BRUN

Hydrophilus piceus

DESCRIPTION — C'est le plus grand de nos coléoptères aquatiques. L'adulte (35-50 mm), brun foncé ou noir, a des reflets argentés sur sa face ventrale, recouverte d'une pellicule d'air. Le corps est massif, ovale et bombé. La partie inférieure du thorax, carénée, se termine par une épine acérée. Les pattes médianes et postérieures sont frangées de soies. Les antennes sont courtes, en forme de massue, et les palpes mandibulaires sont bien développées. La larve (jusqu'à 60 mm) est légèrement aplatie. Son abdomen plissé a 8 segments. Elle est dotée de courtes pattes et de puissantes mandibules.
ÉCOLOGIE — Mauvais nageur, l'hydrophile vit dans les eaux dormantes riches en végétation. La larve respire à la surface grâce à des stigmates postérieurs. L'adulte se sert de ses antennes munies de poils hydrofuges comme d'une gouttière pour acheminer l'air atmosphérique jusqu'aux stigmates thoraciques. L'air expiré par les stigmates abdominaux est stocké sous les élytres. La larve est carnivore (mollusques, ostracodes...), l'adulte surtout végétarien. La nymphose a lieu sur terre. Une cinquantaine d'œufs sont pondus dans un cocon fixé à une plante immergée et relié à l'air libre par un conduit.
DISTRIBUTION — Cette espèce paléoarctique est distribuée dans une grande partie de l'Europe. Présente dans toute la France, elle y est cependant en régression.

LES GYRINS

Gyrinus spp.

DESCRIPTION — Les adultes (5-7 mm) ont un corps ovale, lisse et huilé, avec le dos noir bombé et le ventre brunâtre caréné. Les pattes antérieures, préhensiles, sont assez longues. Les pattes médianes et postérieures, natatoires, sont courtes, aplaties en forme de rames et frangées de soies. Les antennes sont courtes et les yeux divisés par un sillon médian. La larve, allongée, a des mandibules canaliculées et 4 crochets terminaux. L'abdomen à 10 segments porte des trachéo-branchies latérales ciliées.
ÉCOLOGIE — Les gyrins, appelés aussi tourniquets, fréquentent les petits milieux stagnants. Les adultes, souvent groupés, nagent en surface. Ils peuvent voir simultanément à l'extérieur et sous l'eau. Dérangés, ils effectuent des «tourniquets» très rapides avant de plonger en emportant une bulle d'air à l'extrémité de leur abdomen. Ce sont de très bons voiliers. Les larves vivent dans la vase et parmi la végétation immergée. Les gyrins sont carnivores. La nymphose a lieu sur terre. Les femelles pondent leurs œufs sur les plantes aquatiques.
DISTRIBUTION — Les gyrins s'observent en Europe, Asie et en Afrique du Nord. Ils sont communs dans toute la France.

Mâle (élytres lisses) et femelle (élytres cannelés) de dytiques marginés (Dytiscus marginalis).

L'hydrophile brun est le plus gros coléoptère aquatique d'Europe. Il tend malheureusement à se raréfier.

Les gyrins sont souvent observés en groupes à la surface de l'eau.

LES HÉTÉROPTÈRES *sont des hémimétaboles dont les ailes antérieures, lorsqu'elles sont présentes, ont une partie coriacée et une partie membraneuse (hémélytres). Les pièces buccales forment un rostre piqueur. Ces « punaises aquatiques », comme on les appelle aussi, constituent 2 sous-ordres. Les gymnocérates ont des antennes longues et bien visibles. Ils regroupent les géocorises, terrestres, et les amphibicorises, qui vivent à la surface de l'eau* (Hydrometra, Velia *et* Gerris...). *Les cryptocérates ont des antennes courtes et peu visibles. Ils vivent essentiellement dans l'eau et sont également appelés hydrocorises* (Corixa, Notonecta, Nepa, Ranatra, Naucoris...).

LES ARAIGNÉES D'EAU

Gerris spp.

DESCRIPTION — Ces insectes bruns à noirs (jusqu'à 17 mm) ont le corps hydrofuge, aplati et étroit. La tête porte de longues antennes et de gros yeux au contact du thorax. Les pattes antérieures, préhensiles et nettement séparées des autres, sont souvent dressées. Les pattes médianes (propulseurs) et postérieures (gouvernails) sont très longues. La présence de poils hydrofuges à leurs extrémités et la position non terminale des griffes permettent à ces insectes de flotter. Les ailes sont plus ou moins développées, parfois absentes chez certains individus.
ÉCOLOGIE — Les *Gerris* vivent souvent en colonies à la surface des eaux stagnantes ou très lentes. Ils se déplacent rapidement par glissades saccadées et capturent les invertébrés tombés à l'eau, qu'ils vident de leur substance. Ils passent l'hiver à proximité des rives, sous la végétation. Au printemps la femelle dépose ses œufs sur les végétaux aquatiques.
DISTRIBUTION — Ce genre très répandu en Europe, jusqu'à la limite du cercle polaire, est très commun en France.
ESPÈCES PROCHES — Les hydromètres *(Hydrometra)* mesurent jusqu'à 13 mm. Ils ont un corps et une tête très allongés, avec des yeux écartés du prothorax. Les vélies *(Velia)* mesurent moins de 8 mm, avec des pattes plus courtes.

LES NOTONECTES

Notonecta spp.

DESCRIPTION — Punaises allongées (15 mm), brunâtres à jaunâtres, nageant sur le dos, on les appelle aussi abeilles d'eau (leur piqûre est douloureuse). Les hémélytres, en toit au repos, leur donnent une forme de quille de bateau. Les pattes, non ravisseuses, sont munies de 2 paires de griffes. Les pattes postérieures, natatoires, très écartées, sont munies de longues franges de poils sur leur bord interne. Les larves, similaires aux adultes, n'ont toutefois pas d'ailes.
ÉCOLOGIE — Les notonectes vivent dans les eaux stagnantes. Elles nagent vigoureusement sur le dos au-dessous de la surface en utilisant leurs pattes postérieures comme avirons. Elles remontent souvent renouveler leur réserve d'air. Ce sont aussi d'excellents voiliers. Ces prédateurs féroces chassent de nombreuses proies allant des insectes aux alevins. Ils pondent leurs œufs dans les tiges des végétaux aquatiques.
DISTRIBUTION — Ce genre, répandu en Europe jusqu'au sud de la Scandinavie, est commun dans toute la France.
ESPÈCES PROCHES — Les corises *(Corixa)* ont une face dorsale beaucoup plus plate et nagent sur le ventre. C'est également le cas des naucores *(Ilyocoris* ou *Naucoris cimicoides)*, qui se caractérisent en outre par d'énormes fémurs antérieurs.

NÈPE CENDRÉE

Nepa cinerea

DESCRIPTION — Insecte brunâtre de 18 à 20 mm, ce « scorpion d'eau » a un corps ovale très aplati. Les pattes antérieures, ravisseuses, sont placées très en avant du corps. Les adultes sont munis d'un long siphon respiratoire caudal (10 mm) et ont des ailes bien développées. Les larves ne possèdent pas de tube respiratoire.
ÉCOLOGIE — La nèpe vit dans les eaux stagnantes ou lentes. Elle marche lentement sur le fond et respire à la surface grâce à son siphon respiratoire. Cette mauvaise nageuse est également incapable de voler. La nèpe se nourrit d'insectes, de têtards et de petits poissons, qu'elle chasse à l'affût. Elle pond ses œufs, munis de filaments respiratoires, dans les débris végétaux et les mousses flottant à la surface.
DISTRIBUTION — Cette espèce, répandue en Europe jusqu'au sud de la Scandinavie, est commune en France.
ESPÈCE PROCHE — La ranatre linéaire *(Ranatra linearis)*, de 30 à 35 mm, a un corps très étroit et allongé. Ses proies sont plus petites.

La position des Gerris *à la surface de l'eau leur a valu le surnom d'« araignées d'eau ».*

Les notonectes, dont le dessus du corps a la forme d'une quille de bateau, nagent sur le dos.

La nèpe cendrée adulte possède un long siphon respiratoire à l'extrémité de l'abdomen. Les pattes antérieures, très développées, servent à la capture des proies.

LES ODONATES *sont des holométaboles au corps très allongé et souvent très coloré. La tête, mobile, porte de gros yeux proéminents (composés de 10 000 à 30 000 facettes) et 3 ocelles. Les antennes sont courtes et peu visibles. L'appareil buccal, de type broyeur, a des mandibules fortement dentées. Le premier segment thoracique est petit et mobile. Les deux autres sont développés et réunis en un seul élément (ptérothorax). Les pattes thoraciques, grêles, pointent vers l'avant. Les deux paires d'ailes sont membraneuses et très nervurées, avec une petite tache sombre rectangulaire un peu avant leur extrémité (ptérostigma). L'abdomen, généralement long et mince, formé de 10 segments, possède des cerques terminaux réduits. Les mâles ont deux forceps anaux bien développés, les femelles un ovipositeur parfois transformé en tarière. Les larves présentent une lèvre inférieure (labium) allongée, articulée et terminée par des crochets. Cet organe préhenseur, appelé masque, se replie sous la tête au repos.*

Les larves respirent grâce à des branchies trachéennes. Toujours aquatiques, elles vivent dans les eaux stagnantes ou lentes (cours moyen et inférieur des rivières). Carnivores, elles capturent leurs proies en projetant brusquement en avant leur masque labial. La nymphose s'effectue à la surface de l'eau. La mue imaginale a lieu sur la tige émergée d'une plante. Les jeunes imagos sont ternes et mettent de quelques heures à quelques semaines pour se colorer. Les adultes chassent à vue les insectes, qu'ils capturent en vol avec leurs pattes ramenées vers l'avant. Leur accouplement est spectaculaire. Le mâle saisit la femelle par la tête ou le thorax à l'aide de ses forceps terminaux. Les couples peuvent voler ainsi accrochés avant de s'accoupler sur une plante. La femelle ramène généralement son corps de façon à ce que l'extrémité de son abdomen rejoigne les organes copulateurs du mâle situés au niveau du deuxième segment abdominal. Les œufs sont parfois pondus directement dans l'eau, un à un ou en paquets gélatineux. D'autres espèces descendent le long d'une plante immergée et déposent leurs œufs dans la tige. Les œufs pondus en été éclosent après 2 ou 3 semaines. Pondus plus tard, ils éclosent après l'hiver.

Les odonates sont séparés en deux sous-ordres : les anisoptères ou libellules (Libellula, Aeschna, Anax, Gomphus, Cordulia, Corduligaster, Sympetrum...) *et les zygoptères ou demoiselles* (Calopteryx, Coenagrion, Lestes, Ischnura, Pyrrhosoma...).

LES LIBELLULES

DESCRIPTION — Grands odonates (jusqu'à 80 mm) au corps allongé, relativement robuste, cylindrique ou légèrement aplati, les libellules ont les ailes postérieures plus larges que les antérieures. Au repos, toutes demeurent étalées à l'horizontale. La tête est arrondie avec de très gros yeux rapprochés. Les larves, de couleur brune, cylindriques ou un peu aplaties, sont trapues et fuselées. Elles mesurent jusqu'à 55 mm. L'abdomen est terminé par 3 courts prolongements coniques. Les organes respiratoires de la larve sont constitués par la paroi rectale, qui est parcourue de nombreuses folioles branchiales

ÉCOLOGIE — Les anisoptères adultes ont un vol rapide qui leur permet de se maintenir sur place ou d'effectuer de puissantes accélérations. On les observe parfois loin des eaux. Beaucoup de larves sont enfouies dans la vase ou parmi les débris végétaux du fond. Elles marchent lentement, mais peuvent effectuer des bonds en avant en expulsant violemment l'eau aspirée au niveau du rectum pour la respiration. Carnivores voraces, elles s'attaquent à de nombreux invertébrés, aux larves de batraciens et aux alevins qui passent à leur portée. Le développement larvaire dure de 1 à 5 ans (10 à 16 stades).

LES DEMOISELLES

DESCRIPTION — Odonates au corps mince et cylindrique mesurant jusqu'à 40 mm de long, dont les ailes identiques sont repliées verticalement sur le dos au repos, les demoiselles ont les yeux disposés latéralement. Les larves, brunâtres ou verdâtres, grêles et cylindriques, peuvent mesurer jusqu'à 40 mm. Elles possèdent, à l'extrémité de l'abdomen, trois trachéo-branchies externes, qui sont foliacées.

ÉCOLOGIE — Les zygoptères adultes, au vol lent, sont incapables de voler sur place. Les larves, assez actives, vivent parmi les herbes aquatiques, à l'affût d'autres invertébrés. Elles nagent en faisant onduler latéralement leurs branchies caudales. Leur développement dure 1 an.

Les anisoptères sont des insectes de grande taille. Au repos, les adultes gardent leurs ailes étalées.

Accouplement de demoiselles de l'espèce Coenagrion puella. *Les zygoptères ont deux paires d'ailes identiques, repliées au repos.*

LES DIPTÈRES *sont des holométaboles dont seules les ailes antérieures sont fonctionnelles, les postérieures étant réduites à de petits balanciers. Les pièces buccales sont suceuses ou piqueuses. Les larves sont vermiformes et apodes. On distingue 2 sous-ordres. Les nématocères (simulies, tipules, chironomes, moustiques...) ont de longues antennes. Leurs larves possèdent le plus souvent une capsule céphalique bien individualisée et très sclérifiée (larves eucéphales). Les brachicères (éristales, taons...) ont de courtes antennes. Leurs larves ont généralement la tête très réduite et peu chitinisée (larves acéphales). De nombreuses espèces de diptères ont des larves aquatiques, qui dominent souvent les peuplements d'insectes dans les eaux calmes.*

LES CHIRONOMES

DESCRIPTION — L'adulte (jusqu'à 14 mm) a de longues pattes, un thorax «bossu» et des pièces buccales non piqueuses. Les antennes du mâle sont plumeuses. La larve (2-30 mm) est cylindrique, eucéphale, avec 2 paires de pseudopodes, l'une sur le thorax et l'autre à l'extrémité de l'abdomen. La larve de *Chironomus* a 2 paires de branchies tubulaires abdominales. Un pigment respiratoire proche de l'hémoglobine lui donne une couleur rouge dans les zones peu oxygénées (elle va du vert au violet en eau plus propre).
ÉCOLOGIE — Les larves («vers de vase» des pêcheurs) sont souvent très nombreuses sur les fonds vaseux des eaux stagnantes ou calmes (parfois plus de 50 000 individus par m^2). Certaines larves se construisent des fourreaux de soie et de divers matériaux. Beaucoup (notamment *Chironomus*) s'accommodent de milieux assez pollués. Elles se nourrissent d'algues, de débris organiques et de petits invertébrés. Souvent les adultes ne se nourrissent pas. Ils forment des nuages au crépuscule. Les femelles volent au ras de l'eau pour larguer leurs œufs.
DISTRIBUTION — Les chironomidés sont très répandus, avec environ 1 500 espèces dans toute l'Europe.

LES MOUSTIQUES

DESCRIPTION — Ces culicidés deviennent des adultes sveltes de moins de 10 mm, avec de longues pattes et des ailes étroites. La trompe est piqueuse-suceuse chez la femelle et non piqueuse chez le mâle, qui possède également des antennes plumeuses. La nymphe est libre, en forme de virgule, avec une région thoracique très développée munie de 2 tubes respiratoires, et un abdomen terminé par 2 palettes natatoires. La larve, eucéphale, est cylindrique et sans pseudopodes. Le corps est plus large au niveau du thorax, dont les segments sont fusionnés. Chez les culicinés *(Culex, Aedes)*, la larve est suspendue obliquement par rapport à la surface de l'eau et possède un long siphon respiratoire abdominal. Chez les anophélinés *(Anopheles)*, la larve respire par des stigmates abdominaux et possède des soies dorsales sur les derniers segments. Elle se tient horizontalement sous la surface.
ÉCOLOGIE — Les larves vivent dans tous les milieux stagnants abrités. Elles se nourrissent de fines particules ou de petits organismes qu'elles filtrent ou raclent sur le substrat. Le développement larvaire dure quelques semaines et plusieurs générations se succèdent dans l'année. Les mâles sont nectarivores; les femelles, également hématophages.
DISTRIBUTION — Une vingtaine de genres (7 en France) et plus de 50 espèces sont présents en Europe.

LES SIMULIES

DESCRIPTION — L'adulte, chez les simulidés, est trapu, noirâtre, de 2 à 6 mm; il a de larges ailes et des antennes courtes. La larve (10 mm) possède un pseudopode thoracique et des prémandibules en éventail. L'abdomen, renflé dans sa partie postérieure, a une extrémité aplatie munie de minuscules crochets. La pupe, fixée au substrat dans un cocon de soie, porte des filaments respiratoires blancs sur le dessus.
ÉCOLOGIE — Les larves vivent en colonies dans les eaux courantes et sont très communes dans les rivières rapides. Elles sont fixées sur les pierres ou sur les plantes grâce à un support de soie qu'elles tissent et auquel elles s'agrippent par leurs crochets abdominaux. Elles filtrent l'eau à l'aide de leurs prémandibules. Les femelles sont hématophages.
DISTRIBUTION — Trente espèces, appartenant principalement au genre *Simulium*, sont présentes dans toute l'Europe.

Ce mâle de chironome se distingue de la femelle par ses antennes plumeuses.

Larve de chironome

Le moustique domestique commun (Culex pipiens) *est très répandu en Europe. Il ponds ses œufs dans le moindre trou d'eau.*

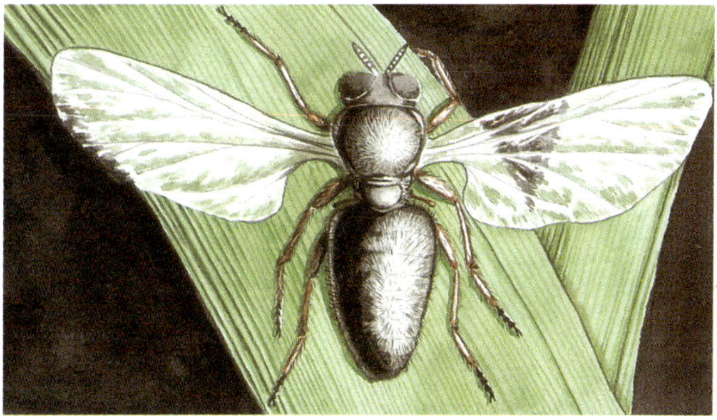

Les simulies peuvent être très abondantes dans les rivières au cours rapide.

Les poissons

Rappelons que les lamproies, qui n'ont pas de mâchoires mais une bouche en forme de ventouse (classe des cyclostomes), sont non pas des poissons, mais les plus primitifs des vertébrés actuels. Les lamproies marine (Petromyzon marinus) *et fluviatile* (Lampetra fluviatilis) *sont des migrateurs anadromes, la petite lamproie* (Lampetra planeri) *est sédentaire.*

La superclasse des poissons regroupe des vertébrés aquatiques à sang froid, généralement ovipares, et dotés de branchies. Leur corps fuselé, le plus souvent couvert d'écailles, possède des nageoires paires (pectorales et pelviennes) et impaires (anale, dorsales et caudale). Tous les poissons de nos eaux douces appartiennent à la classe des ostéichthyens (espèces au moins partiellement osseuses avec des branchies protégées par des opercules). Dans les régions tempérées, cette classe se divise en chondrostéens et téléostéens.

Les chondrostéens ont un squelette en grande partie cartilagineux et sont recouverts de 5 rangées de plaques osseuses. Leur bouche est ventrale, la nageoire caudale a 2 lobes inégaux. Ils sont représentés en Europe occidentale par l'esturgeon (Acipenser sturio), *migrateur anadrome actuellement très menacé qui est le plus grand de nos poissons (jusqu'à 6 m et 200 kg). Les autres poissons continentaux tempérés sont des téléostéens (poissons osseux vrais). Le squelette, les écailles et les rayons des nageoires sont osseux. La bouche est terminale, la nageoire caudale non lobée ou à 2 lobes égaux.*

POISSON-CHAT

Ictalurus melas

DESCRIPTION — Cette ictaluridé a le corps visqueux, dépourvu d'écailles, ventru et allongé, arrondi à l'avant (20-30 cm, 0,2-0,8 kg). Le dos est noirâtre, le ventre jaunâtre. La tête, large et aplatie, porte 8 barbillons. Les nageoires dorsale et pectorale portent un premier rayon épineux.

ÉCOLOGIE — Le poisson-chat vit dans les étangs peu profonds et les cours d'eau lents. Il s'enfouit dans la vase pendant l'hiver. Il mange des insectes, des vers, des mollusques, des crustacés, les œufs et les alevins d'autres poissons. Mature à 3 ans, il fraie en juin-juillet lorsque la température atteint 20 °C. La femelle creuse un nid dans la vase et y dépose des centaines, voire des milliers d'œufs qui éclosent 8 jours après.

DISTRIBUTION — Originaire d'Amérique, ce poisson est aujourd'hui bien répandu en Europe et en France.

ESPÈCE PROCHE — Le silure glane *(Silurus glanis)*, de la famille des siluridés, est beaucoup plus grand (0,5-1 m, parfois plus de 3 m et 200 kg). Il possède 6 barbillons et n'a pas de nageoire adipeuse.

ANGUILLE

Anguilla anguilla

DESCRIPTION — Cet anguillidé, serpentiforme, visqueux, avec de petites écailles profondément insérées dans la peau (mâle 30-60 cm, femelle 40-100 cm, jusqu'à 4 kg), ne possède pas de nageoires pelviennes. Les nageoires dorsale et anale sont réunies. Les jeunes anguilles ont le dos brun-vert et le ventre jaune clair (anguilles jaunes). Au moment de la dévalaison, le dos s'assombrit, les flancs et le ventre deviennent argentés (anguilles argentées).

ÉCOLOGIE — L'anguille fréquente les eaux saumâtres et douces (jusqu'à plus de 1 000 m). Sa croissance est lente. Le mâle est mature entre 7 et 10 ans, la femelle entre 10 et 15 ans. Lorsqu'elle atteint l'âge adulte, l'anguille change de livrée et cesse de se nourrir. Elle descend alors les cours d'eau (migration catadrome) et effectue un voyage de 4 000 à 6 000 km (6 à 8 mois) pour aller se reproduire au printemps en mer des Sargasses, au milieu de l'Atlantique, et mourir ensuite. Une femelle pond environ 1 million d'œufs. Après une incubation d'un mois, naissent des larves transparentes de 5 mm, appelées leptocéphales. Ces larves planctonophages sont entraînées par le Gulf Stream. Elles mesurent près de 7 cm quand elles atteignent, après 2 ou 3 ans de dérive, l'embouchure des fleuves européens. Elles se métamorphosent alors en civelles et remontent les cours d'eau (migration anadrome). L'été suivant, elles se pigmentent et se transforment en anguilles jaunes. Nocturnes, elles se nourrissent de petits poissons, de batraciens, d'invertébrés divers. Elles hivernent dans la vase ou sous des pierres. Elles peuvent se déplacer hors de l'eau.

DISTRIBUTION — L'anguille est commune en Europe occidentale et en Afrique du Nord.

Introduites dans plusieurs contrées entre 1870 et 1885, deux espèces très voisines de poissons-chats semblent maintenant disséminées dans toute l'Europe. Le poisson-chat noir (Ictalurus melas) *a une nageoire caudale qui comporte ordinairement moins de 20 rayons. Le poisson-chat brun* (Ictalurus nebulosus), *plus clair, parfois moucheté, a une nageoire caudale qui comporte généralement plus de 20 rayons. Le rayon épineux de la nageoire pectorale est plus fortement denticulé postérieurement.*

Si l'anguille passe une grande partie de sa vie en eaux douces ou saumâtres, elle naît et meurt en mer des Sargasses, au milieu de l'Atlantique.

PERCHE

Perca fluviatilis

DESCRIPTION — C'est un percidé au corps bombé et à la tête camuse (15-35 cm, 0,5-1,5 kg, exceptionnellement 60 cm et 5 kg). Le corps est d'un vert plus ou moins vif. Les flancs sont rayés de 6 ou 7 bandes foncées verticales. La mâchoire porte de courtes dents. La nageoire caudale, légèrement échancrée, est rouge, ainsi que les pelviennes et l'anale. La nageoire dorsale, grisâtre, est divisée en deux parties séparées par une échancrure. La première dorsale, tachée de noir sur son bord postérieur, a des rayons épineux, la seconde, plus courte, des rayons mous. Les écailles sont rugueuses et l'opercule porte une épine.
ÉCOLOGIE — La perche vit dans les lacs, les étangs et les rivières assez lentes, parfois dans les eaux saumâtres. Elle préfère les eaux bien oxygénées. Les jeunes vivent en bancs. Cette espèce, tout d'abord zooplanctonophage, s'attaque ensuite à des larves d'insectes, des vers, des mollusques, de jeunes écrevisses et des poissons. Lorsque la nourriture est rare, des formes naines se développent. La perche fraie en avril-juin, entre 7 et 14 °C, le plus souvent entre 10 et 12 °C. Une femelle de 1 kg pond environ 100 000 œufs, en une seule fois et en longs cordons mucilagineux, sur les plantes aquatiques ou les pierres, le plus souvent dans les zones peu profondes. Une à trois semaines plus tard naissent des larves de 6 à 7 mm. Dès les premiers jours, les larves migrent généralement vers la zone pélagique. Elles retournent sur les berges à la fin de leur métamorphose larvaire, lorsqu'elles ressemblent à des adultes en miniature.
DISTRIBUTION — La perche fluviatile est commune dans la majeure partie de l'Europe, mais rare dans les régions méditerranéennes.

SANDRE

Lucioperca lucioperca

DESCRIPTION — Poisson de la famille des percidés, le sandre a le corps allongé, verdâtre, le dos gris sombre et les flancs tachés de marques foncées (35-79 cm, 1-3 kg, exceptionnellement 140 cm et 10-15 kg). La bouche, grande, porte de nombreuses dents de différentes tailles. Les 2 nageoires dorsales sont contiguës et d'égale longueur; la première est épineuse. La nageoire caudale est échancrée. Les écailles sont rugueuses. Les opercules ne sont pas épineux.
ÉCOLOGIE — Le sandre vit, en petits bancs ou en solitaire, dans les lacs, les étangs et les rivières assez lentes, parfois dans les milieux saumâtres. Il apprécie les eaux turbides. Il fraie d'avril à juin, entre 12 et 15 °C. La femelle pond de 100 000 à 300 000 œufs collants, dans un nid aménagé avec des débris végétaux sur un fond sableux ou graveleux. Les œufs sont surveillés et aérés par le mâle, ce qui leur permet de survivre dans des conditions d'oxygénation médiocres. L'éclosion a lieu après 5 à 10 jours. Les larves sont pélagiques. Les juvéniles, d'abord zooplanctonophages, ingèrent d'autres alevins dès qu'ils atteignent 30 mm. Les sandres de plus d'un an se nourrissent essentiellement d'invertébrés benthiques et de jeunes poissons. Ils deviennent uniquement piscivores au-dessus de 30 cm.
DISTRIBUTION — Le sandre est originaire d'Europe centrale et nord-orientale. À partir des années 1950, il s'est répandu en France.

BROCHET

Esox lucius

DESCRIPTION — Poisson de la famille des ésocidés, au corps écailleux, verdâtre et très allongé (0,5-1 m et 4-8 kg, exceptionnellement 1,5 m et 35 kg). Les flancs sont marbrés de jaune et le ventre est grisâtre. La tête, très grosse, est en forme de bec de canard. Les mâchoires, le palais et le plancher buccal portent 700 dents acérées. Les nageoires dorsale et anale sont placées au même niveau, très en arrière du corps.
ÉCOLOGIE — Le brochet vit dans les eaux stagnantes ou lentes, parfois saumâtres, assez limpides et riches en végétation. Sédentaire et solitaire, il demeure à l'affût dans les herbiers. Exclusivement carnivore, très vorace à l'âge adulte, il se nourrit de poissons, de batraciens, de petits mammifères et de jeunes oiseaux d'eau. L'alevin, d'abord zooplanctonophage, est rapidement capable de s'attaquer à d'autres petits poissons. Le brochet fraie de février à avril, entre 4 et 12 °C, généralement dans les eaux peu profondes et recouvertes de végétation (prairies inondées, roselières...). La femelle disperse ses œufs en plusieurs fois sur de grandes étendues (20 000 œufs par kg); ils adhèrent aux plantes aquatiques et éclosent après 10 à 20 jours. La larve reste fixée verticalement à la végétation par des papilles adhésives, jusqu'à la résorption de la vésicule vitelline.
DISTRIBUTION — Le brochet vit en Europe, en Asie, et en Amérique du Nord. Présent dans presque toute la France, il est en forte régression du fait de la disparition des frayères.

Peu appréciée au début du siècle dans les grands lacs alpins, la perche est devenue un des poissons les plus capturés par les pêcheurs professionnels qui exploitent ces milieux.

Le sandre, parfois appelé perche-brochet, qui ressemble à la perche par sa livrée et ses nageoires et rappelle le brochet par son corps allongé et son comportement. Il chasse généralement les poissons en pleine eau, parfois en groupe.

Bien que capable de saisir des proies de grande taille et se caractérisant par une croissance très rapide, le brochet est moins vorace que ne le laisse supposer sa terrible réputation.

CHABOT DE RIVIÈRE

Cottus gobio

DESCRIPTION — Ce petit poisson (10-15 cm) de la famille des cottidés, de couleur brunâtre à jaunâtre avec des taches foncées, a le corps visqueux et recouvert de très petites écailles. La tête est large et plate, avec de gros yeux rapprochés. Les nageoires sont épineuses et de couleur claire. La caudale est arrondie. La première dorsale est plus petite que la seconde et les pectorales sont grandes.

ÉCOLOGIE — Le chabot fréquente la zone à truites des cours supérieurs, c'est-à-dire les eaux rapides, froides et bien oxygénées. Ce mauvais nageur vit en solitaire entre ou sous les pierres du fond. Nocturne, il se nourrit d'invertébrés benthiques, notamment de larves d'insectes, ainsi que d'œufs de poissons et d'alevins. Il fraie entre février et mai selon les régions. La femelle pond un peu plus de 100 œufs visqueux que surveille le mâle durant les 3 à 4 semaines de l'incubation. Les larves écloses restent immobiles sur le fond jusqu'à la résorption de la vésicule vitelline.

DISTRIBUTION — Le chabot est présent dans une grande partie de l'Europe, à l'exception des régions méridionales, de l'Irlande et de la Norvège. En France, il fréquente les torrents jusqu'à plus de 2 000 m d'altitude.

OMBRE COMMUN

Thymallus thymallus

DESCRIPTION — L'ombre de rivière, comme on l'appelle également, est un poisson de la famille des thymallidés, aux écailles bien visibles, aux flancs argentés, généralement clairs à reflets verdâtres, et au dos assez foncé (30-50 cm, 0,25-1 kg). Proche des salmonidés et des corégonidés, doté comme eux d'une petite nageoire adipeuse, il s'en distingue par une haute nageoire dorsale, aux reflets pourpres et ponctuée de noir chez le mâle, qui lui a parfois valu le surnom de «porte-drapeau». La nageoire caudale est très échancrée, la tête pointue, avec une petite bouche.

ÉCOLOGIE — L'ombre vit en groupes dans le cours supérieur des rivières, au-dessous de la zone à truites. Il aime les eaux fraîches, non tumultueuses, assez profondes, et les lits caillouteux ou graveleux. Il fréquente parfois les lacs (Auvergne, Europe du Nord). Sa nourriture est constituée d'animaux benthiques (larves d'insectes, vers, mollusques et petits crustacés), d'insectes à la dérive, parfois d'œufs de poissons et d'alevins. Il fraie de mars à juin, dans les zones littorales graveleuses, à 30-50 cm de profondeur. La femelle pond 1 000 à 8 000 œufs dans une cavité aménagée sur le fond. Les œufs éclosent après 3 à 4 semaines.

DISTRIBUTION — Répandue en Europe, sauf dans les régions méridionales, l'ombre est naturellement présent, en France, dans le nord-est, une partie des bassins du Rhône, de la Loire et de l'Allier. Il subit actuellement une régression importante du fait de la pollution des eaux et d'une pêche importante (sa chair très estimée a le goût du thym, ce qui lui a valu son nom latin).

LES CORÉGONES

Coregonus sp.

DESCRIPTION — Ces poissons de la famille des corégonidés ont le corps allongé et argenté (jusqu'à 70 cm). Il existe des formes naines dans les lacs pauvres en nourriture. Comme les salmonidés, les corégones ont une petite nageoire adipeuse derrière la première dorsale. Ils s'en distinguent par une nageoire caudale très échancrée, une petite bouche, des écailles très visibles et l'absence de taches sur le corps. Les dents sont petites ou absentes. Les épines des arcs branchiaux, très serrées, forment des filtres qui retiennent le zooplancton. Les corégones constituent un complexe d'espèces très difficiles à distinguer en raison de leur grande variabilité morphologique et des hybridations interspécifiques.

ÉCOLOGIE — Les corégones vivent dans les lacs oligotrophes, froids et bien oxygénés. Ils préfèrent la zone pélagique ou profonde des lacs. Plutôt sédentaires dans le sud de l'Europe, ils remontent les rivières au moment de la fraie dans le nord (Scandinavie). Ils sont généralement grégaires. Certains sont uniquement zooplanctonophages, d'autres mangent également des invertébrés benthiques (crustacés, insectes, mollusques). Le frai se déroule pendant 2 à 4 semaines, du début de l'automne à la fin de l'hiver, dans la zone littorale ou plus en profondeur selon les espèces. Une femelle de 1 kg pond environ 10 000 œufs qui éclosent après 2 ou 3 mois.

DISTRIBUTION — Les corégones sont présents dans le nord de l'Eurasie et de l'Amérique. En France, on les trouve dans tous les grands lacs préalpins et dans le Massif central. Ils sont menacés par l'eutrophisation des lacs et une pêche trop importante. La gravenche et la féra ont par exemple disparu du lac Léman du fait de leur surexploitation. Ces 2 corégones sont maintenant remplacés par la palée.

De petite taille et très discret, le chabot, typique du cours supérieur, passe souvent inaperçu sur le fond de la rivière. S'il s'attaque parfois aux alevins de la truite, il est à son tour consommé par cette dernière.

L'ombre commun est typique des rivières rapides, mais non tumultueuses, à fond graveleux ou caillouteux.

Du fait de l'extrême variabilité morphologique qui caractérise les différentes populations de corégones, l'identification spécifique de ces poissons est très délicate.

LES SALMONIDÉS *ont un corps élancé, pourvu d'une petite nageoire adipeuse entre la caudale, généralement peu fourchue, et la dorsale. Les écailles sont petites et la bouche assez grande. Les ombles* (Salvelinus) *se différencient des saumons et des truites* (Salmo) *par le bord antérieur blanc brillant de leurs nageoires pectorale, ventrale et anale, et par un corps généralement tacheté de clair. Les principaux salmonidés indigènes sont le saumon* (Salmo salar), *la truite* (Salmo trutta) *et l'omble chevalier* (Salvelinus alpinus). *La truite arc-en-ciel* (Salmo gairdneri), *l'omble de fontaine* (Salvelinus fontinalis) *et l'omble du Canada* (Salvelinus namaycush) *sont originaires d'Amérique du Nord.*

Les salmonidés comprennent des espèces marines qui fraient dans les cours d'eau et des espèces d'eau douce (cours supérieur des rivières, grands lacs préalpins et lacs oligotrophes froids). Ils se nourrissent de larves d'insectes, de petits crustacés et de poissons. Ils fraient en fin d'automne ou en hiver. Les femelles pondent de 1 000 à 4 000 œufs assez gros (3-7 mm).

TRUITE DE RIVIÈRE

Salmo trutta fario

DESCRIPTION — La truite de rivière, dite aussi truite commune ou truite fario, peut atteindre 60 cm et 4 à 5 kg (15-20 cm dans les petits cours d'eau de haute altitude). Le corps et la tête sont plus massifs que ceux du saumon et la nageoire caudale est presque droite. Le vomer a des dents sur sa seule partie antérieure. La couleur du corps est très variable. Les flancs, grisâtres à brunâtres, sont tachetés de noir et de rouge. Le dos est souvent plus sombre. Les juvéniles ont de grandes marbrures bleuâtres et de nombreuses taches rouges. Leur nageoire adipeuse est orange.

ÉCOLOGIE — La truite fario vit en solitaire dans le cours supérieur des rivières (zone à truite) et dans les lacs d'altitude (eaux de 5 à 10 °C, bien oxygénées). Elle s'abrite du courant derrière les pierres. À l'automne, elle remonte les rivières pour frayer, parfois jusqu'à plus de 2 000 m d'altitude. La reproduction a lieu au début de l'hiver. La femelle pond quelques centaines d'œufs dans une dépression creusée dans les graviers.

DISTRIBUTION — Présente dans toute l'Europe et dans les montagnes du Maghreb, elle tend cependant à se raréfier (disparition des frayères, recalibrage des cours d'eau, pollution et pêche excessive).

SOUS-ESPÈCES PROCHES — La truite de mer *(Salmo trutta trutta)* mesure parfois plus de 1 m et peut peser 10 à 20 kg, voire plus. Son mode de vie est assez similaire à celui du saumon, mais elle fraie généralement plusieurs fois au cours de sa vie. Elle est présente sur toute la façade atlantique de l'Europe, jusqu'au nord de l'Espagne. La truite de lac *(Salmo trutta lacustris)*, plus argentée que la truite fario, peut atteindre 1 m et plus de 10 kg. Elle vit dans les grands lacs assez froids (lacs préalpins) et fraie dans les rivières à la fin de l'automne.

SAUMON ATLANTIQUE

Salmo salar

DESCRIPTION — Ce salmonidé a le corps plus fin que celui de la truite, avec une nageoire caudale légèrement plus échancrée (mâle : jusqu'à 1,5 m et 40 kg ; femelle : jusqu'à 1,2 m et 20 kg). Des dents sont présentes sur toute la longueur du vomer (os de la partie supérieure de la cavité buccale). Les tacons (jeunes saumons avant la migration) ont une nageoire adipeuse verdâtre et 8 à 10 marques gris sombre séparées par une petite tache rouge sur les flancs. Au moment de leur migration en mer, ils prennent une livrée argentée, avec un dos gris et des points noirs sur les flancs. Lors du frai, ils deviennent plus foncés, avec des taches et des marbrures noires et rougeâtres. La mâchoire inférieure du mâle s'allonge et se recourbe en crochet (saumon bécard).

ÉCOLOGIE — Les tacons séjournent pendant 1 ou 2 ans (parfois 4 ans dans le nord) dans les eaux vives et bien oxygénées. Leur croissance est lente. Ils se transforment ensuite en saumons argentés (smolts) et migrent en mer au printemps (dévalaison). Ils grandissent très rapidement pendant les 1 à 3 ans passés en mer et vont parfois jusqu'à l'ouest du Groenland. À la fin de ce séjour, les adultes regagnent leur fleuve d'origine, guidés par leur mémoire olfactive. La remontée des cours d'eau débute en hiver et s'achève en été. Les saumons ne se nourrissent pas au cours de cette migration. En automne, ils acquièrent leur livrée nuptiale et fraient en eaux peu profondes à fonds graveleux. Les femelles déposent leurs œufs dans des dépressions qu'elles ont creusées dans les graviers. Les adultes ayant frayé (charognards) se laissent dévaler en mer. Beaucoup meurent d'épuisement. Les rares survivants frayeront à nouveau 1 ou 2 ans plus tard.

DISTRIBUTION — Le saumon remonte les cours d'eau côtiers de l'Atlantique Nord. Il a subi une régression marquée au cours des dernières décennies (pêche intense, pollution des eaux, barrages peu franchissables et dégradation des frayères).

Contrairement à la truite de mer, la truite fario ne migre pas en mer et passe toute sa vie dans le cours supérieur des rivières.

Lors de la remontée dans les rivières pour frayer, les saumons deviennent plus foncés. Le mâle en particulier prend une parure de noce colorée. Sa machoire inférieure se recourbe en crochet.

LES CYPRINIDÉS *forment la principale famille de poissons d'eau douce en Europe. Ils se caractérisent par la présence d'une seule nageoire dorsale à rayons mous et par l'absence de dents sur les mâchoires. Les os inférieurs du pharynx possèdent 1 à 3 rangées de dents tranchantes ou broyeuses, nommées dents pharyngiennes, qui dilacèrent la nourriture contre une plaque cornée. Pendant le frai, ces dents tombent et sont remplacées. La nageoire caudale est assez fourchue. Les écailles sont lisses et généralement bien visibles. Au moment de la reproduction, les mâles de nombreuses espèces montrent une éruption de boutons cutanés blanchâtres sur la tête et sur la région antérieure du corps (tubercules de frai).*

La plupart des cyprinidés vivent dans des eaux stagnantes ou lentes. Cependant, le barbeau (Barbus barbus), *la vandoise* (Leuciscus leuciscus) *fréquentent le cours moyen des rivières. Le hotu ou nase* (Chondrostoma nasus), *le blageon* (Leuciscus souffia), *le chevaine* (Leuciscus cephalus), *le spirlin* (Alburnoides bipunctatus), *le goujon* (Gobio gobio), *le vairon* (Phoxinus phoxinus) *peuvent être observés dans le cours supérieur. La plupart se nourrissent de vers, de larves d'insectes, de crustacés, de mollusques et de débris végétaux. Le vairon et le barbeau mangent également des alevins. Le chevaine et l'aspe (*Aspius aspius, *présent en Europe centrale) consomment des poissons et des batraciens. Les cyprinidés fraient au printemps. Leurs œufs sont petits (1-3 mm). Les larves ont une réserve vitelline réduite à la naissance.*

BARBEAU COMMUN

Barbus barbus

DESCRIPTION — Poisson allongé, grisâtre ou verdâtre, à reflets dorés et au ventre blanchâtre (30-50 cm et 1-3 kg, jusqu'à 90 cm et 10 kg), il a la tête pointue, avec une bouche orientée vers le bas et 4 barbillons gustatifs sur la lèvre supérieure. Les nageoires sont parfois rougeâtres. La nageoire dorsale est très recourbée vers l'arrière. Son premier rayon est rigide avec un bord dentelé.

ÉCOLOGIE — Ce cyprinidé est caractéristique du cours moyen des rivières auquel il a donné son nom (zone à barbeau). On le trouve plus rarement dans les lacs. Plutôt grégaire durant le jour, il a une activité crépusculaire ou nocturne. Cet omnivore fouisseur recherche sa nourriture sur les fonds sableux ou graveleux (débris organiques, mollusques, insectes, œufs de poissons et alevins). Entre avril et juin, les barbeaux remontent les rivières et fraient en groupe sur les fonds graveleux. Une femelle pond 3 000 à 10 000 œufs qui adhèrent sur le fond. Ces œufs toxiques ne sont pas consommés par les autres poissons. Les larves naissent au bout de 2 semaines environ. En hiver, le barbeau se réfugie dans les zones profondes et les caches des cours d'eau.

DISTRIBUTION — Le barbeau est présent de l'Europe occidentale à l'Europe centrale, mais absent des régions méridionales et septentrionales. En France, on le trouve dans le Centre et dans le Nord.

ESPÈCE PROCHE — Le barbeau méditerranéen ou barbeau canin *(Barbus meridionalis)* est plus petit, avec des taches sur les flancs et les nageoires, le premier rayon de la nageoire dorsale non dentelé, et des barbillons plus courts. Il vit en Europe méridionale et en Europe centrale (sous-espèce *B. meridionalis petenyi*). En France, il est observé dans le bassin du Rhône et les fleuves de la région méditerranéenne.

VAIRON

Phoxinus phoxinus

DESCRIPTION — Cyprinidé au museau camus, au corps allongé de 5 à 12 cm, recouvert d'écailles minuscules, il est de couleur variable, avec le dos généralement brun-vert. Une ligne claire le sépare des flancs, qui portent des taches sombres formant une bande plus ou moins distincte. Le ventre est gris-jaune. Au moment du frai, le dos du mâle devient bleu-noir métallisé et les bandes latérales sont plus marquées. Le ventre, les pectorales et les ventrales deviennent rouges.

ÉCOLOGIE — Le vairon vit dans les rivières claires et rapides, plus rarement dans les lacs. Il est présent au niveau de la zone à truite, jusqu'à plus de 2 000 m d'altitude. Grégaire, il vit en bancs avec des poissons de même taille, parfois d'une autre espèce (jeunes salmonidés). Cet omnivore se nourrit d'invertébrés variés et d'alevins. Entre mai et juillet, les individus se réunissent pour frayer sur des fonds sableux ou caillouteux. La femelle pond de 300 à 1 000 œufs qui adhèrent sur les cailloux. L'incubation dure environ une semaine.

DISTRIBUTION — Cette espèce est largement répandue dans une grande partie de l'Eurasie.

Le barbeau vit dans des eaux assez vives, sur des fonds sableux à graveleux, et remonte les cours d'eau pour frayer. Il se nourrit d'invertébrés benthiques qu'il détecte grâce aux barbillons gustatifs de sa lèvre supérieure.

Le vairon est un petit cyprinidé, typique de la zone à truite des rivières.

GARDON COMMUN

Rutilus rutilus

DESCRIPTION — Encore appelé gardon blanc, vengeron ou roche, ce cyprinidé fusiforme, plus ou moins allongé et comprimé latéralement (20-30 cm, 0,2-0,5 kg, jusqu'à 40 cm et plus d'1 kg) a le corps argenté et de grandes écailles. Le ventre est blanc, le dos bleu-vert, les yeux et les nageoires inférieures sont rougeâtres. La nageoire dorsale, située presque à l'aplomb des pelviennes, et la nageoire caudale sont grisâtres. Le gardon, très polymorphe, s'hybride en outre avec d'autres cyprinidés, comme le rotengle *(Scardinius erythrophthalmus)*, l'ablette *(Alburnus alburnus)* et la brême bordelière *(Blicca bjoerkna)*. Sa détermination est parfois délicate.
ÉCOLOGIE — Le gardon vit en bancs dans les lacs, les étangs et le cours inférieur des rivières. Il fréquente souvent les zones littorales riches en végétation, mais tend à être pélagique dans les lacs eutrophes. Il consomme des algues filamenteuses, des débris végétaux, des invertébrés benthiques. Le frai se déroule entre avril et juin, à 16-20 °C environ, dans des zones de moins d'un mètre de profondeur et recouvertes de végétaux immergés ou de galets. Une femelle pond de quelquee dizaines de milliers à plus de 100 000 œufs, qui adhèrent à la végétation ou aux rochers et éclosent après 5 à 10 jours.
DISTRIBUTION — Le gardon blanc est très commun dans une grande partie de l'Europe et en Asie, jusqu'à la Sibérie. Il est absent d'Europe méridionale. Ses populations tendent à augmenter dans les lacs en raison de l'eutrophisation.
ESPÈCES PROCHES — De nombreuses espèces sont voisines du gardon. Le rotengle *(Scardinius erythrophthalmus)* a les nageoires inférieures rouge vif. Les ventrales sont situées nettement en avant de la dorsale. L'ablette *(Alburnus alburnus)* a le corps élancé, argenté et très brillant. La base de la nageoire anale est plus longue que la dorsale. La brême *(Abramis brama)* a donné son nom au cours inférieur des rivières (zone à brêmes). Elle a un corps haut, bombé et très comprimé, et une bouche très protractile. Elle est parfois très grande (jusqu'à 60-80 cm).

CARPE

Cyprinus carpio

DESCRIPTION — Cyprinidé au corps massif, de grande taille (30-50 cm et 2-4 kg, jusqu'à 1 m et 30 kg), ce poisson est très polymorphe car de nombreuses variétés ont été sélectionnées pour la pisciculture : carpes à écailles, carpes miroir (écailles de tailles inégales réparties çà et là), carpes cuir (écailles presque absentes). Le corps est généralement brunâtre ou verdâtre avec des reflets mordorés. La bouche, lippue, porte 4 barbillons sur la lèvre supérieure. Les opercules sont épais. La nageoire dorsale est très longue, l'anale assez courte et la caudale nettement échancrée.
ÉCOLOGIE — La carpe vit dans les eaux dormantes ou lentes, riches en végétation et à fond vaseux. Élevée dans de nombreux étangs de pisciculture, elle aime les eaux assez chaudes et supporte de faibles teneurs en oxygène. Ce poisson grégaire fouille dans la vase pour se nourrir d'invertébrés variés et de débris végétaux. Il capture parfois des petits poissons et des grenouilles. Le frai a lieu de mai à juillet, à environ 18-20 °C, dans les zones littorales peu profondes et riches en macrophytes immergés. La femelle pond quelque centaines de milliers d'œufs en plusieurs fois. Les œufs éclosent après 5 ou 6 jours. Souvent, la carpe hiverne enfouie dans la vase.
DISTRIBUTION — Cette espèce originaire d'Asie, introduite pendant l'Antiquité, est maintenant distribuée dans une grande partie de l'Europe, à l'exception des régions septentrionales.

TANCHE COMMUNE

Tinca tinca

DESCRIPTION — Cyprinidé au corps massif, peu rétréci au niveau de la queue (25-30 cm à maturité, jusqu'à 60 cm et 4 kg), la tanche a une peau visqueuse, recouverte de petites écailles, verdâtre à brun foncé, mordorée sur le ventre. La tête, large, arbore un barbillon de chaque côté de la bouche. Les nageoires sont sombres. La caudale, très peu échancrée, est presque rectangulaire. Les autres nageoires sont arrondies. Les nageoires ventrales et anale du mâle sont plus longues que chez la femelle. Le deuxième rayon des nageoires ventrales du mâle est très épaissi.
ÉCOLOGIE — La tanche vit sur les fonds vaseux des eaux dormantes ou lentes riches en végétation. Elle peut supporter des eaux assez pauvres en oxygène. Plutôt nocturne, elle se nourrit d'invertébrés benthiques et de débris végétaux. Les juvéniles sont grégaires et les adultes plutôt solitaires. Le frai se déroule dans la végétation littorale entre mai et juillet (20 °C environ). La femelle pond en plusieurs fois quelques centaines de milliers d'œufs verdâtres de 1 mm de diamètre sur les végétaux immergés. Ils éclosent après une semaine environ. La tanche hiverne enterrée dans la vase.
DISTRIBUTION — La tanche, distribuée dans la majeure partie de l'Europe et dans l'ouest de l'Asie, est commune dans toute la France.

Le gardon est un poisson dont la détermination est parfois délicate, de par sa variabilité morphologique et de nombreuses possibilités d'hybridation.

La carpe est un important poisson de pisciculture, en particulier dans les pays d'Europe de l'Est comme la Pologne.

La tanche, typique des milieux stagnants à fonds vaseux, est capable de supporter des eaux pauvres en oxygène.

Les amphibiens ou batraciens

Cette classe regroupe des animaux poïkilothermes à peau nue et muqueuse, à larves aquatiques munies de branchies. Les adultes ont une respiration pulmonée. La plupart des espèces sont ovipares et s'accouplent dans l'eau. En Europe on distingue les ordres des urodèles et des anoures.

La plupart des urodèles appartiennent à la famille des salamandridés (tritons, salamandres, euproctes). Leur corps prolongé par une longue queue porte 4 petites pattes. La fécondation est interne. Les larves, à branchies externes, ressemblent vite aux adultes. Leurs pattes antérieures se développent avant les postérieures. Elles sont carnivores.

Les anoures (grenouilles et crapauds) ont un corps trapu, sans queue. Les pattes postérieures, adaptées au saut et à la nage, sont plus grandes que les antérieures. De nombreuses espèces ont des sacs vocaux. La fécondation est généralement externe. Pendant l'accouplement, le mâle enlace la femelle au niveau des membres antérieurs (amplexus axillaire) ou au niveau des reins (amplexus lombaire). Les larves (têtards), herbivores et détritivores, très différentes des adultes, possèdent une queue et des branchies tout d'abord externes, puis internes. Les pattes postérieures se développent avant les antérieures.

CRAPAUD SONNEUR À VENTRE JAUNE

Bombina variegata

DESCRIPTION — Ce petit batracien (4-5 cm) de la famille des discoglossidés a un corps aplati, gris-brun et verruqueux sur le dessus. Le dessous est lisse, jaune à orange vif avec des taches sombres. La tête, à museau arrondi, porte des yeux saillants avec des pupilles cordiformes. La langue est ronde, peu mobile. Les orteils sont palmés. Les mâles ont une petite épine noire sur les verrues et portent en période nuptiale des coussinets sur les avant-bras. Le sonneur, dépourvu de sac vocal, a un chant doux et faible.

ÉCOLOGIE — Cette espèce diurne, assez aquatique, fréquente les petits milieux (mares, flaques, fossés, ornières, abreuvoirs). Elle se nourrit de petits insectes, de vers et de mollusques. L'accouplement a lieu entre mai et juillet (amplexus lombaire). La femelle pond une centaine de très gros œufs, qui adhèrent en petits paquets à la végétation aquatique. Ces œufs éclosent après une semaine. Une femelle peut effectuer plusieurs pontes dans l'année. Le sonneur à ventre jaune hiberne dans la terre ou dans la vase. Lorsqu'il est menacé, il se retourne sur le dos et présente son abdomen jaune vif. Sa peau sécrète alors un venin irritant.

DISTRIBUTION — L'espèce est présente dans une grande partie de la France (jusqu'à 1 500-2 000 m). Ses effectifs sont en forte régression.

CRAPAUD COMMUN

Bufo bufo

DESCRIPTION — Bufonidé de 10 à 15 cm (jusqu'à 20 cm dans le sud), il a un corps massif, une peau sèche et verruqueuse, des glandes très développées de chaque côté de la nuque (glandes parotoïdes), des pupilles horizontales et une langue allongée, visqueuse et très mobile. La tête, courte et large, porte des yeux cuivrés. Les orteils sont palmés. Le dos est généralement grisâtre ou brunâtre, le ventre clair et tacheté. Les mâles, plus petits que les femelles, ont des pelotes digitales pendant la période nuptiale. Ils n'ont pas de sacs vocaux, d'où un cri peu sonore.

ÉCOLOGIE — Ce crapaud vit en solitaire, sauf pendant la période nuptiale. On le trouve dans des biotopes très variés, jusqu'à plus de 2 500 m d'altitude. Il peut marcher vite et sauter, grimpe et nage bien. Crépusculaire et nocturne, il se nourrit surtout d'insectes. La saison des amours dure de la fin de l'hiver au début du printemps. Les crapauds retournent chaque année aux mêmes mares. L'accouplement, axillaire, dure plusieurs jours. La femelle pond plusieurs milliers d'œufs de 1,5 à 2 mm, en 2 longs cordons qu'elle enroule autour des végétaux. Les têtards se métamorphosent en petits crapauds au début de l'été. D'octobre à mars, le crapaud commun hiberne à terre dans une cavité.

DISTRIBUTION — L'espèce, eurasiatique et nord-africaine est commune en France.

ESPÈCE PROCHE — Le crapeau vert *(Bufo viridis)*, avec lequel le crapaud commun peut s'hybrider, mesure 7 à 10 cm et possède de longues pattes postérieures. L'iris est vert et le dos clair, avec des taches sombres. Cette espèce a des mœurs plus aquatiques que la précédente. En France, elle ne vit que dans l'Est.

Le crapaud sonneur à ventre jaune se retourne sur le dos et présente son abdomen fortement coloré lorsqu'il est menacé. Sa peau sécrète alors un venin irritant apte à décourager d'éventuels prédateurs.

Le crapaud commun a des mœurs plutôt terrestres, sauf pendant la période de reproduction.

CRAPAUD DES JONCS

Bufo calamita

DESCRIPTION — Dit aussi crapaud calamite, il mesure de 5 à 10 cm (le plus souvent 6-8 cm). Les membres postérieurs, partiellement palmés, sont courts. La couleur du dos est verdâtre à gris brun, avec des marques sombres et des verrues ponctuées de rouge. Une ligne dorsale jaune (plus rarement blanche) s'étend du museau à l'anus. Le ventre est clair avec des petites taches sombres. Les yeux, jaunes et tachetés de noir, ont les pupilles horizontales. Les mâles, qui possèdent un sac vocal, chantent bruyamment pendant la période de reproduction.

ÉCOLOGIE — Ce crapaud vit dans les terrains sablonneux, les friches, à proximité des eaux douces ou de la mer. Il est surtout nocturne. Souvent, il s'enterre dans le sol ou se cache dans un trou pendant la journée. Il ne se déplace pas en sautant mais en marchant très vite. Il est également bon grimpeur. Il se nourrit d'insectes, de myriapodes, de vers et d'araignées. La saison de reproduction est assez longue (printemps et été). L'accouplement (amplexus axillaire) se déroule en eaux peu profondes. La femelle pond plusieurs milliers de petits œufs (1,5 mm), disposés en 2 cordons de 1 à 2 m de long. Les têtards naissent après moins d'une semaine. Le crapaud des joncs hiberne dans le sol. Menacé, il dresse ses pattes postérieures et gonfle son corps.

DISTRIBUTION — Il occupe une grande partie de la façade ouest de l'Europe jusqu'au nord-ouest de la Russie (sporadique en Grande-Bretagne et absent de Scandinavie). Absent d'Italie, de la péninsule Balkanique et des îles méditerranéennes, il est en revanche présent dans une grande partie de la France, jusqu'à 1 000 m d'altitude; il semble toutefois en régression.

LES GRENOUILLES VERTES

DESCRIPTION — Les grenouilles (famille des ranidés) ont une peau assez lisse, de longues pattes postérieures et des pupilles rondes ou horizontales. Elles possèdent de petites dents sur la mâchoire supérieure. La langue, très mobile, est fourchue et libre en arrière. Les espèces européennes se caractérisent par la présence d'un repli cutané bien visible aux jointures entre le dos et les flancs. Les grenouilles vertes regroupent 3 espèces difficiles à distinguer: la grenouille rieuse (*Rana ridibunda*, 10-15 cm), la petite grenouille verte (*Rana lessonae*, 4-9 cm) et la grenouille comestible (*Rana esculenta*, 7-12 cm), hybride entre les 2 premières. Elles ont une tête large avec des yeux saillants assez rapprochés, à pupilles ovales. Les mâles possèdent deux sacs vocaux, qui sortent de fentes situées en arrière de la bouche et se gonflent lorsqu'ils chantent.

La grenouille rieuse est verdâtre à brunâtre, avec le dos parfois assez verruqueux et souvent couvert de taches annelées. La face postérieure des cuisses est grisâtre à olivâtre. Les métatarses présentent une petite protubérance peu saillante (« tubercule métatarsien »). Les sacs vocaux des mâles sont gris.

La petite grenouille verte est moins massive, avec un museau plus pointu et des pattes postérieures plus courtes. Le dos, souvent verdâtre, peut porter des taches sombres. L'arrière des cuisses est parfois jaune ou orange. Le tubercule métatarsien est long et saillant. Les sacs vocaux sont blancs. Le chant des mâles est moins puissant et plus régulier que celui de l'espèce précédente.

La grenouille comestible est très proche de la précédente, mais avec un museau un peu plus arrondi, des membres postérieurs plus allongés et des tubercules métatarsiens plus petits.

ÉCOLOGIE — Les grenouilles vertes sont très aquatiques. Elles se nourrissent d'insectes (qu'elles capturent souvent au vol en projetant leur langue avec une très grande rapidité), de vers, ainsi que de petits vertébrés pour les plus grands individus. La reproduction a lieu à la fin du printemps ou au début de l'été (amplexus axillaire). La femelle pond quelques centaines à quelques milliers d'œufs de 1 à 1,5 mm, qui coulent en paquets au fond de l'eau. Ces œufs éclosent après quelques jours. Les têtards se métamorphosent en petites grenouilles après 3 ou 4 mois de vie larvaire. La grenouille rieuse hiberne dans la vase alors que la petite grenouille verte hiberne plus souvent à terre.

DISTRIBUTION — L'aire de distribution de la grenouille rieuse comprend la péninsule Ibérique, le sud-ouest de la France et l'Europe centrale, de la péninsule Balkanique à la Russie. La petite grenouille verte est absente de la péninsule Ibérique, du sud-ouest de la France et de la péninsule Balkanique. Elle s'étend en Europe continentale jusqu'au sud de la Scandinavie et jusqu'à la Russie. Elle est présente en Corse.

Le crapaud des joncs se distingue des autres crapauds par la rayure dorsale jaune vif qui s'étend le long de sa colonne vertébrale (quelquefois cependant, cette rayure est peu visible).

Les grenouilles vertes forment un complexe de deux espèces, la petite grenouille verte et la grenouille rieuse, et d'une forme hybride, la grenouille comestible. Leur distinction est affaire de spécialiste.

LES GRENOUILLES BRUNES

DESCRIPTION — Ces grenouilles ont le dos jaunâtre ou brunâtre et présentent une large tache temporale sombre. Les 3 principales espèces européennes sont assez semblables.

La grenouille rousse (*Rana temporaria*, 6-10 cm) est massive avec un museau large et arrondi. Le tympan est assez éloigné de l'œil. Les mâles ont deux sacs vocaux internes. Le tubercule métatarsien est petit et mou. Le ventre est typiquement tacheté de sombre, le dos assez peu verruqueux, avec des jointures dorso-latérales très rapprochées. Il est souvent parsemé de points noirs, mais rarement rayé. Les membres sont barrés de brun sombre. Au moment de la reproduction, les mâles prennent un reflet gris-bleu.

La grenouille champêtre ou grenouille oxyrhine (*Rana arvalis*, 4-8 cm) a le museau plus pointu que la précédente. Le tympan est loin de l'œil. Le tubercule métatarsien est long et dur. Le ventre est uni, le dos souvent rayé et verruqueux, avec des jointures dorso-latérales très rapprochées. Les bandes transversales des membres postérieurs apparaissent plus ou moins nettement. Souvent, les mâles ont une bande dorsale pâle. Ils sont bleuâtres pendant la période nuptiale.

La grenouille agile (*Rana dalmatina*, 4-9 cm), élancée, a le museau pointu. Le tympan est situé près de l'œil. Les mâles n'ont pas de sacs vocaux. Les pattes postérieures sont plus longues que celles des espèces précédentes (le talon dépasse le museau lorsque la patte est rabattue vers l'avant). Les tubercules métatarsiens sont grands et bien visibles. Le dos est peu verruqueux, avec des jointures dorso-latérales bien écartées. Le ventre est pâle. Les flancs et le dos sont souvent peu tachetés. Les membres postérieurs arborent des bandes sombres transversales.

ÉCOLOGIE — Les grenouilles brunes sont essentiellement terrestres en dehors de la période de reproduction. La grenouille champêtre préfère les prairies très humides, les marais et les tourbières de plaine. La grenouille rousse colonise des biotopes très variés jusqu'à près de 3 000 m d'altitude. La grenouille agile aime les sous-bois de feuillus et les prairies humides proches. Les 3 espèces se nourrissent d'insectes, de crustacés, de lombrics et de limaces. La reproduction a lieu de mars à avril (amplexus axillaire). La femelle pond de quelques centaines à quelques milliers d'œufs de 2 à 3 mm. Ces œufs flottent en amas gélatineux à la surface de l'eau pour la grenouille rousse et restent au fond de l'eau pour les 2 autres espèces. L'incubation dure 3 à 4 semaines, le développement larvaire environ 3 mois. Les grenouilles brunes hibernent d'octobre-novembre à février-mars dans la vase du fond de l'eau ou sur terre, sous des mousses, des feuilles ou des pierres.

DISTRIBUTION — La grenouille champêtre vit du nord-est de la France (Alsace-Lorraine) au nord de la Suède et de la Finlande, jusqu'à la Sibérie à l'est, jusqu'aux Alpes et à la Roumanie au sud. La grenouille rousse vit dans presque toute l'Eurasie, à l'exception du sud des Balkans et d'une grande partie de la péninsule Ibérique et de l'Italie. Elle est présente un peu partout en France. L'aire de distribution de la grenouille agile s'étend de la France à la mer Noire, et de la péninsule balkanique à la moitié sud de l'Allemagne. Elle est absente de la péninsule Ibérique. Des colonies isolées ont été observées dans quelques autres régions: en Allemagne du Nord, au Danemark et au sud de la Suède.

SALAMANDRE TACHETÉE

(Salamandra salamandra)

DESCRIPTION — Cette salamandre, dite aussi commune ou terrestre, est un urodèle de grande taille (12-20 cm, jusqu'à 30 cm dans le sud). Sa peau luisante, lisse et noire est tachetée de jaune ou d'orange vif (dessin très variable). Le corps est allongé et robuste. La queue, épaisse et cylindrique, est assez courte. Les membres ne sont pas palmés. La tête, large et courte, porte de gros yeux saillants. Les glandes parotoïdes sont protubérantes de chaque côté de la nuque. Des glandes sont également présentes le long du dos et sur les flancs. Elles sécrètent un venin.

ÉCOLOGIE — La salamandre vit dans les sous-bois humides de feuillus, surtout dans les régions de collines et de montagnes. Elle est essentiellement terrestre et se cache pendant la journée. Assez peu active, elle se nourrit d'insectes, de limaces, de vers, et de divers invertébrés peu mobiles. L'accouplement a généralement lieu sur terre (parfois en eau peu profonde). La femelle peut garder très longtemps des spermatozoïdes et il arrive que des jeunes naissent plusieurs années après l'accouplement. La salamandre est ovovivipare (la membrane de l'œuf se rompt peu avant ou juste après la ponte). Dès l'automne sous climat tempéré (France) ou au printemps sous climat plus continental, elle dépose quelques dizaines de larves dans des eaux fraîches et bien oxygénées (zones calmes des ruisseaux). Ces larves de 2 à 3 cm, pourvues de 4 membres, achèvent leur métamorphose en 2 à 4 mois. Les jeunes peuvent naître totalement développés sous climat rigoureux (régions sèches ou de haute altitude). La salamandre tachetée hiberne à terre.

DISTRIBUTION — L'espèce habite l'Europe moyenne et méridionale, le sud-ouest de l'Asie et l'Afrique du Nord. Elle est présente dans toute la France, mais assez peu commune.

Contrairement aux grenouilles vertes, les grenouilles brunes ont des mœurs essentiellement terrestres en dehors de la période de reproduction.

Une grande diversité de dessins caractérise la robe de la salamandre tachetée. Cette variabilité a conduit à la création de nombreuses sous-espèces. Cependant, la coloration varie même au sein d'une population.

LES TRITONS

Triturus spp.

DESCRIPTION — Ces urodèles ont une queue aplatie latéralement, servant à la nage. Les glandes parotoïdes sont peu développées. Les espèces sont difficiles à distinguer, sauf durant la période nuptiale, pendant laquelle les mâles prennent des couleurs vives et acquièrent une crête souple sur la queue et sur le dos. Cinq espèces ont une large aire de répartition en Europe.

Le triton marbré *(Triturus marmoratus)*, assez grand (12-14 cm), a le dos marbré, vert clair et brun-noir, et le ventre gris sombre taché de clair. La peau est légèrement rugueuse. Les jeunes, et parfois les femelles, présentent une ligne dorsale orange. Le mâle en livrée nuptiale possède une grande crête jaune-vert barrée de sombre, à bord droit, et une bande médiane pâle sur la queue.

Le triton palmé *(Triturus helveticus)*, le plus petit de nos tritons (7-8 cm), a la peau lisse. Le dos et les flancs sont jaune-brun, généralement tachetés de sombre. Le ventre, jaune dans sa partie centrale, blanchâtre sur les côtés, porte de petites taches sombres. La gorge est unie, souvent rose pâle. La tête est barrée par une bande sombre au niveau de l'œil. Le mâle en livrée nuptiale a une queue tronquée, terminée par un filament d'environ 1 cm de long et ornée de 2 rangées de taches foncées. Ses pattes arrière sont palmées et sa crête est basse et rectiligne.

Le triton ponctué, dit aussi commun ou lobé *(Triturus vulgaris)*, d'une taille de 8 à 11 cm, a une peau lisse (phase aquatique) ou peu granuleuse (phase terrestre). La femelle est plus petite que le mâle. Le dos et les flancs, brun-jaune, portent de nombreux points sombres. Le ventre est jaune à rouge dans sa partie centrale, plus clair sur les côtés, et porte des taches noirâtres. La gorge est jaune pâle et ponctuée de noir. On note souvent la présence de lignes longitudinales sombres sur le museau. Le mâle en livrée nuptiale a des orteils bordés de lobes noirâtres et une crête ondulée, assez haute. Le bord inférieur de la queue est rougeâtre ou bleuâtre.

Le triton alpestre *(Triturus alpestris)* mesure entre 8 et 12 cm. Les femelles sont plus grandes que les mâles. La peau est lisse (phase aquatique) ou légèrement rugueuse (phase terrestre), le dos gris-brun, souvent marbré. Les flancs et les côtés de la tête portent généralement de nombreuses petites taches foncées. La tête ne présente pas de ligne longitudinale sombre. Le ventre (généralement uni) et la gorge (parfois un peu tachetée) sont jaune-orangé à rouge. Le mâle en livrée nuptiale a le dos gris-bleu et une crête basse, à bord droit, jaune à taches sombres.

Le triton crêté *(Triturus cristatus)* est la plus grande de nos espèces (12 à 16 cm, mâle plus petit que la femelle). La peau est humide, souvent rugueuse. Le dos est gris-brun sombre à noir. Le ventre est jaune-orangé, avec de grosses taches noires. Les flancs, la gorge et les côtés de la tête sont sombres et piquetés de blanc. Le museau ne possède pas de ligne longitudinale sombre. Le dessous de la queue de la femelle est jaune-orangé. La queue du mâle présente une bande médiane pâle plus ou moins nette. Le mâle en livrée nuptiale a une crête sombre, haute et profondément dentelée. La crête dorsale est nettement séparée de la crête caudale.

ÉCOLOGIE — Les tritons, plutôt terrestres en dehors de la période nuptiale, vivent dans les endroits humides. Le triton crêté, et surtout le triton alpestre, ont des mœurs plus aquatiques que les autres espèces. Les tritons ont une activité nocturne. Ils se nourrissent de nombreux invertébrés, et de petits vertébrés pour les plus grandes espèces (têtards, alevins). La reproduction a lieu au printemps dans les étangs, les mares, les abreuvoirs, les fossés et les ruisseaux lents. Le mâle accomplit une parade nuptiale complexe. Il émet un ou plusieurs spermatophores (masses gélatineuses renfermant les spermatozoïdes), qui sont récupérés par la femelle. Cette dernière pond de quelques dizaines à quelques centaines d'œufs isolés sur les plantes immergées. Les œufs éclosent après 2 semaines. Le développement larvaire dure généralement 3 mois. La plupart des espèces vivent ensuite à terre jusqu'à la maturité sexuelle, à l'âge de 3 ans environ. Les tritons passent l'hiver dans une cavité ou dans la vase.

DISTRIBUTION — Le triton marbré vit dans la péninsule Ibérique et dans le sud et l'ouest de la France (en forte régression). Le triton palmé est distribué dans l'ouest de l'Europe, jusqu'en Allemagne occidentale et en Suisse, et du nord de l'Espagne au nord de l'Écosse (absent d'Irlande). Il est commun en France. Le triton ponctué vit en Europe septentrionale et centrale, jusqu'au milieu de la Scandinavie et jusqu'en Asie occidentale. Il est absent de la péninsule Ibérique, du sud de l'Italie et des îles méditerranéennes. En France, il se trouve au nord de la Loire et du Massif central, de même que le triton alpestre. Ce dernier est distribué en Europe occidentale et centrale, jusqu'au Danemark, à l'ouest de la Russie et aux Carpates. Il est absent d'Irlande, de Grande-Bretagne et de la majeure partie de l'Europe méridionale. Le triton crêté occupe la majeure partie de l'Europe centrale et méridionale, jusqu'au sud de la Scandinavie et jusqu'à l'Asie occidentale. Il est absent d'Irlande, de la péninsule Ibérique, du sud et du sud-ouest de la France, des îles méditerranéennes et de l'extrême sud de la péninsule Balkanique. Il est très menacé par les prélèvements et la pollution.

Mâle de triton alpestre en livrée nuptiale.

Mâle de triton ponctué (triton lobé) en livrée nuptiale.

Les reptiles

Les reptiles sont des vertébrés poïkilothermes, généralement ovipares, à peau écailleuse et sèche. En Europe, ils regroupent les chéloniens (tortues) et les squamates, eux-mêmes divisés en sauriens (lézards), amphisbéniens (lézards-vers, avec une seule espèce, absente de France) et ophidiens (serpents). La plupart des reptiles ont des mœurs terrestres. Cependant quelques espèces sont plus ou moins inféodées aux milieux humides, voire aquatiques, telles la cistude d'Europe (Emys orbicularis), *la couleuvre à collier* (Natrix natrix), *la couleuvre vipérine* (Natrix maura). *D'autres, comme le lézard vivipare* (Lacerta vivipara) *et la vipère péliade* (Vipera berus) *nagent bien et vivent fréquemment dans les milieux assez humides (prairies humides, tourbières, marais), bien que de manière moins exclusive.*

CISTUDE D'EUROPE

Emys orbicularis

DESCRIPTION — On l'appelle aussi tortue bourbeuse, tortue des marais ou encore émyde. Elle appartient à la famille des émydidés, à carapace ovale, élargie à l'arrière. Le bouclier dorsal, peu bombé, est long de 16 à 20 cm (parfois 30 cm). Les pattes sont palmées et munies de longues griffes. Le cou est allongé et le museau, assez pointu, possède un bec à bords coupants. La queue est longue et effilée. La cistude, de couleur brun verdâtre à noire, peut être ponctuée ou striée de jaune.

ÉCOLOGIE — La cistude vit dans les marais, les petits milieux stagnants, parfois saumâtres, et les ruisseaux calmes, à fonds vaseux et à végétation bien développée. Surtout active le matin et le soir, elle aime s'exposer au soleil durant la journée. Bonne nageuse, elle peut rester longtemps sous l'eau. Elle se nourrit d'invertébrés aquatiques variés, de batraciens, de poissons, d'oisillons et de cadavres d'animaux. La cistude est ovipare. L'accouplement s'effectue sous l'eau, généralement entre mars et mai. À la fin du printemps, la femelle pond 4 à 15 œufs dans une cavité aménagée à proximité des berges, qu'elle recouvre ensuite de terre. L'incubation dure environ 3 mois et les jeunes éclosent à la mi-été (parfois au printemps suivant). D'octobre à mars, la cistude hiberne dans la vase ou dans une cavité de la berge. Elle peut estiver dans les régions chaudes ou lors d'étés secs.

DISTRIBUTION — La cistude vit en Europe méridionale et centrale, en Asie occidentale et dans le nord-ouest de l'Afrique. En France, elle est surtout présente dans le sud du pays. Cette espèce est en forte régression.

ESPÈCE PROCHE — L'émyde lépreuse *(Mauremys caspica)*, de mœurs similaires, s'en distingue par sa couleur habituellement moins foncée et la présence de rayures bien visibles sur le cou. Elle n'est présente qu'en Espagne et dans les Balkans.

COULEUVRE À COLLIER

Natrix natrix

DESCRIPTION — Dite aussi serpent d'eau, serpent nageur ou anguille de haies, ce colubridé mesure de 0,7 à 1,2 m, les femelles pouvant occasionnellement atteindre 2 m. La tête est large et courte, à museau arrondi, la queue est effilée. L'espèce doit son nom à la présence fréquente d'un collier latéral blanchâtre à orangé, souvent suivi d'une tache sombre en arrière de la tête. Le dos est grisâtre ou brun-vert. Les flancs sont fréquemment barrés de bandes transversales sombres. Le ventre est gris à reflets bleutés.

ÉCOLOGIE — L'espèce recherche la proximité de l'eau et se nourrit d'amphibiens, de poissons et occasionnellement de petits mammifères et d'oisillons, qu'elle chasse durant le jour. Elle nage en gardant la tête dressée hors de l'eau, mais peut rester longtemps immergée. Les accouplements ont lieu au printemps, plus rarement à l'automne. La femelle pond 10 à 50 œufs en été, souvent dans des tas de végétaux en décomposition. L'éclosion a lieu après 4 à 10 semaines. L'espèce passe la mauvaise saison dans des cavités ou sous des tas de végétaux en décomposition.

DISTRIBUTION — Cette espèce, rencontrée dans la quasi totalité de l'Europe, dans l'ouest de l'Asie et en Afrique du Nord-Ouest, est commune en France (jusqu'à 2 400 m d'altitude).

À NOTER — Cette couleuvre, non venimeuse, prend des attitudes d'intimidation ou simule la mort lorsqu'elle est menacée.

ESPÈCE PROCHE — La couleuvre vipérine *(Natrix maura)* est plus petite (0,6-1 m), avec des taches sombres ou des ocelles formant parfois des rayures en zigzag, ce qui lui donne une apparence de vipère. Cette espèce, très inféodée aux eaux courantes, nage la tête immergée et se nourrit surtout de petits batraciens et de petits poissons. Elle est commune dans le sud de la France.

La régression des effectifs de la cistude d'Europe correspond partiellement à une diminution naturelle de son aire de répartition. Elle a malheureusement été aggravée par l'action de l'homme.

La coloration et l'ornementation de la couleuvre à collier varient fortement selon les régions.

Les oiseaux

Les milieux aquatiques continentaux sont des biotopes très riches en oiseaux tout au long de l'année. Ces oiseaux sont extrêmement diversifiés. Près de deux tiers des ordres et environ la moitié des familles d'Europe ont en effet des représentants liés plus ou moins étroitement à un environnement aquatique.

BALBUZARD PÊCHEUR

Pandion haliaetus

DESCRIPTION — Ce balbuzard, dit aussi fluviatile, est un grand rapace diurne de la famille des pandionidés (longueur : 50-60 cm, envergure : 150-170 cm). Le dos brun sombre contraste fortement avec le dessous blanc. La poitrine est barrée d'un plastron foncé, la tête, blanche, ornée d'une large bande sombre au niveau de l'œil. Les ailes, longues et coudées, ont la face antérieure claire, avec une tache noire. La queue présente des rayures transversales.

ÉCOLOGIE — Le balbuzard fréquente les lacs, les grandes rivières et les rivages marins. Il se nourrit uniquement de poissons. Il a un vol battu assez lent et plane occasionnellement. Après avoir repéré un poisson, il fait du sur place avant de plonger les pattes les premières. L'aire, généralement située au sommet d'un arbre, est un nid de branchages d'environ 2 m de diamètre. La femelle pond 2 ou 3 œufs qui éclosent après un mois et demi. Les jeunes deviennent adultes à l'âge de 3 ans. Le cri du balbuzard est une série de sifflements brefs, souvent en decrescendo.

DISTRIBUTION — Ce migrateur passe l'été en Écosse, en Scandinavie et en U.R.S.S. Il hiverne en Afrique centrale et traverse l'Europe méridionale au printemps et en automne. La France possède une population sédentaire réduite à une dizaine de couples nicheurs en Corse.

AUTRES RAPACES DIURNES — Le milan noir (*Milvus migrans,* famille des accipitridés) est commun pendant l'été dans pratiquement toute l'Europe, à l'exception du Nord-Ouest. Il vit près des lacs et des fleuves. Son alimentation comporte beaucoup de poissons morts ou malades et de batraciens. De taille moyenne (longueur : 55 cm, envergure : 110-115 cm), il est brun sombre et a une queue légèrement échancrée.

Les busards sont des rapaces élancés, de taille moyenne, aux longues ailes un peu coudées et à la queue allongée. Les mâles et les femelles ont des plumages très différents. Les busards volent souvent près du sol. En vol plané, les ailes sont disposées en V. Parmi les trois espèces d'Europe occidentale, la plus typique des zones humides est le busard des roseaux (*Circus aeruginosus* — longueur : 50-55 cm, envergure : 115-125 cm). La femelle est brune, avec une tête claire. Le mâle est brun-roux, à queue gris pâle. Ses ailes sont en partie gris pâle et ont des extrémités noires. L'espèce niche dans les roselières et se nourrit de batraciens, d'oisillons, de petits mammifères, de poissons et d'invertébrés.

MARTIN-PÊCHEUR

Alcedo atthis

DESCRIPTION — Trapu (16 à 17 cm de long), cet oiseau de la famille des alcédinidés a le dessus bleu turquoise à vert métallisé, le dessous orange vif. Les ailes et la queue sont courtes, les pattes petites et rouge vif. La tête est grosse, avec des joues orange, une gorge blanche et une tache blanche de chaque côté de la nuque. Le bec (3,5-4,5 cm) est très pointu, noir chez le mâle et à base rougeâtre chez la femelle.

ÉCOLOGIE — Le martin pêcheur vit en solitaire au bord des rivières et des milieux stagnants aux eaux claires. Il vole très rapidement au ras de l'eau et peut rester longtemps immobile sur une branche, à l'affût d'une proie. Il se nourrit de petits poissons, de larves d'insectes, de mollusques et de batraciens, qu'il capture en plongeant. Il régurgite une pelote constituée par les éléments non digérés. À la fin de l'hiver, les couples se forment. Lors de la parade nuptiale, les conjoints se poursuivent et le mâle offre un poisson à la femelle. Ils creusent une galerie pouvant atteindre 1 m de long dans une berge abrupte. La femelle pond 5 à 8 œufs ronds et blancs, qui sont couvés par les deux parents pendant près de 3 semaines. Les petits quittent le nid à l'âge de 3 ou 4 semaines. Deux couvées peuvent se succéder au cours de l'année. Le chant du martin-pêcheur est une succession de sifflements aigus.

DISTRIBUTION — L'aire de distribution de ce migrateur partiel s'étend de l'Afrique du Nord au sud de la Suède et jusqu'à l'Asie. Les individus les plus septentrionaux se déplacent vers le sud en hiver. En France, l'espèce est sédentaire. Les récentes vagues de froid, la rectification des cours d'eau, la pollution et les piégeages autour des piscicultures ont entraîné sa régression.

Si des balbuzards pêcheurs en cours de migration sont rencontrés dans tout le sud de l'Europe, il ne subsiste plus que quelques populations nicheuses résiduelles en Europe méridionale.

Si les petits poissons de 4 à 8 cm de longueur constituent la fraction essentielle du régime alimentaire du martin-pêcheur (une douzaine de poissons par jour), celui-ci ne dédaigne pas les proies invertébrées.

HÉRON CENDRÉ

Ardea cinerea

DESCRIPTION — Grand échassier à long cou et longues pattes, de la famille des ardéidés (longueur: 90 cm, envergure: 140-180 cm), ce héron a le corps gris cendré sur le dessus, blanchâtre sur le dessous. Les ailes sont larges, arrondies, avec les extrémités et le bord postérieur noirs. La queue est courte, la tête de l'adulte blanche, avec une bande sombre à l'arrière de l'œil, une huppe noire et un bec jaunâtre et effilé. Les juvéniles ont une calotte grise, un bec rosé et n'ont pas de huppe. Le cou est replié en S et les ailes sont arquées vers le bas lors du vol.
ÉCOLOGIE — Le héron cendré fréquente tous les types de milieux aquatiques stagnants ou lents, et les prairies humides. Poissons, batraciens, reptiles, petits rongeurs, oisillons, crustacés, mollusques et insectes constituent sa nourriture. Il niche en colonies bruyantes à proximité de l'eau, le plus souvent dans les arbres, parfois dans les roselières. La reproduction débute à la fin de l'hiver et peut se poursuivre jusqu'au milieu de l'été. La femelle pond 3 à 6 œufs, couvés par les deux parents pendant près de 4 semaines. Les hérons poussent des cris rauques et claquent du bec.
DISTRIBUTION — Le héron cendré est le plus commun des ardéidés d'Europe. Son aire de nidification s'étend sur une grande partie de l'Eurasie, jusqu'au sud de la Scandinavie. Il est absent en été de la majeure partie de l'Espagne et de l'italie, du sud de la France et de l'extrémité de la péninsule Balkanique. Les populations du Nord-Est hivernent dans la région méditerranéenne.

GRÈBE HUPPÉ

Podiceps cristatus

DESCRIPTION — Comme tous les grèbes (famille des podicipédidés), le grèbe huppé a des pattes courtes à doigts lobés, rejetées vers l'arrière du corps, un bec effilé, une queue très courte et de petites ailes. C'est le plus grand grèbe européen (45-55 cm de long). Il a le dos brun-gris. Le dessous, le cou (long et mince) et les joues sont blancs. Le bec est rose. En été, une collerette rousse bordée de noir et deux huppes sombres ornent la tête des adultes. Ces ornements sont plus petits chez la femelle. En hiver, il ne subsiste qu'une calotte sombre. Les jeunes ont des bandes longitudinales noires sur la tête et le cou.
ÉCOLOGIE — Le grèbe huppé fréquente les lacs et les grands étangs. Comme ses congénères, c'est un mauvais voilier et un excellent plongeur (il peut descendre jusqu'à 30 m). Sa nourriture consiste en insectes, crustacés, têtards et petits poissons. La reproduction s'étend sur le printemps et l'été. Elle donne lieu à des parades nuptiales complexes. La femelle pond 3 à 5 œufs dans un nid flottant ancré à la végétation. Seuls 1 ou 2 poussins sont généralement élevés. Les œufs éclosent après 4 semaines environ. Les jeunes sont souvent portés sur le dos des parents. Les adultes émettent des bruits de trompette et des caquètements pendant la parade nuptiale.
DISTRIBUTION — Le grèbe huppé vit dans une grande partie de l'Eurasie, en Afrique et en Australie. Les populations du Nord-Est hivernent plus au sud. En France, cette espèce est présente toute l'année.

GRÈBE CASTAGNEUX

Podiceps ruficollis

DESCRIPTION — Le plus petit des grèbes (25 cm), beaucoup plus trapu que ses congénères, a aussi un bec plus court. Contrairement aux autres espèces, il ne présente pas de tache blanche très nette sur les ailes. En période nuptiale, le dos est brun-noir, le ventre plus clair, les joues et la gorge brun roux. Une tache blanchâtre orne les coins du bec. En hiver, le dos est gris-brun, le ventre blanchâtre et le cou beige. Les juvéniles ont les joues et le cou bruns, avec de larges taches blanches. Le vol est bas et rapide.
ÉCOLOGIE — Le grèbe castagneux vit sur les eaux dormantes ou calmes à végétation abondante, et dans les marais. Il est plus rare sur les grands lacs que le grèbe huppé. En hiver, il est moins caché et se rencontre souvent en groupes. Il se nourrit d'invertébrés (insectes, crustacés et mollusques) et de petits poissons. La parade nuptiale débute à la fin de l'hiver. La femelle pond 3 à 6 œufs qu'elle couve pendant 3 semaines dans un nid flottant caché parmi la végétation. Très souvent, une deuxième ponte est effectuée dans la saison. Pendant la période de reproduction, le grèbe castagneux émet des trilles sonores, montants et descendants.
DISTRIBUTION — Le grèbe castagneux vit dans presque toute l'Europe (jusqu'au sud de la Suède), dans le sud de l'Asie et en Afrique du Nord. Les populations du Nord et de l'Est sont migratrices et hivernent dans le sud-ouest de l'Europe. En France, cette espèce est présente toute l'année.

Le héron cendré est le plus commun des hérons d'Europe. De même que les autres hérons, cette espèce est totalement protégée en France depuis octobre 1975 et une nette augmentation de ses effectifs en a résulté. La situation est malheureusement plus critique pour le héron bihoreau, le héron pourpré, le butor étoilé et le blongios nain.

Le grèbe huppé niche sur les plans d'eau assez vastes et pourvus de végétation. En France, son aire de nidification s'étend grossièrement au nord d'une ligne La Rochelle-Valence ainsi que sur le littoral méditerranéen.

De mœurs plus palustres et discrètes que les autres grèbes, le grèbe castagneux niche dans les étangs riches en végétaux et les marais. Il construit plusieurs nids avant d'en choisir un définitif. Comme chez les autres espèces, les jeunes passent une grande partie de leur temps dissimulés sur le dos de leurs parents.

LES ANATIDÉS *forment une famille d'oiseaux aux pattes courtes et palmées, au bec large et aplati, muni de lamelles cornées qui servent de tamis. Le corps est recouvert d'un épais duvet et d'un plumage huilé, très imperméable. On distingue 5 sous-familles principales. Les cygnes (cygninés) sont très gros, blancs, avec un long cou mince. Mâles et femelles sont semblables. Les anserinés sont moins grands que les cygnes et ont un cou moins long. Ils regroupent les oies (*Anser *spp.), grises en Europe, et les bernaches (*Branta *spp.), plus maritimes, dont le cou sombre contraste avec le ventre plus clair. Ils se nourrissent essentiellement à terre. Les canards de surface (anatinés) se nourrissent en plongeant uniquement la partie antérieure du corps dans l'eau. Ils décollent presque verticalement de la surface. Le dessus des ailes présente à son bord postérieur une zone rectangulaire colorée (miroir). Les deux sexes sont différents. Les mâles ont un plumage nuptial coloré de l'automne à la fin du printemps, et un plumage d'éclipse, assez terne, en été. Les canards plongeurs (aythyinés) plongent pour se nourrir. Leurs pattes sont placées très en arrière du corps. Ils courent à la surface de l'eau pour s'envoler. Les harles (merginés), piscivores, ont un bec long et mince, aux bords dentés. Leur silhouette rappelle celle des plongeons.*

CYGNE TUBERCULÉ

Cygnus olor

DESCRIPTION — Également appelée cygne muet ou cygne domestique, cette espèce blanche à pattes noires (longueur 150 cm, envergure 240 cm) se distingue des autres cygnes par son bec rouge orangé, surmonté d'un tubercule noir (plus proéminent chez le mâle). Les jeunes sont gris-brun, avec un bec rose chair, noir à la base et sans tubercule. Les cygnes ont un vol puissant, bruyant, en V ou en ligne. Ils décollent en courant sur l'eau.

ÉCOLOGIE — Le cygne tuberculé vit sur les bords des eaux calmes et stagnantes. Il se nourrit de végétaux aquatiques et dans une moindre mesure de petits animaux, qu'il capture depuis la surface en plongeant la tête et l'avant du corps sous l'eau. Généralement sociable, il a souvent une attitude agressive pendant la période nuptiale (cou replié et ailes arquées au-dessus du dos). La parade débute tôt en hiver. Entre mars et mai, la femelle pond 4 à 8 œufs dans un grand nid, constitué de branches et de végétaux aquatiques, et situé à proximité de l'eau. Elle seule couve les œufs pendant 5 à 7 semaines. Le cygne tuberculé émet, très rarement, de faibles grognements.

DISTRIBUTION — L'aire de distribution européenne du cygne tuberculé s'étend de la moitié nord de la France au sud de la Suède, et de la Grande-Bretagne à la Pologne. Les cygnes sauvages nichent au nord de l'Allemagne et de la Pologne, au Danemark et en Suède. Ils hivernent en Europe occidentale. Les formes semi-sauvages ou domestiquées sont sédentaires.

CANARD COLVERT

Anas platyrhynchos

DESCRIPTION — Le colvert est le plus grand des canards de surface (longueur : 58 cm, envergure : 92 cm). Les deux sexes se caractérisent par la présence d'un grand miroir alaire bleu-violet encadré de deux barres blanches sur le bord postérieur de l'aile. Les pattes sont orange. La femelle est terne, brun tacheté. Son bec est brunâtre et orangé. Le mâle en plumage nuptial a la tête d'un vert métallique avec un bec jaunâtre et un étroit collier blanc à la base du cou. La poitrine est brune et le dessous du corps gris pâle. Les plumes externes de la queue sont blanches, alors que les plumes médianes sont noires et enroulées en crosse. Le mâle en éclipse ressemble à la femelle. Le miroir est cependant plus vif, la poitrine et le dos sont plus foncés, et les ailes en partie grises.

ÉCOLOGIE — Ce canard peu farouche fréquente tous les types de milieux aquatiques calmes et stagnants. Il s'observe également le long des côtés en hiver. Ce bon voilier a un vol rapide, avec des battements brefs. Il s'envole presque verticalement depuis la surface de l'eau. Il se nourrit essentiellement de végétaux, mais consomme également des mollusques et des insectes au printemps. La première ponte a lieu dès le mois de mars. La femelle couve les 8 à 12 œufs pondus pendant 3 ou 4 semaines dans un nid sommaire, sans végétation, parfois éloigné de l'eau. Trois pontes peuvent se succéder au cours de l'année. La femelle émet des coin-coin caractéristiques, le mâle a une voix plus faible.

DISTRIBUTION — Le colvert est le plus commun des canards de surface. Il est répandu dans toute l'Europe et dans une grande partie de l'hémisphère Nord. Les populations du nord et du nord-est de l'Europe sont migratrices. En France, le colvert est présent toute l'année. Des individus provenant d'élevages se mêlent fréquemment aux populations sauvages.

Cygne tuberculé.

Mâle et femelle de canard colvert.

SARCELLE D'ÉTÉ

Anas querquedula

DESCRIPTION — C'est un petit canard de surface (longueur 37 cm, envergure 64 cm) au vol très rapide. Chez les deux sexes, le bord antérieur des ailes est gris-bleu. La femelle est brun tacheté. Le miroir alaire, gris-brun et encadré de deux barres blanches, se distingue peu du reste du corps. Le mâle en plumage nuptial a la poitrine brune, le ventre blanc et les flancs pâles légèrement hachurés de brun. Les épaules sont ornées de longues plumes noires et blanches. Le miroir alaire est vert métallique et encadré de deux barres blanches. La tête brun pourpre porte un épais sourcil blanc qui s'étend jusqu'à la nuque. Le mâle en éclipse se distingue de la femelle par ses épaules gris-bleu.
ÉCOLOGIE — La sarcelle d'été fréquente les prairies inondées, les zones marécageuses, les étangs et les rivières riches en végétation littorale. On l'observe souvent en couple ou en petite troupe. Elle se nourrit de graines, de plantes aquatiques, de petits invertébrés, de têtards et de petits poissons. Pendant la parade nuptiale, le mâle hoche la tête et émet un bruit de crécelle. À la fin du mois d'avril, la femelle pond 8 à 11 œufs dans un nid bien caché dans la végétation. Elle couve pendant un peu plus de 3 semaines.
DISTRIBUTION — La sarcelle d'été est répandue dans une grande partie de l'Eurasie. L'aire de nidification européenne s'étend sur la quasi-totalité de l'Europe, jusqu'au centre de la Grande-Bretagne et de la Suède au nord (ne niche pas en Espagne, en Italie et dans le sud de la péninsule Balkanique). Cette espèce migratrice hiverne en Afrique tropicale et dans le pourtour méditerranéen. Elle est assez commune dans toutes les régions d'étangs de France.

FULIGULE MORILLON

Aythya fuligula

DESCRIPTION — Ce canard plongeur a une longueur de 43 cm pour une envergure de 70 cm. Les individus des deux sexes ont des yeux jaunes et des bandes alaires blanches. Le mâle a une tête noire coiffée d'une fine huppe retombante. Le dessus du corps et la poitrine sont noirs, le dessous et les flancs blancs. En éclipse, il ressemble à la femelle qui est brune, avec parfois une petite tache claire à la base du bec.
ÉCOLOGIE — Le fuligule morillon fréquente, souvent en groupe, les lacs, les étangs, les marais et les cours d'eau calmes. Il se nourrit essentiellement d'animaux et en particulier de mollusques qu'il capture jusqu'à une dizaine de mètres de profondeur au maximum. La prolifération de la moule zébrée *(Dreissena polymorpha)* dans les lacs alpins a entraîné une augmentation importante de ses effectifs. La nidification a lieu de la fin mai à juillet, parmi la végétation littorale. La femelle couve 5 à 12 œufs pendant 23 à 26 jours. Le mâle en parade nuptiale émet un sifflement étouffé. La femelle émet un léger croassement.
DISTRIBUTION — Le fuligule morillon est le plus commun des canards plongeurs. Son aire de nidification, qui recouvrait initialement tout le nord de l'Europe, gagne lentement vers le sud. Elle s'étend en France jusqu'à la Bretagne à l'ouest, à la Dombes et au lac Léman à l'est. Son aire de répartition hivernale s'étend des îles Britanniques et du sud de la Suède à l'Afrique du Nord.

FULIGULE MILOUIN

Aythya ferina

DESCRIPTION — Ce canard plongeur de 45 cm de long et 80 cm d'envergure possède un bec puissant et son front fuyant donne à la tête une forme triangulaire. Les individus des deux sexes ont des bandes alaires grises. Le corps de la femelle est brun-gris terne. La poitrine et la tête sont brun sombre avec une tache claire autour de l'œil et du bec, ainsi que sur le menton. Les yeux sont bruns. Le bec gris sombre porte un anneau gris-bleu. La tête et le cou du mâle sont brun roux, la poitrine et le croupion noirs. Le dos et les flancs sont gris pâle, les yeux rouge orangé. Le bec noir porte une large barre bleu pâle. Le mâle en éclipse a le dos plus grisâtre que la femelle.
ÉCOLOGIE — Le fuligule milouin préfère les milieux stagnants assez vastes et découverts aux petits étangs. Il va rarement à terre. Peu actif le jour, il se nourrit surtout du crépuscule à l'aube de plantes aquatiques et d'invertébrés qu'il capture jusqu'à 5 m de profondeur. Entre fin avril et juin, la femelle pond 5 à 12 œufs qu'elle couve pendant 24 à 26 jours dans un nid situé au sein de la végétation littorale.
DISTRIBUTION — Cette espèce commune a une aire européenne de nidification moins nordique que le morillon (de l'Europe centrale au sud de la Suède et de la Finlande). Elle s'étend à l'est jusqu'en Sibérie et gagne progressivement vers le sud. Ce migrateur partiel hiverne en Europe occidentale et méridionale, ainsi qu'en Afrique du Nord. Il est présent toute l'année dans la moitié nord de la France.

Couple de sarcelles d'été. Les effectifs de cette espèce en Europe semblent fortement dépendants de la sécheresse qui sévit régulièrement dans ses zones d'hivernage en Afrique tropicale et notamment au Sahel.

Mâle de fuligule morillon en plumage nuptial.

Mâle de fuligule milouin en plumage nuptial.

LES RALLIDÉS *constituent une famille d'oiseaux de taille petite à moyenne, bien adaptés pour vivre parmi la végétation littorale des plans d'eau et dans les marais. Leurs doigts sont très longs. Ils ont des ailes assez courtes et arrondies et leur vol est lourd. Les sexes sont souvent semblables. Les poussins de la plupart des espèces sont sombres. Parmi les espèces aquatiques françaises, on retiendra surtout le râle d'eau* (Rallus aquaticus), *la marouette ponctuée* (Porzana porzana), *la poule d'eau* (Gallinula chloropus) *et la foulque macroule* (Fulica atra).

Le râle d'eau (27 cm) a le dos brun tacheté de noir, la poitrine grise, les flancs noirâtres barrés de blanc, les pattes rosâtres et un long bec rouge. La marouette ponctuée (23 cm) a le dos brun marbré de blanc, la poitrine grise tachetée de blanc, les pattes verdâtres et un bec orangé assez court. Le râle d'eau est présent toute l'année en France. En revanche la marouette ponctuée est uniquement nicheuse. Ces deux espèces sont très discrètes. Bien que communes, elles se laissent difficilement observer. De nuit cependant, on entend fréquemment les grognements du râle d'eau et les sifflements brefs et répétés de la marouette. L'observation de la poule d'eau et de la foulque macroule est en revanche beaucoup plus aisée.

POULE D'EAU

Gallinula chloropus

DESCRIPTION La poule d'eau, ou poule des marais (32 cm), a la poitrine et le ventre gris-bleu, le dos et les ailes brun sombre. Ses flancs sont ornés d'une ligne blanche irrégulière au niveau de la bordure antérieure des ailes. La queue est relevée, laissant apparaître le dessous noir, bordé de blanc. Les pattes, de couleur verte (rouges au sommet), sont longues et munies de très grands doigts. La pointe du bec est jaune. Sa partie basale et la plaque frontale cornée qui la prolonge sont rouge vif. Les jeunes, brunâtres, ont le bec et la plaque frontale verdâtres. Les poussins sont noirâtres avec un bec rouge. La poule d'eau nage en hochant la tête. Elle peut plonger. Elle court sur l'eau pour décoller et vole au ras de l'eau.

ÉCOLOGIE — La poule d'eau vit sur les bords riches en végétation des milieux calmes et stagnants. Elle est généralement discrète, surtout en été, et se réfugie au cœur de la végétation à la moindre alerte. Elle se nourrit d'invertébrés aquatiques, de graines et de végétaux. En avril-mai, la femelle pond 6 à 10 œufs dans un nid caché dans la végétation littorale ou palustre. Ces derniers sont couvés par les deux parents pendant environ 3 semaines. Deux ou trois pontes peuvent se succéder au cours de l'année.

DISTRIBUTION — Cette espèce est répandue sur tous les continents, sauf en Australie. On l'observe en Europe jusqu'au sud de la Scandinavie. Les populations du nord et du nord-est de l'Europe sont migratrices. À l'ouest et au sud, notamment en France, elles sont en revanche sédentaires.

FOULQUE MACROULE

Fulica atra

DESCRIPTION — Ce grand rallidé (longueur : 38 cm) a un corps massif, gris noirâtre. La tête porte une plaque frontale et un bec blancs. Les pattes sont vertes avec de longs doigts lobés. Les juvéniles ont la gorge et la poitrine blanchâtres. Les poussins sont noirâtres, avec la tête et le bec rouges. La foulque macroule est plus aquatique que la poule d'eau et plonge fréquemment à quelques mètres de profondeur. Elle nage en hochant la tête. Elle a un vol lourd, maladroit et court sur l'eau pour s'envoler.

ÉCOLOGIE — La foulque macroule fréquente les eaux dormantes, et en particulier les grands milieux ouverts. Grégaire, elle est fréquemment observée en grands rassemblements pouvant compter plusieurs milliers d'individus. Elle se nourrit surtout de végétaux aquatiques, mais mange également des plantes terrestres, des graines et des invertébrés. Dès le début du printemps, la femelle pond 5 à 10 œufs dans un nid construit au sein de la végétation littorale ou à découvert. Les œufs sont couvés par les deux parents pendant un peu plus de 3 semaines. Deux couvées peuvent se succéder dans l'année.

DISTRIBUTION — La foulque macroule est largement distribuée en Europe, jusqu'au sud de la Scandinavie, dans le sud de l'Asie, dans l'Ouest africain et en Australie. Les populations septentrionales et orientales sont migratrices. En France, l'espèce est très commune toute l'année.

Les poules d'eau se reconnaissent aisément à la plaque cornée rouge qui orne leur bec et à leur queue relevée, laissant apparaître le dessous noir bordé de blanc.

La foulque se distingue de la poule d'eau par son bec et son front blancs, et par sa silhouette plus profondément enfoncée sur l'eau.

LES LIMICOLES *(littéralement, les oiseaux qui «fréquentent la vase») regroupent des oiseaux souvent difficiles à identifier, munis de pattes assez longues et d'un bec mince et allongé. La plupart sont adaptés pour marcher dans la vase des eaux littorales. Ils se déplacent rapidement à terre et sont de bons voiliers, aux ailes allongées et pointues. La femelle pond 2 à 4 œufs dans un nid sommaire ou à même le sol. Les œufs et les poussins (nidifuges) sont généralement tachetés et très peu visibles. Souvent, si la couvée est menacée, les parents simulent une blessure pour détourner l'attention ou attaquent les intrus. Les principales familles européennes sont les charadriidés (gravelot, pluvier), les scolopacidés (chevalier, bécasseau, courlis, barge, bécassine), les récurvirostridés (avocette, échasse) et les haematopodidés (huîtriers).*

PETIT GRAVELOT

Charadrius dubius

DESCRIPTION — Ce petit limicole (16 cm) a le dessus du corps et les ailes brun-gris (sans barre alaire blanche), le dessous blanc et un collier noir sur le haut de la poitrine. La queue est bordée de blanc. La tête porte une bande noire, qui barre l'œil et se divise en deux sur le front. Cette barre est surmontée d'une bande blanche qui s'étend sur le front. Le dessus de la tête est brun-gris. Le bec est court, sombre avec un peu de jaune. L'œil est entouré de jaune vif. Les pattes sont de couleur chair ou jaune pâle.
ÉCOLOGIE — Le petit gravelot fréquente les berges des lacs et des rivières. Il recherche de petits invertébrés dans le sable ou la vase. Dès la mi-avril, la femelle pond 3 à 5 œufs dans une petite cavité, creusée dans les graviers par le mâle. Ces œufs sont couvés pendant 3 ou 4 semaines par les deux parents. Deux pontes se succèdent généralement dans la saison.
DISTRIBUTION — Ce gravelot niche dans presque toute l'Europe (sauf le nord de la Scandinavie, l'Islande et la majeure partie de la Grande-Bretagne), en Asie et en Afrique du Nord. Commun en France, il hiverne en Afrique.

BÉCASSINE DES MARAIS

Gallinago gallinago

DESCRIPTION — Cet oiseau de 25 à 30 cm est difficile à observer. Le ventre est blanc, le reste du corps brun tacheté. Le dos est rayé de 4 bandes longitudinales claires. La tête est striée de brun foncé et de clair, le bec mince et très long (incliné vers le bas pendant le vol). Les pattes sont verdâtres et assez courtes. La bécassine des marais s'envole en zigzag quand elle est dérangée. Le mâle monte en spirale puis descend en piqué pendant le vol nuptial. Les plumes de la queue produisent alors un bruissement caractéristique.
ÉCOLOGIE — Cette espèce vit dans les marais, les tourbières et les prairies humides. Elle mange des invertébrés, qu'elle capture dans la vase, et des végétaux. Au printemps, la femelle pond 2 à 6 œufs dans un nid caché dans la végétation et les couve pendant près de 3 semaines.
DISTRIBUTION — Nicheuse dans presque toute l'Europe, sauf les régions méridionales (quelques centaines de couples dans les deux tiers nord de la France), elle hiverne en Europe occidentale et méridionale ainsi qu'en Afrique du Nord.

CHEVALIER GUIGNETTE

Actitis hypoleucos

DESCRIPTION — Le plus petit des chevaliers (19 cm) a le dessus du corps brun-vert, légèrement marqué de sombre en été. La queue est sombre, striée de bandes blanches transversales sur les côtés. Le ventre et les flancs sont blancs, le cou et la poitrine d'un blanc finement rayé de sombre. Un bec guère plus long que la tête, des pattes assez courtes, une silhouette légèrement courbée vers l'avant et des hochements de tête fréquents distinguent le chevalier guignette de ses congénères. Il vole au ras de l'eau, les ailes arquées vers le bas, en alternant rapidement les battements et les glissés. Une bande alaire blanche contraste très nettement avec le dessus sombre du corps.
ÉCOLOGIE — Le chevalier guignette fréquente les rives pierreuses ou sableuses des cours d'eau, plus rarement des eaux stagnantes. Il se nourrit d'invertébrés aquatiques. En France, la ponte s'effectue surtout en mai. La femelle dépose 3 ou 4 œufs dans un nid creusé par le mâle. Les œufs sont couvés par les deux parents pendant 3 semaines.
DISTRIBUTION — Nicheur dans presque toute l'Europe et en Asie tempérée (çà et là en France, surtout dans la moitié est), ce chevalier hiverne dans le sud de l'Europe et en Afrique.

Petit gravelot en plumage nuptial. Contrairement aux autres espèces de gravelots, typiques des bords de mer, le petit gravelot niche surtout sur les rives caillouteuses des lacs et des rivières ainsi que sur les friches. Cette espèce a su s'adapter à la diminution des sites naturels de reproduction en colonisant des milieux artificiels tels que les gravières en eau.

Bécassine des marais sur son nid. Le nombre de couples nicheurs semble avoir fortement régressé dans de nombreuses régions d'Europe au cours des dernières décennies. Cette diminution est liée à la disparition des zones humides auxquelles l'espèce est totalement inféodée en période de reproduction.

Tout comme le petit gravelot, le chevalier guignette affectionne les berges graveleuses et sablonneuses des rivières. Cependant on le rencontre géné ralement plus en altitude, au niveau du cours supérieur des rivières.

LES LARIDÉS *ont des pattes palmées, assez courtes, et des ailes longues et étroites. Les juvéniles de cette famille sont souvent tachetés de brun. L'adulte est blanc, gris et noir. Le plumage change au cours des saisons. Ces excellents voiliers, très sociables, nichent en grandes colonies bruyantes. On distingue deux sous-familles. Les larinés (goélands et mouettes) ont un corps massif, un bec puissant, une queue généralement carrée ou arrondie. L'identification des immatures (ou grisards) est difficile. Les sterninés (sternes et guifettes) sont plus sveltes, avec des ailes plus étroites, une queue fourchue, des pattes courtes et un bec plus effilé. Ils plongent en vol pour capturer des petits poissons.*

GOÉLAND CENDRÉ

Larus canus

DESCRIPTION — L'adulte (longueur: 41 cm, envergure: 115 cm) a un bec et des pattes verdâtres. La tête, le dessous du corps et la queue sont blancs, le dos et les ailes gris, le bout des ailes noir et blanc. En hiver, le dessus de la tête et la nuque ont des marques sombres. Les jeunes ont le dos et les ailes brunâtres, des pattes de couleur beige-rose, une barre caudale noire et la pointe du bec sombre.

ÉCOLOGIE — Le goéland cendré est commun sur le littoral, mais aussi à l'intérieur des terres. Comme tous les larinés, il est opportuniste: il mange aussi bien de petits invertébrés ou vertébrés, que des charognes et des détritus, et n'hésite pas à parasiter les autres oiseaux. Il niche à terre, surtout sur les côtes, mais aussi dans les marais et sur les berges des lacs. Les 2 ou 3 œufs tachetés sont couvés pendant 3 ou 4 semaines.

DISTRIBUTION — Il est nicheur dans le nord de l'Europe et de la Grande-Bretagne. Quelques colonies sont nicheuses en France. L'espèce hiverne dans une large frange côtière de l'Europe occidentale et méridionale. Quelques individus peuvent se retrouver très loin à l'intérieur des terres lors de leurs migrations.

ESPÈCES PROCHES — Le goéland argenté *(Larus argentatus)*, très voisin, est plus massif et plus grand (longueur: 56 cm, envergure: 140 cm). Il a le dos plus clair, le bec jaune avec une tache rouge et des pattes de couleur chair. Cette espèce assez sédentaire est abondante le long des côtes d'Europe du Nord jusqu'en Bretagne et peut s'aventurer à l'intérieur des terres. Le goéland leucophée *(Larus cachinnans)* est identique au goéland argenté, mais avec des pattes jaunes. Son aire de distribution européenne s'étend du pourtour de la Méditerranée à la mer Caspienne et gagne vers le nord (plusieurs milliers d'individus, dont quelques nicheurs, en été sur le lac Léman). Le goéland brun *(Larus fuscus)* mesure 52 cm pour une envergure de 130 cm. Il a des pattes jaunes et le dos gris-brun plus ou moins sombre (plus foncé dans le nord). Cette espèce migratrice, que l'on rencontre en été de la Bretagne à la Scandinavie, peut s'observer en hiver du Danemark à l'Afrique.

MOUETTE RIEUSE

Larus ridibundus

DESCRIPTION — L'adulte (longueur: 37 cm, envergure: 90 cm) a le bec et les pattes rouges. Le dessous du corps, la nuque et la queue sont blancs; le dos est gris. Les ailes, grises avec une longue bande blanche, deviennent noires à leur extrémité. En été, la tête des adultes est brun chocolat. En hiver, elle vire au blanc, avec une tache noirâtre à l'arrière de l'œil. Le dessus des ailes des individus juvéniles présente des bandes brunes. Leur queue est bordée de noir, le bec et les pattes sont jaunâtres.

ÉCOLOGIE — La mouette rieuse se rencontre à proximité des lacs, des cours d'eau et sur les côtes. Elle a progressivement colonisé les campagnes environnantes et les villes. Très opportuniste, elle se nourrit d'invertébrés (notamment de lombrics), de petits poissons, de charognes, de graines et de détritus. Elle niche en colonies pouvant atteindre plusieurs milliers d'individus, dans les marais et sur les berges couvertes de végétation. Au printemps, la femelle pond 3 œufs, qui sont couvés pendant un peu plus de 3 semaines par les deux parents.

DISTRIBUTION — Cette espèce très commune se rencontre en été dans toutes les régions tempérées au nord de 45° de latitude environ. En France, on trouve régulièrement des individus estivants (sauf dans le Sud-Ouest), mais les individus nicheurs ne s'observent que dans les grandes régions d'étangs (Brenne, Sologne, Camargue, Dombes) et, depuis une époque très récente, sur le lac Léman. Tôt dans l'été, l'espèce migre vers le sud de l'Europe occidentale et le pourtour de la Méditerranée.

Le goéland cendré, au premier plan, paraît plus gros que le goéland brun à l'arrière plan. Il est en réalité plus petit. On distingue à droite le capuchon brun chocolat d'une mouette rieuse en plumage d'été.

Mouette rieuse en plumage d'hiver.

LES PASSÉRIFORMES *(ou oiseaux chanteurs) forment un ordre d'oiseaux percheurs, au chant souvent complexe, dont les pattes ont trois doigts à l'avant et un long doigt à l'arrière. Ils construisent des nids élaborés. Les jeunes passereaux, qui naissent généralement nus et aveugles, dépendent totalement de leurs parents pendant les premières semaines de leur vie. Les principales espèces visibles à proximité des milieux aquatiques sont l'hirondelle de rivage* (Riparia riparia), *les bergeronnettes (*Motacilla *spp.), le cincle plongeur* (Cinclus cinclus), *le bruant des roseaux* (Emberiza schoeniclus), *la mésange à moustaches* (Panurus biarmicus), *la mésange rémiz* (Remiz pendulinus), *la mésange bleue* (Parus caeruleus) *et plusieurs fauvettes telles la bouscarle de Cetti* (Cettia cetti), *les locustelles (*Locustella *spp.), les phragmites et les rousseroles (*Acrocephalus *spp.), et la cisticole des joncs* (Cisticola juncidis).

CINCLE PLONGEUR

Cinclus cinclus

DESCRIPTION — Le cincle plongeur ou merle d'eau (famille des cinclidés) est un oiseau trapu, de 18 cm de long et 30 cm d'envergure. Il a le dos et les ailes brun-gris sombre, le ventre et le dessus de la tête brun roux, la gorge et la poitrine d'un blanc éclatant. La queue est relevée. Les pattes, brunâtres, sont robustes. Les juvéniles sont grisâtres, avec le dessous clair.
ÉCOLOGIE — Le cincle vit surtout le long des rivières aux eaux claires et dans les torrents, jusqu'à 2 000 m d'altitude. En hiver, on peut l'observer dans les basses vallées et sur les berges lacustres. Souvent perché sur une pierre, il fléchit les pattes et s'agite constamment. Il nage, plonge et marche au fond de l'eau, pour capturer des insectes, des gammares, des mollusques et parfois des alevins. Ses plumes sont enduites d'une sécrétion huileuse et ses narines sont obturables. Le nid sphérique (30 cm de diamètre), pourvu d'une entrée latérale, constitué de mousse et de terre, est toujours aménagé au-dessus de l'eau, caché dans une berge abrupte, parfois sous un pont. Dès le mois de mars, la femelle pond 4 à 6 œufs, qui éclosent après un peu plus de deux semaines (1 ou 2 pontes par an). Le nourrissage dure un peu plus de trois semaines.
DISTRIBUTION — Le cincle, partiellement migrateur, vit dans une grande partie de l'Eurasie, mais manque dans certaines régions côtières de l'Atlantique (partie du Portugal et ouest de la France), de la mer du Nord et, en été, de la Baltique. En hiver, les populations scandinaves colonisent le pourtour de la Baltique. En France, il est surtout présent dans les zones montagneuses.

BERGERONNETTE DES RUISSEAUX

Motacilla cinerea

DESCRIPTION — C'est un oiseau de la famille des motacillidés, de 18 cm de longueur et 29 cm d'envergure, à très longue queue noire bordée de blanc, au dos gris cendré et au dessous du corps jaune citron. La tête est grise, avec un sourcil blanc. En été, la gorge du mâle forme une bavette noire, surmontée d'une bande blanche. Elle est blanchâtre en hiver. La femelle a toujours la gorge blanchâtre et le dessous du corps plus pâle.

ÉCOLOGIE — Cette espèce vit le long des cours d'eau clairs, souvent ombragés, jusqu'à 3 000 m d'altitude. En hiver, on la rencontre également en plaine et à proximité des lacs. Elle est peu grégaire. Elle marche à petits pas et volette sur la berge (elle ne sautille pas), en agitant constamment la queue. Elle se nourrit d'insectes aquatiques ou aériens, de gammares et de petits mollusques. Elle niche près de l'eau, dans un trou de rocher, sous des racines ou sous un pont. Deux pontes de 4 à 6 œufs se succèdent dans l'année (une au printemps, l'autre au début de l'été). Les périodes d'incubation et de soin parental durent chacune un peu moins de deux semaines.
DISTRIBUTION — Nicheuse dans l'ouest de l'Afrique du Nord, dans toute l'Europe occidentale, de la Méditerranée au sud de la Scandinavie, et en Europe centrale, jusqu'à la mer Caspienne, elle hiverne en Europe occidentale et en Afrique. Elle est présente à longueur d'année dans toute la France, mais niche surtout dans les régions de montagne et dans le Nord-Ouest.
ESPÈCE PROCHE — La bergeronette printannière *(Motacilla flava)*, nicheuse dans presque toute l'Europe et hivernante en Afrique occidentale, fréquente les milieux aquatiques et les zones humides de plaine. Malgré sa très large aire de répartition, elle est assez peu commune. Elle se distingue de l'espèce précédente par son dessous entièrement jaune vif et son dos vert olive. La couleur de la tête varie fortement selon les nombreuses sous-espèces.

Le cincle plongeur est le seul passereau européen capable de marcher sous l'eau pour capturer les invertébrés aquatiques qui constituent l'essentiel de sa nourriture.

L'habitat de la bergeronnette des ruisseaux chevauche partiellement celui du cincle et, dans une moindre mesure, celui du chevalier guignette et du martin pêcheur.

FAUVETTES DES MARAIS

Cettia, Locustella, Acrocephalus, Cisticola

DESCRIPTION — Oiseaux de petite taille (famille des muscicapidés, sous-famille des sylviinés) au plumage terne, au bec droit et effilé, ces fauvettes regroupent une dizaine d'espèces très semblables qui fréquentent régulièrement les lacs et les marais d'Europe occidentale ou méditerranéenne. Le chant est souvent nécessaire pour confirmer leur identification. Toutes ont le dos brun et le dessous du corps clair. Par commodité, on peut les séparer en fauvettes à dos uni et fauvettes à dos rayé.

Fauvettes à dos uni — La rousserole effarvate *(Acrocephalus scirpaceus)* mesure 12,5 cm. Elle a les pattes brun foncé et le dessous du corps crème. Elle se cache généralement parmi les scirpes, les roseaux et les typhas. La locustelle luscinioïde *(Locustella luscinioides)* est semblable, mais plus grande (14 cm). Le dessus du corps, brun roux, est plus sombre que celui des autres espèces.. Son chant est une stridulation monotone. La rousserole verderolle *(Acrocephalus palustris),* de même taille que l'effarvate, s'en distingue par ses pattes de couleur chair, son dos olivâtre et sa poitrine blanche. Elle se tient dans la végétation palustre basse et les fourrés. La rousserole turdoïde *(Acrocephalus arundinaceus),* de grande taille (19 cm), se perche parfois à découvert sur les phragmites pour lancer son chant sonore. Enfin, la bouscarle de Cetti *(Cettia cetti*: 14 cm) a le dessus du corps roux foncé et une queue courte et arrondie, qu'elle remue de haut en bas. Elle est souvent dissimulée dans la végétation basse du littoral.

Fauvettes à dos rayé — Le phragmite des joncs *(Acrocephalus schoenobaenus* 12,5 cm) a des sourcils clairs très visibles et le dessous crème avec des flancs roux. Lors de la période nuptiale, il s'élance presque verticalement en chantant. Son cousin septentrional, le phragmite aquatique *(Acrocephalus paludicola),* est plus pâle, avec sur la tête une raie médiane jaunâtre, séparée des sourcils par une bande noire. La lusciniole à moustaches *(Acrocephalus melanopogon),* de même taille, a une calotte plus sombre, un sourcil plus blanc, le dessus du corps plus roux et la gorge plus blanche. Elle hoche souvent la queue et son chant est musical. La locustelle tachetée *(Locustella naevia)* a un sourcil peu marqué, le dos brun olive très rayé, et quelques taches éparses sur la poitrine, parfois jaunâtre. Elle se tient dans la végétation basse. Son chant est une stridulation plus longue et plus aiguë que celle de la locustelle luscinioïde. La cisticole des joncs *(Cisticola juncidis)* est plus petite (10 cm). Elle a une queue très courte et ne présente pas de sourcils. Sa tête et son dos sont très rayés. Elle s'observe souvent en des lieux plus secs que les autres espèces. Son chant se compose de «tsi» répétés toutes les secondes.

ÉCOLOGIE — Ces oiseaux solitaires sont très actifs, mais souvent cachés dans les zones riches en végétation dans des eaux dormantes et des marais. Ils sont insectivores et consomment aussi des baies. Les nids, cachés dans la végétation aquatique ou terrestre, sont typiquement suspendus et en forme de coupe. Les pontes (1 ou 2 par an) comportent 4 à 7 œufs, couvés pendant deux semaines environ par les parents. Le nourrissage dure un peu plus de deux semaines.

DISTRIBUTION — La lusciniole à moustaches, la bouscarle de Cetti et la cisticole des joncs sont méridionales, sédentaires ou faiblement migratrices. Les deux dernières espèces sont actuellement en expansion vers le nord, le long de l'Atlantique et de la Manche. Les autres espèces quittent l'Europe à partir de la fin de l'été pour hiverner en Afrique et reviennent au printemps. Toutes les espèces nichent en France, sauf le phragmite aquatique, plus nordique (des Pays-Bas à l'Oural).

BRUANT DES ROSEAUX

Emberiza schoeniclus

DESCRIPTION — Cet oiseau de 15 cm, au bec épais, apppartient à la famille des embérizidés. Le mâle en plumage d'été a la tête et la gorge noires, un collier et des moustaches blanches. Le dessus du corps brun roux, rayé de noir, le croupion grisâtre et la queue sombre, bordée de blanc, contrastent avec le dessous blanchâtre. Les flancs sont tachetés de sombre. La femelle est plus terne avec le dessous plus roux, rayé de noir. Sa tête est brune, avec une tache triangulaire bordée de clair sur les joues. La gorge, pâle, est entourée de deux raies noirâtres.

ÉCOLOGIE — Cet oiseau, plutôt grégaire en dehors de la saison des nids, fréquente les zones littorales des lacs et les zones humides de faible altitude. Il mange des graines et des invertébrés. Il construit généralement son nid sur le sol, au milieu des roseaux et des fourrés. La femelle pond 3 à 6 œufs (1 ou 2 pontes par an). L'incubation dure moins de 2 semaines et le nourrissage s'étend sur une dizaine de jours. Ce bruant est facile à repérer car il chante généralement depuis un endroit bien en vue.

DISTRIBUTION — Ce bruant niche dans presque toute l'Europe, sauf en Islande et sur une partie du pourtour méditerranéen. Les populations du Nord et de l'Est sont migratrices. Il est présent dans presque toute la France.

Rousserole effarvate nourrissant ses petits.

Le phragmite des joncs fréquente les zones d'atterrissement riches en laîches, en joncs et en arbustres.

Bruant des roseaux mâle en plumage nuptial.

Les mammifères

Peu de mammifères européens sont inféodés aux eaux douces. Les espèces qui le sont appartiennent à des ordres variés. Ce sont en particulier des insectivores (musaraigne aquatique, musaraigne de Miller, desman des Pyrénées), des chiroptères (certains murins), des rongeurs (castor, campagnol amphibie, ragondin, rat musqué), et des carnivores (loutre, vison d'Europe).

LOUTRE

Lutra lutra

DESCRIPTION — Ce carnivore de la famille des mustélidés a un corps allongé et souple, brun sur le dessus, clair sur la face ventrale et les joues. Le mâle est plus grand que la femelle (longueur sans la queue : 60 à 80 cm ; queue : 30 à 45 cm ; poids : 7 à 15 kg). La tête est large, avec un museau aplati, de petites oreilles rondes, et de longues moustaches. Les pattes sont courtes et palmées. La queue est très épaisse à la base. Le pelage, très serré, est enduit d'une sécrétion huileuse.

ÉCOLOGIE — La loutre vit sur les berges des eaux courantes et stagnantes, et dans les marais, jusqu'à 2 000 m d'altitude. Sa tanière (catiche), ancien terrier ou trou naturel, s'ouvre sur la berge, au-dessus et au-dessous de l'eau. La loutre possède plusieurs refuges sur son territoire. Nocturne et crépusculaire, souvent solitaire, elle effectue de longs trajets. Elle se déplace par bonds sur terre. Elle nage et plonge très habilement et peut rester plusieurs minutes sous l'eau (obturation des narines et des oreilles). Elle se nourrit surtout de poissons, mais aussi d'amphibiens, d'invertébrés, d'oiseaux et de petits mammifères. Elle peut donner naissance à 2, 3 ou 4 petits en toute saison (surtout au printemps), après une gestation de deux mois. Elle émet des sifflements et des gloussements aigus.

DISTRIBUTION — Présente dans presque toute l'Europe, en Afrique du Nord et en Asie, la loutre régresse fortement depuis une cinquantaine d'années. Cette diminution est due à la disparition de son biotope, à la pollution, à la rectification des cours d'eau et, semble-t-il, à l'excessive consommation de poissons-chats. En France, elle est plus fréquente dans l'Ouest et dans le Centre, mais ses effectifs ne dépassent pas quelques centaines d'individus.

MUSARAIGNE AQUATIQUE

Neomys fodiens

DESCRIPTION — Cet insectivore de la famille des soricidés, également appelé crossope, est la plus grandes des musaraignes (corps sans la queue : 70 à 95 mm ; queue ; 50 à 70 mm ; poids : 10 à 20 g). Le dessus du corps et les flancs sont brun foncé à noir. La couleur du dessous est très variable (blanc à gris foncé, parfois avec des nuances brunes). La tête a un long museau pointu, une touffe de poils blancs à l'arrière de l'œil, et des oreilles peu visibles. Les extrémités des dents sont rouges. Les pieds postérieurs possèdent une frange de poils durs. La queue garnie d'une frange de poils raides sur sa face inférieure, sert de gouvernail dans l'eau.

ÉCOLOGIE — La crossope fréquente des milieux aquatiques très variés, mais aussi les milieux boisés, jusqu'à plus de 2 000 m. Elle utilise les galeries de rongeurs et creuse également dans les berges des terriers s'ouvrant sous l'eau. Solitaire, elle nage très bien et marche sur le fond. Son rythme d'activité semble variable. Sa nourriture consiste en invertébrés aquatiques et terrestres, en amphibiens, en petits poissons et en cadavres. Ses glandes sous-maxillaires sécrètent une salive toxique pour les petits vertébrés. Les accouplements s'observent du printemps à l'automne. La portée compte de 4 à 10 petits, après une gestation de 24 jours. Deux portées (parfois trois) se succèdent dans l'année.

DISTRIBUTION — L'espèce est répandue dans toute l'Europe à l'exception de l'Islande, de l'Irlande, d'une grande partie de la péninsule Ibérique, des îles méditerranéennes, des Balkans, et du pourtour de la mer Noire.

AUTRES INSECTIVORES AQUATIQUES — La crossope de Miller « *Neomys anomalus)* est une musaraigne un peu plus petite, avec moins de poils raides sur les pattes et la queue. Elle est sporadique en Europe. En France, on l'observe surtout dans les massifs montagneux. Le desman des Pyrénées *(Galemys pyrenaicus),* de la famille des talpidés, ressemble à une grande musaraigne, avec un long museau en forme de trompe aplatie, très mobile (longueur sans la queue : 11 à 14 cm ; queue : 13 à 15 cm ; poids : 50 à 80 g). Ses pieds arrière sont longs et palmés. Cette espèce vit surtout dans les ruisseaux de montagne, mais aussi dans les eaux dormantes (entre 400 et 2 500 m). Elle est localisée à quelques régions du nord de l'Espagne et du Portugal, et aux Pyrénées.

Maintenant confinées dans quelques régions relativement préservées des aménagements, les loutres étaient autrefois fréquentes en Europe.

La crossope est la plus grande et la plus aquatique des musaraignes d'Europe.

CASTOR
Castor fiber

DESCRIPTION — Le castor (famille des castoridés) est le plus grand rongeur européen (longueur sans la queue : 75-100 cm, queue : 30 à 40 cm, 12-35 kg). Son corps, trapu, est brun sur le dessus, un peu plus clair sur le dessous. Sa queue écailleuse est aplatie, en forme de battoir. Ses pattes sont courtes. Les pieds postérieurs sont palmés, les pieds antérieurs munis de griffes puissantes. La tête porte de petites oreilles. Le pelage, très dense sur le ventre, est enduit d'une sécrétion huileuse, le castoreum.
ÉCOLOGIE — Le castor vit en couple fidèle ou en famille sur les rives boisées des lacs et des rivières. Il peut construire des huttes et des barrages, mais utilise aussi des terriers creusés dans les berges et à entrée immergée. Il peut couper des arbres de plus de 20 cm de diamètre avec ses grandes incisives. Il est nocturne et crépusculaire. Il nage, plonge bien et peut rester jusqu'à 15 minutes sous l'eau. Sa nourriture consiste en écorces, rameaux, feuilles d'arbres et plantes aquatiques. Au printemps, la femelle donne naissance à 2 à 5 petits.
DISTRIBUTION — Autrefois très répandu dans le nord de l'Europe, le castor a vu ses effectifs régresser fortement dès le Moyen-Âge. Ses populations forment maintenant des taches très disséminées de la France à la Scandinavie, et jusqu'en Sibérie occidentale. Il a été réintroduit dans plusieurs pays d'Europe, et notamment en France, où on le trouve dans tout le bassin du Rhône jusqu'au lac Léman et localement ailleurs (bassins de la Doller, de la Marne, de la Loire, du Tarn, et de l'Aulne).

RATS D'EAU

DESCRIPTION — Les rats d'eau regroupent des rongeurs aux moeurs aquatiques, au corps assez trapu, brun sur le dessus, plus clair sur le dessous. Leur tête, large, à museau court, porte de courtes oreilles arrondies. Le ragondin, ou myopotame *(Myocastor coypus)*, est un très gros rongeur de la famille des capromyidés, introduit d'Amérique du Sud (corps sans la queue : 40 à 60 cm ; queue : 25 à 40 cm ; poids : jusqu'à 10 kg). Le bout du museau est blanc, avec de longues moustaches blanches. Les oreilles sont bien visibles. Les pattes postérieures sont palmées. La queue, épaisse et cylindrique, est écailleuse et garnie de quelques poils longs et raides. Le rat musqué *(Ondatra zibethicus* ou *Fiber zibethicus)*, introduit d'Amérique du Nord, appartient à la même famille que les campagnols (Microtidés). C'est un gros rongeur à odeur musquée (longueur sans la queue : 25 à 35 cm ; queue : 20 à 25 cm ; poids : 0,5 kg à plus de 1,5 kg). La queue, parsemée de poils, est aplatie latéralement. Les pieds postérieurs sont grands et partiellement palmés. Le campagnol aquatique ou amphibie *(Arvicola sapidus* ou *Arvicola amphibius)* est le plus gros campagnol européen (longueur sans la queue : 17 à 22 cm ; queue : 11 à 13 cm ; poids : 150 à 300 g). Ses pattes sont courtes et sa queue est cylindrique. Le campagnol terrestre, ou rat taupier *(Arvicola terrestris)*, a une taille légèrement inférieure au précédent (longueur sans la queue : 14 à 19 cm ; queue : 5 à 11 cm ; poids : 80 à 200 g). Il est plus clair, avec une queue plus courte et un museau plus pointu.
ÉCOLOGIE — Les rats d'eau vivent dans les cours d'eau assez lents, les eaux stagnantes et les marais. Ils creusent généralement dans les berges des terriers à entrée souvent immergée. Le ragondin possède également des nids de surface. En hiver, le rat musqué s'abrite dans de grandes huttes, construites dans les eaux peu profondes avec diverses plantes aquatiques. Ces rongeurs sont surtout crépusculaires ou nocturnes. Ils nagent et plongent très bien. Ils consomment des plantes aquatiques et terrestres. Le rat musqué et le ragondin s'attaquent aux jeunes arbres et peuvent occasionnellement faire des dégâts dans les cultures. Si le ragondin est exclusivement végétarien, les autres espèces ont des tendances omnivores. Les femelles donnent naissance à 4 à 8 petits, après une gestation de 3 ou 4 semaines chez les microtidés (jusqu'à 4 portées par an) ou de 4 mois chez le ragondin (2 portées par an). Le ragondin et le rat musqué peuvent exercer une action néfaste sur la végétation littorale et sapent les berges.
DISTRIBUTION — Introduit à la fin du siècle dernier dans divers pays d'Europe, le ragondin forme des populations éphémères dans les régions au climat rigoureux. Il s'est bien implanté en Angleterre et en France, en dehors des régions montagneuses. Le rat musqué, introduit au début du siècle en Europe, a une aire de distribution formée de deux zones distinctes, séparées par des colonies morcelées. L'une se trouve en Europe septentrionale, l'autre s'étend sur l'Europe centrale et le nord de l'Europe occidentale. Bien représenté en France, il est surtout fréquent au nord de la Loire. Le campagnol amphibie vit dans la péninsule Ibérique et en France, sauf dans le Nord-Est. On distingue chez le campagnol terrestre une forme aquatique, qui occupe la majorité de l'Europe (sauf la péninsule Ibérique, l'ouest et le sud de la France), et une forme terrestre, dans les Pyrénées et le nord de l'Espagne.

À la fin du XIXe siècle, le castor n'était plus représenté en France que par une quarantaine d'individus en basse vallée du Rhône. Suite à des mesures de protection prises dès 1909 et à des réintroductions effectuées à partir de 1965, le castor est maintenant sauvé de l'extinction.

L'habitat typique du castor est une hutte de grandes dimensions dont l'entrée s'ouvre sous la surface de l'eau. Lorsque le cours d'eau ne s'y prête pas, par exemple au niveau du bas Rhône, les castors vivent dans des terriers dont l'entrée est immergée.

Le campagnol aquatique fréquente préférentiellement les cours d'eau lents. Cette espèce omnivore se nourrit de végétaux et, dans une faible mesure, d'insectes, d'amphibiens et de poissons.

PRATIQUE DES EAUX DOUCES

Les eaux douces et l'aventure humaine

Des maux et des remèdes

Les eaux douces
et l'aventure humaine

Du Paléolithique aux temps historiques

L'eau a tenu une place essentielle dans l'aventure de l'humanité : le Nil, l'Euphrate, le Tigre, l'Indus furent les berceaux de grandes civilisations dès la plus haute antiquité. La capacité des hommes à gérer leurs ressources en eau, par la régulation des crues et l'irrigation, constitua un élément essentiel dans le développement de ces civilisations. La gestion de l'eau, qui impliquait souvent une politique de grands travaux, fut probablement un facteur important d'organisation sociale.

Tout au long de la Préhistoire, l'emprise de l'homme sur son environnement naturel fut limitée. En revanche, depuis les débuts de l'époque historique, l'influence de l'homme sur les milieux naturels est telle qu'il n'est plus possible d'analyser leur écologie sans tenir compte du facteur humain. En particulier, la nature et la répartition actuelles des écosystèmes aquatiques dans nos contrées résultent tout autant de centaines de milliers d'années de modelages géologiques que de deux millénaires de transformations humaines.

À l'âge de la pierre ancienne

« Le mammouth s'enlisait lentement dans la vase du marais. Les chasseurs, qui l'avaient poussé à se retrancher dans les marécages, attendaient le moment propice pour atteindre leur proie : le mammouth n'était plus en mesure de leur échapper. » Plusieurs découvertes de squelettes fossiles attestent que des scènes similaires se sont souvent produites pendant le Paléolithique, il y a plusieurs dizaines de milliers d'années. La chasse aux gros mammifères était alors extrêmement dangereuse et les chasseurs développèrent des techniques particulières. Les marais pouvaient ainsi constituer un piège mortel pour les animaux. De même, de nombreux abris sous roche dominaient des rivières et des points — gorges étroites ou gués — qui constituaient des passages obligés pour les troupeaux de chevaux, d'aurochs et de rennes.

La proximité de l'eau assurait aux chasseurs des ressources variées. Il est cependant difficile de déterminer avec précision l'importance réelle des milieux aquatiques pour nos lointains ancêtres. On connaît fort mal, par exemple, l'importance de la pêche au Paléolithique. Durant la majeure partie de l'âge de la pierre, les hommes n'utilisèrent pas d'outils spécialisés pour pêcher. Les restes osseux de poissons, plus fragiles que ceux de mammifères, se sont mal conservés et restent donc assez rares. Cependant, des vertèbres retrouvées dans des sites datant de l'Acheuléen (Paléolithique ancien) attestent de l'exploitation des ressources aquatiques il y a plus de 100 000 ans.

Vers le Magdalénien

Entre −35 000 et −30 000 ans, les populations d'hommes «modernes» *(Homo sapiens sapiens)* remplacèrent l'homme de Néandertal *(Homo sapiens neandertalis)*. Chasseurs et artisans habiles, ils perfectionnèrent considérablement les techniques de fabrication des armes et des outils, et furent à même d'exploiter de manière plus intensive des ressources alimentaires jusque-là secondaires.

Entre 16 000 et 9 000 ans avant notre ère (période du Magdalénien), le développement et la diversification du travail de l'os et du bois de renne permirent l'élaboration de harpons simples ou à plusieurs dents (foënes) et d'hameçons droits. L'efficacité des harpons s'améliora rapidement, avec l'adjonction d'un ou deux rangs de barbelures sur le côté et d'un trou ou d'une saillie à la base, ce qui permettait de les fixer à une courroie.

Grâce à l'épanouissement des techniques, la pêche allait devenir une activité de plus grande importance. De nombreux restes de poissons de belle taille ont ainsi été observés dans un site magdalénien, à proximité du cours de l'Hérault. Ces restes de truites, d'ombres et d'anguilles témoignent de techniques de pêche efficaces et variées; ils suggèrent également que ce lieu était probablement un site spécialisé où le poisson était traité en vue de sa conservation ou de sa consommation.

Des performances en progression

Il y a environ 10 000 ans, la fin de la dernière période glaciaire (glaciation de Würm) annonçait la disparition des grands troupeaux et le déclin de l'âge du renne. La steppe autrefois parcourue par les rennes et

Les chasseurs de mammouths du Paléolithique devaient utiliser souvent les marais pour piéger avec moins de danger leurs proies, dont le poids pouvait approcher 10 tonnes.

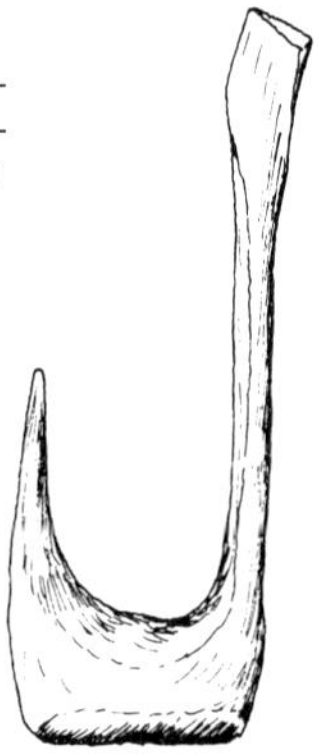

La découverte de nombreux hameçons témoigne de l'importance de la pêche pendant le Mésolithique.

les chevaux cédait la place à des forêts denses, moins riches en grands gibiers. Ce fut le début de la période du Mésolithique, pendant laquelle l'économie de chasse et de cueillette dut se diversifier pour pallier à la diminution du gros gibier.

Les chasseurs se mirent souvent à établir des campements aux abords des lacs et des rivières, parfois même dans les marais et dans les tourbières. Ils isolaient de l'humidité leurs tentes ou leurs huttes par des assemblages de rondins et de branches tressées, et par des dépôts d'écorces ou de mousses. L'installation était plus aisée dans ces zones faiblement boisées et la proximité de l'eau offrait de multiples avantages.

Les cerfs, qui constituaient un gibier essentiel pour les hommes du Mésolithique, étaient nombreux pendant l'hiver dans les tourbières et les forêts humides des fonds de vallées. Les hommes capturaient également les loutres et les castors, et chassaient intensivement les oiseaux d'eau. La pêche, la capture des grenouilles et la récolte des coquillages prirent elles aussi une très grande importance. Les techniques de pêche, variées, étaient déjà similaires aux procédés actuels. Harpons, lignes à hameçons recourbés, barrages à poissons, nasses en osier et filets étaient communément employés. Les pêcheurs utilisaient des pirogues en peaux ou creusées dans des troncs d'arbres (pirogues monoxyles). Ainsi, les zones humides parfois décriées de nos jours jouèrent probablement un rôle clé pour les dernières populations de la Préhistoire.

Vers la sédentarisation

Jusqu'au VIe millénaire avant notre ère environ, les Européens furent directement tributaires de la nature. La chasse, la pêche et la cueillette rythmaient leur vie quoti-

Instruments de pêche du Néolithique moyen

5 cm

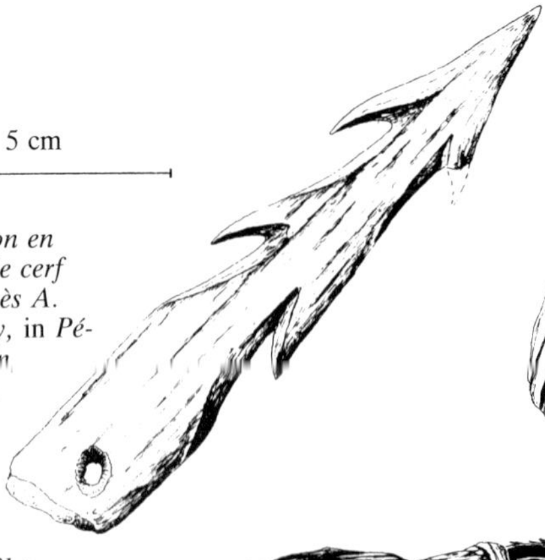

Harpon en bois de cerf (d'après A. Gallay, in *Pétrequin, 1984).*

Flotteur fait d'un morceau d'écorce perforé (d'après G. Wesselkamp, in *Pétrequin, 1984).*

Lest de filet, constitué de galets enroulés dans une écorce (d'après G. Wesselkamp, in *Pétrequin, 1984).*

Instruments de pêche du Néolithique final

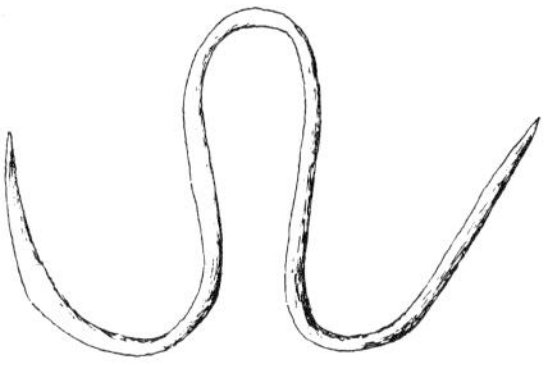

◀ *Hameçon double.*

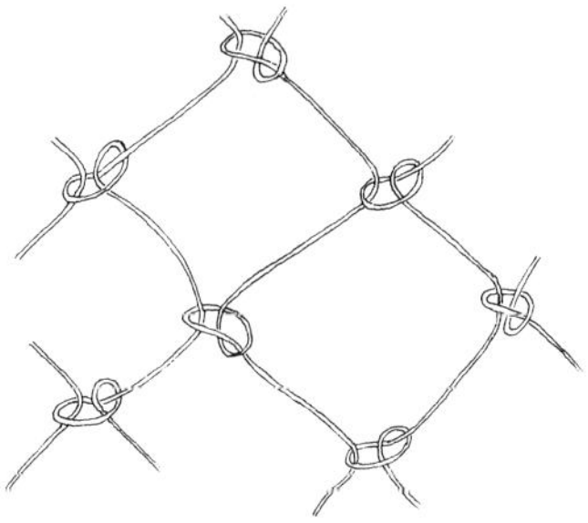

▲ *Filet de pêche noué (d'après E. Vogt,* in *Pétrequin, 1984).*

Filet de pêche à mailles libres (d'après E. Vogt, in *Pétrequin, 1984).* ▶

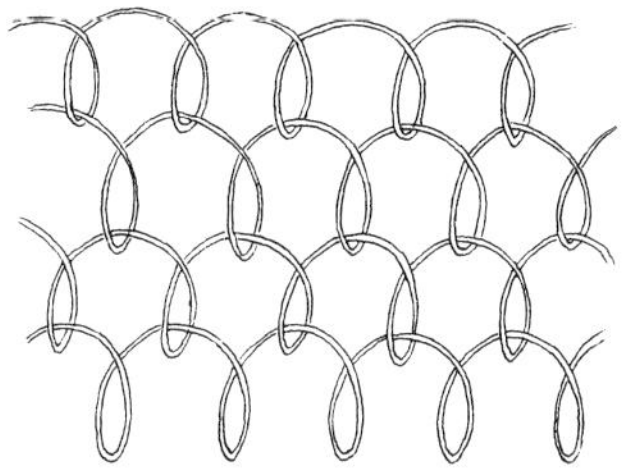

dienne. Les cycles biologiques des plantes et des animaux orientaient leurs activités et dirigeaient leurs déplacements. Le nomadisme était le plus souvent de règle. Entre 6 000 ans et 5 000 ans, l'apparition de l'économie néolithique, avec les premières activités pastorales et agricoles, allait provoquer un profond bouleversement dans le mode de vie des populations et entraîner leur sédentarisation progressive.

Le développement de l'agriculture fut moins rapide dans les régions alpines parsemées de lacs et de tourbières qui avaient succédé aux immenses glaciers à la fin de la dernière période glaciaire. Ces régions restèrent le domaine des chasseurs-cueilleurs jusqu'au IVe millénaire avant notre ère. À partir de cette époque, de véritables villages palustres et lacustres allaient se développer dans des tourbières et sur les rives inondables de certains lacs des Alpes et du Jura, parfois même en pleine eau comme sur le lac de Clairvaux, dans le Jura français.

Des cités lacustres

Des restes de villages lacustres ont été découverts en Suisse, en France, en Allemagne et en Italie. Les lacs et les tourbières ont conservé un grand nombre d'objets en bois, des fragments de tissus et de filets, d'autres vestiges remarquables. Ils ont ainsi livré des informations précises sur le mode de vie de leurs lointains occupants.

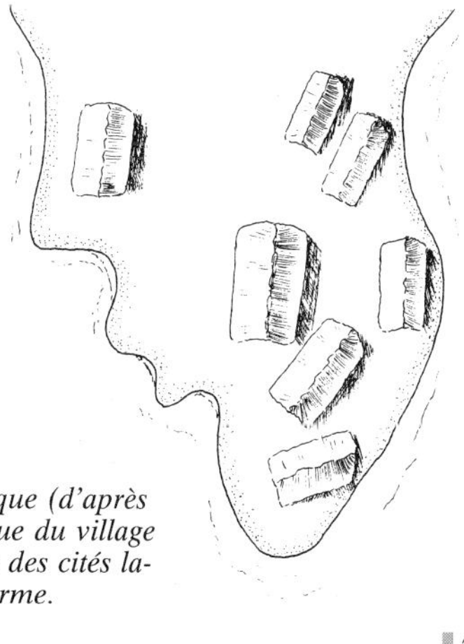

Hutte d'un campement établi sur un marécage à la fin du néolithique (d'après H. Reinerth, in *Pétrequin, 1984). Contrairement à l'image classique du village sur pilotis établi directement au dessus de l'eau, un grand nombre des cités lacustres du néolithique semblent avoir été construites sur la terre ferme.*

Les habitants de ces villages pratiquaient la pêche, mais plus encore l'agriculture. Le développement de tels villages d'agriculteurs en zones humides, a priori peu favorables, semble dû à l'accroissement de la pression démographique et aux défenses naturelles offertes par ces milieux face à d'éventuels agresseurs. Les villages lacustres étaient généralement occupés pendant des périodes assez courtes, de l'ordre d'une dizaine à une trentaine d'années.

L'existence de ces communautés s'étend sur une bonne partie du Néolithique et sur l'âge du bronze. Elle fut marquée par la succession de périodes de prospérité et de déclin, avant un abandon définitif qui intervint quelque 800 ans avant notre ère, au profit de villages construits à l'intérieur des terres. Il semble qu'une détérioration du climat ait pu provoquer une élévation importante du niveau des lacs à cette époque. Cependant, on ne connaît pas encore parfaitement les raisons de cette désaffection soudaine.

Des chemins de rondins ou de galets datant du Néolithique ont été retrouvés dans des marais d'Europe du Nord et d'Angleterre. Des traces d'habitations s'étendant du Néolithique au Moyen Âge ont également été découvertes dans les lacs et les tourbières de plusieurs pays d'Europe. Tous ces sites témoignent que les zones humides ont toujours été fréquentées par l'homme, que ce soit par des communautés de chasseurs, d'agriculteurs ou par des seigneurs régionaux, comme ce fut le cas pour les constructions lacustres fortifiées d'Irlande et d'Écosse.

Les moulins à eau se multiplièrent sur les cours d'eau dès le Xe siècle.

Vers une domestication croissante

Il semble que la faune d'eau douce ait constitué pendant tout le Moyen Âge une importante source de protéines animales pour les paysans. Conformément au droit romain et ceci jusqu'au développement de la féodalité, les poissons des lacs et des rivières appartenaient à la personne qui les capturait. Les droits de pêche furent restreints avec le développement des privilèges seigneuriaux. De nombreuses concessions de droits de pêche furent attribuées à des monastères; ceux-ci développèrent l'élevage de la carpe et firent parfois d'importants aménagements sur les cours d'eau et les étangs pour établir des pêcheries.

Moulins à eau...

À partir du Xe siècle, les moulins à eau (dont le principe était connu depuis le IIe siècle avant Jésus-Christ) commencèrent à se multiplier. De nombreux petits cours d'eau furent endigués pour permettre leur fonctionnement, ce qui entraîna la formation de nouveaux étangs. L'usage des moulins eut pour effet de diminuer considérablement le temps de travail nécessaire à la fabrication de la farine et s'étendit bientôt à des domaines variés (brassage de la bière, extraction de l'huile, tannage, forges...).

En contrepartie, le développement des moulins à eau constitua une charge supplémentaire pour les paysans, tenus de moudre leurs grains au moulin du seigneur, et obligés de payer une redevance. Cette nouvelle servitude ne s'imposa pas sans résistance. Les seigneurs féodaux, et parfois les moines, durent à plusieurs reprises recourir à la force, en faisant détruire ou confisquer les meules à mains.

...et drainage intensif

Le drainage des terres humides à des fins agricoles remonte à l'Antiquité. Cependant, les zones humides sont probablement restées très importantes jusqu'à la fin du haut Moyen Âge. Tourbières, marécages et plaines alluviales régulièrement inondées faisaient partie de l'environnement du paysan médiéval. La période allant du Xe au XIIIe siècle fut caractérisée par une importante croissance démographique et un développement sans précédent de l'agriculture. De profonds bouleversements marquèrent alors le paysage européen.

Cette époque fut probablement celle du plus grand recul des forêts depuis la fin de la Préhistoire. À l'exemple de leurs ancêtres du Néolithique, les hommes s'installèrent parfois sur les rives lacustres et

Pêche au filet. Extrait des Fables de Bidpaï, *XV*[e] *siècle. Chantilly, Bibliothèque du Musée Condé. Ph. H. Josse © Archives Photeb.*

défrichèrent les forêts environnantes, comme sur le lac de Paladru aux environs de l'an mil. Parallèlement, on tenta dans toute l'Europe d'assécher plusieurs marais littoraux et intérieurs (régions marécageuses de l'Elbe et de l'Oder en Allemagne, marais des Pays-Bas et de Flandre, marais poitevin, de Dol et de Guérande...).

Le drainage des marais fut parfois confié aux religieux, comme dans le golfe du Poitou, où les moines se virent attribuer des territoires immenses. Les travaux réalisés en France s'étalèrent sur de longues périodes et leur succès resta modeste. De plus, une partie des terres gagnées sur les marais connut de nouvelles inondations en raison des ravages occasionnés pendant la guerre de Cent Ans et les guerres de religion. En 1599, le roi Henri IV nomma un ingénieur hollandais, Humphroy Bradley, maître des digues et canaux du royaume. Ce dernier, entouré de compatriotes, poursuivit le travail entrepris et fit drainer de nombreux marais, dont le marais poitevin, le marais charentais et les palus du Bas-Médoc.

Des domaines réservés

Le dessèchement des marais n'eut pas toujours la faveur de la population. Le drainage des palus du Languedoc entrepris par Bradley dut être abandonné en 1645 en raison de l'hostilité des Languedociens. Les habitants du marais de la Grande Brière, situé au nord de l'estuaire de la Loire, étaient également très attachés à cette zone, reconnue en 1461 comme leur propriété indivisible par le duc de Bretagne François II.

Une vie totalement autarcique et dépendante du marais s'est maintenue jusqu'au milieu du XIXe siècle chez les Briérons. La physionomie du marais résulte d'ailleurs directement des activités humaines passées. Des canaux appelés « curées » sillonnent le marais et permettent l'accès aux « buttes » habitées par les Briérons ; l'extraction de la « motte » (tourbe) a permis la formation des « piardes », vastes plans d'eau peu profonds. Le marais de la Brière est de nos jours, avec ses 20 000 hectares, le deuxième marais de France après la Camargue.

Des étangs pour la pêche... et la défense

La plupart des étangs actuels sont des milieux artificiels dont l'origine est parfois très ancienne. Dès le Moyen Âge, la création d'étangs a constitué une possibilité de mise en valeur des sols imperméables et peu propices à l'agriculture. Certaines zones marécageuses se virent ainsi progressivement transformées en paysages bocagers parsemés d'étangs. Ce fut notamment le cas des marais de la plaine du Forez, de la Dombes, des marais de Lorraine, de Sologne et de Brenne. Ces transformations se poursuivirent sur de nombreux siècles. Une économie rurale particulière se développa, basée sur la production piscicole (carpes, tanches, gardons, rotengles, brochets...) et sur l'élevage ou la mise en culture des terres drainées par les étangs. À partir du XIXe siècle, une régression importante du nombre d'étangs caractérisa certaines régions, comme la Dombes et le Forez.

La création d'étangs marqua également d'autres pays d'Europe, comme la Pologne aux XIIe et XIII siècles. Ce développement de la pisciculture en eaux douces, essentiellement dû à l'implantation de couvents, répondait parfois à des raisons stratégiques, les étendues aquatiques rendant plus difficiles les incursions ennemies.

Des axes de communication

Les cours d'eau constituèrent très tôt des voies de transport importantes dans une Europe largement boisée et difficilement pénétrable par la terre ferme. Il y a plus de 2 500 ans, de nombreuses embarcations fréquentaient déjà la Seine, pour aller chercher en Cornouailles l'étain nécessaire à la fabrication du bronze. Ce rôle essentiel des cours d'eau s'est maintenu pendant la plus grande partie de l'époque historique.

Malgré la construction de routes, le transport des matériaux continua à être assuré essentiellement par les fleuves et les rivières au moment de la colonisation romaine. Pendant le haut Moyen Âge, les cours d'eau se révélèrent des voies d'accès privilégiées pour les envahisseurs. Les principaux fleuves du royaume franc furent ainsi remontés par les drakkars des Vikings au IXe siècle. À partir du Xe siècle, le développement du réseau routier et la construction de ponts s'intensifièrent. Ces ponts servirent de prétextes aux seigneurs locaux pour imposer de nouvelles redevances sur le passage des piétons, des cavaliers et des bateaux. La construction de routes ne signifia pas le déclin des bateliers, qui s'organisèrent sur les différents fleuves en corporations puissantes.

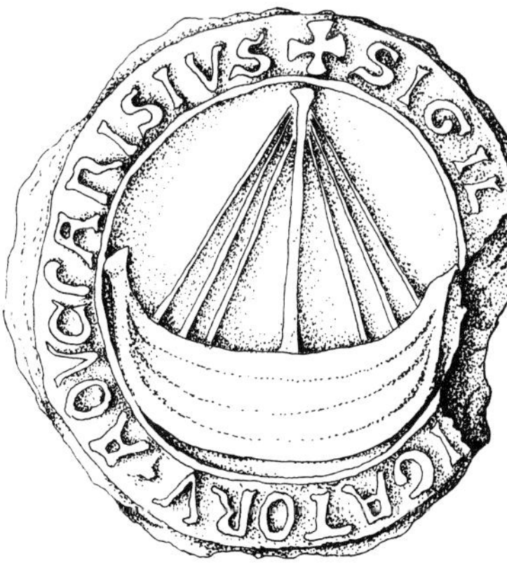

Sceau des « Marchands de l'eau », puissante corporation des armateurs parisiens qui monopolisa le trafic sur la Seine dès la fin du XIIe siècle.

Une grande artère : la Loire

Malgré les inondations et les périodes d'étiage qui ne la rendaient navigable que six mois par an, la Loire demeura pendant très longtemps le cours d'eau le plus navigué de France. Elle constitua un axe de liaison essentiel entre l'ouest du pays et la vallée du Rhône. Ce fleuve long de 1 020 kilomètres fut parcouru jusqu'à la seconde moitié du XIXe siècle par une multitude de chalands à fond plat, propulsés par des voiles ou halés par les hommes ou les animaux. L'apparition du chemin de fer et la multiplication des canaux provoquèrent la disparition rapide de cette importante batellerie fluviale.

Les premiers travaux d'aménagement de la Loire sont anciens. Dès l'époque gallo-romaine, des digues furent élevées en bordure du fleuve pour limiter l'impact des inondations. La construction de ces digues, ou « turcies », se poursuivit avec plus ou moins de succès pendant tout le Moyen Âge, parfois sous l'impulsion du pouvoir en place. Ainsi, Louis le Débonnaire publia en 821 une ordonnance sur les « digues à faire en bord de Loire » *(De aggebirus juxta Ligerim faciendis)*. La basse vallée de la Loire fut progressivement endiguée et défrichée. La construction de « levées » se poursuivit au XVIe siècle. Ces digues avaient alors pour fonction d'améliorer la navigabilité du fleuve, par le rétrécissement et la régularisation de son lit mineur (lit occupé pendant la période d'étiage ou de basses eaux).

Malgré des aménagements plus récents, la Loire est restée le dernier fleuve libre de France et a pu résister partiellement aux projets de régulation à outrance. Cette situation contraste avec celle des autres fleuves, qui subirent des transformations majeures à partir du XIXe siècle.

Des fleuves plus assujettis

La Seine fut assez tôt l'objet d'aménagements. Le Viking Rollon, devenu duc de Normandie en 911, fit notamment combler des marais pour rétrécir et approfondir le lit du fleuve. Mais c'est surtout à partir de la seconde moitié du XIXe siècle que d'énormes travaux d'endiguement eurent lieu pour permettre la remontée des grands navires jusqu'au port de Rouen.

Une multitude de chalands à fond plat, semblables à celui représenté sur cette figure, furent utilisés pour naviguer sur la Loire jusqu'à la moitié du XIXe siècle.

Le Rhin est l'un des plus grands fleuves d'Europe avec ses 1 236 kilomètres de longueur. Il traverse quatre pays. Le commerce du bois constitua une partie essentielle de son trafic à l'époque gallo-romaine et au Moyen Âge. Le Rhin est demeuré un cours d'eau sauvage jusqu'au début du XIXe siècle. Caractérisé par une multitude de chenaux dans sa partie amont, le fleuve formait de nombreux méandres dans sa partie aval. Trois fois par an, en période de crue, ses eaux débordaient du lit mineur et envahissaient une vaste plaine alluviale.

Dès 1818, un ingénieur, Johann Gottlieb Tulla, entreprit de rectifier son cours. De nombreux chenaux et méandres furent supprimés. Des travaux ultérieurs rendirent le Rhin navigable jusqu'à Bâle et en firent la plus importante voie d'eau d'Europe. Une profonde dégradation a résulté de ces aménagements, avec un abaissement marqué de la nappe phréatique et une réduction drastique de la forêt alluviale, qui formait un milieu unique en Europe.

Un réseau de canaux

L'intérêt des entrepreneurs ne porta pas uniquement sur les grands fleuves. Dès l'époque médiévale, de très nombreux cours d'eau de moindre importance furent aménagés pour la navigation ou le flottage du bois. Parallèlement, on commença à relier les grands axes fluviaux du pays par des canaux. Le XVIIe siècle vit se réaliser la liaison entre la Loire et la Seine (canaux de Briare et d'Orléans), et la construction du canal du Midi. Dans la deuxième moitié du XVIIIe siècle débutèrent les travaux destinés à unir l'Yonne à la Saône (canal de Bourgogne), la Loire à la Saône (canal du Centre) et le Rhône au Rhin (canal de Franche-Comté). À la fin du XIXe siècle, un programme de grands aménagements fut mis en place par Charles de Freycinet, alors ministre des Travaux Publics. Des canaux relient actuellement la quasi-totalité des réseaux fluviaux allant de la France, à la Belgique, aux Pays-Bas et à l'Allemagne.

Entre le XVIIe et le XIXe siècle, les principaux axes fluviaux du pays furent reliés par des canaux.

Un problème ancien: la pollution

Dans les cités, l'approvisionnement en eau potable fut un problème majeur dès l'Antiquité. Les habitants de Rome n'ont pu utiliser l'eau du Tibre, des puits et des sources que jusqu'à la fin du IVe siècle avant notre ère. Par la suite, la pollution grandissante a rendu cette eau insalubre. Des aqueducs furent dès lors construits pour apporter, parfois de loin, l'eau nécessaire à la ville. Des ouvrages imposants furent également réalisés en Gaule sous l'occupation romaine. L'aqueduc qui alimentait Nîmes était ainsi capable de fournir 20 000 m^3 d'eau par jour.

Les écrits sur les villes médiévales révèlent une situation souvent très difficile. Les rivières, égouts à ciel ouvert, évacuaient toutes les immondices de la cité. De terribles épidémies de choléra et de typhoïde décimaient régulièrement les populations, obligées d'utiliser l'eau de ces cours d'eau ou de puits rendus malsains par les infiltrations.

À Paris, les travaux d'adduction d'eau effectués pourtant dès l'époque gallo-romaine, s'étaient toujours montrés insuffisants pour répondre à l'expansion démographique. Les problèmes de pénurie en eau étaient tels que la notion de qualité de l'eau demeura secondaire jusqu'au XIXe siècle. Il fallut attendre 1854 pour qu'une restructuration totale du réseau d'alimentation soit menée à bien. L'ingénieur Belgrand entreprit la création de deux réseaux distincts, un réseau public utilisé pour laver les rues et pour les égouts, et un réseau d'eau potable provenant de diverses sources du Bassin parisien. L'aube du XXe siècle annonçait la disparition de la pénurie et des épidémies...

Même en milieu rural...

L'exploitation des milieux aquatiques, quant à elle, garda pendant très longtemps un aspect secondaire, proche de la cueillette. La faune et la flore des eaux douces furent ainsi relativement protégées. Il existe cependant quelques exceptions.

Le castor («bièvre» en vieux français) était autrefois particulièrement abondant dans la plupart des rivières. Sa chasse intensive pour la pelleterie provoqua dès le Moyen Âge une diminution considérable de sa population. Les assèchements furent également à l'origine de la disparition de nombreuses zones humides de première importance. La multiplication des moulins eut parfois des conséquences écologiques néfastes (ralentissement du cours des rivières, ensablement, risques d'inondations). Enfin, certaines pratiques artisanales (tannage et corroyage du cuir, rouissage du chanvre et du lin) étaient déjà polluantes avant la lettre, et les rivières recueillaient directement les déchets des populations rurales.

L'ampleur des dégradations fut cependant limitée jusqu'à la fin du XVIIIe siècle. L'explosion industrielle du XIXe siècle, entraînant un bouleversement des rapports entre l'homme et son milieu, annonça l'ère des grandes pollutions contemporaines.

Les Romains durent réaliser des ouvrages imposants pour alimenter les grandes cités en eau potable.

Des maux et des remèdes

La menace humaine

C'est désormais un lieu commun de présenter l'eau comme l'un des biens les plus précieux mais aussi l'un des plus menacés de notre planète. Dès la seconde moitié du XIXe siècle, l'industrialisation massive de nombreuses régions de l'hémisphère Nord marquait réellement le début de la pollution aquatique à grande échelle. Avant même le début du XXe siècle, l'esturgeon *(Acipenser sturio)* et le saumon *(Salmo salar)* régressaient fortement dans les principales rivières européennes. Depuis, les atteintes se sont multipliées.

La régression des zones humides

La nécessité de récupérer de nouvelles terres a conduit dès le Moyen Âge à un assèchement intensif des marais. Le quart du territoire hongrois a été gagné sur des zones inondables. Le royaume des Pays-Bas, soumis à l'action destructrice de la mer et pauvre en terres agricoles, a été le cadre d'aménagements audacieux (buttes artificielles ou « terps », digues et barrages, polders). Cette lutte contre les éléments ne se fit pas sans contreparties. L'investissement fut colossal. La destruction d'importantes zones de frai du hareng provoqua une réduction importante du tonnage des pêches côtières et une surexploitation de la mer du Nord. Les oiseaux d'eau se raréfièrent et certaines voies de migration furent détournées. Ceci a incité le gouvernement des Pays-Bas à consacrer une proportion importante des terres à l'usage de réserves naturelles et à reconsidérer certains projets de drainage.

Un drainage intensif des marais, souvent subventionné, s'est longtemps maintenu en Europe malgré les rendements médiocres des terres ainsi conquises. Aujourd'hui, la nécessité de gagner des terres agricoles ne constitue plus un argument justifiant la destruction des zones humides. Trente mille hectares de terres agricoles sont abandonnés chaque année en France et de nombreux sols pourraient être mis en jachère au niveau de toute l'Europe. Presque tous les grands marais d'Europe ont à ce jour subi d'importantes dégradations. La destruction des ultimes biotopes encore épargnés ne procèderait aucunement d'un intérêt général mais seulement de quelques intérêts particuliers.

À la disparition des zones humides, il faut ajouter la profonde dégradation des rives de nombreux milieux lacustres. La régulation artificielle du niveau des eaux accélère le phénomène d'atterrissement. De plus, les rives naturelles ont laissé la place sur de nombreux lacs à des berges monotones et totalement anthropisées.

L'« aménagement » des rivières

La loi du 28 avril 1898 indique que l'entretien des rivières non domaniales françaises est à la charge des riverains propriétaires des berges. Cependant, cette obligation est largement tombée en désuétude depuis la marginalisation de l'usage des cours d'eau par les riverains et la disparition de la main-d'œuvre pouvant assurer des travaux. Il en a résulté une carence dans l'entretien des rivières, encombrées et ralenties, et un développement trop important de la végétation riveraine, empêchant la pénétration de la lumière.

Lorsque les rivières n'ont pas été laissées à l'abandon, elles ont très souvent été régularisées et aménagées pour assurer un écoulement plus rapide et plus important des eaux, et limiter des inondations. Des moyens mécaniques drastiques ont été employés. Les cours d'eau ont été reprofilés, leurs tracés rectifiés par suppression des méandres et leurs lits recalibrés par creusement. Les berges ont souvent été consolidées par d'énormes blocs empêchant le développement de toute végétation. Ces pratiques déplorables ont eu des conséquences écologiques et paysagères parfois catastrophiques.

Beaucoup de rivières ont vu leur cours ralenti par de nombreux barrages. Ce ralentissement provoque la concentration des polluants, le colmatage des fonds et le réchauffement des eaux. Il en résulte une banalisation de la faune, une diminution de l'intérêt piscicole et un risque d'extension de la bucéphalose, parasitose due au trématode *(Bucephalus polymorphus)*. De plus, les passes à poissons, insuffisantes, ne permettent pas toujours une remontée satisfaisante des poissons migrateurs.

SÉCHERESSE, INONDATIONS

et environnement

Les inondations arrivent au premier rang des catastrophes naturelles avec 40 % des cataclysmes survenant dans le monde et 250 000 personnes tuées en moyenne chaque année. En France, les surfaces inondables représentent un peu plus de 4 % du territoire, mais les inondations ont représenté près de 84 % des catastrophes naturelles entre 1982 et 1987. Une coulée de boue entraîna la mort de 23 personnes au Grand-Bornand en juillet 1987 et 10 personnes devaient mourir dans les inondations de Nîmes d'octobre 1988. Des sécheresses importantes ont également touché la France en 1976, 1985, 1986, 1989 et 1990. Les conditions météorologiques ne sont pas seules en cause dans l'intensité de ces phénomènes. La déforestation, le remembrement des terres agricoles et l'assèchement des zones humides ont éliminé des biotopes dont le rôle régulateur sur les débits était important. De plus, l'urbanisation s'est considérablement développée dans les zones inondables. Il en a résulté une imperméabilisation croissante du sol et une forte augmentation du ruissellement.

L'aménagement à outrance des rivières a contribué à l'appauvrissement et à la banalisation de leurs biocénoses, et leur a enlevé une grande partie de leur intérêt écologique et paysager.

Le lac de Serre-Ponçon, sur la Durance, constitue le plus grand lac de barrage français avec un volume de 1,27 km^3. Outre leur impact néfaste sur la vie de la rivière, les retenues sont généralement peu favorables à l'implantation d'une flore et d'une faune diversifiées en raison de leur marnage important.

Évolution des teneurs en phosphore et en azote dans le lac Léman (grand lac) depuis 1957 (d'après les données publiées par la CIPEL, Commission internationale pour la protection des eaux du Léman contre la pollution).

Enfin, l'extraction des granulats a été effectuée pendant longtemps dans le lit des cours d'eau, en raison du faible coût de production et de la facilité de mise en œuvre. Il en a souvent résulté une disparition des frayères, une baisse du niveau des nappes alluviales et une importante érosion régressive.

Une eutrophisation inquiétante

Entre les années 1950 et 1960, l'eutrophisation des eaux devint brusquement un problème d'actualité. Ce phénomène, nous l'avons vu, résulte d'un enrichissement des eaux en éléments nutritifs. Il se traduit par l'augmentation de la production algale, le développement de fleurs d'eau, la diminution de la transparence, l'asphyxie des couches profondes et l'élimination d'un grand nombre d'espèces végétales et animales. Le phosphore est le grand responsable de l'eutrophisation. Il provient essentiellement des eaux domestiques (lessives et matières fécales), des engrais phosphatés et de l'industrie chimique. Entre 1957 et 1979, la teneur en phosphore du lac Léman a augmenté de 700 % ! Grâce aux limitations des apports, une certaine amélioration a été constatée depuis la fin des années 1970 dans plusieurs lacs européens. Cependant, la situation est encore très critique. De plus, l'eutrophisation tend maintenant à gagner le cours inférieur des rivières.

Pollution et nappes phréatiques

Les nappes phréatiques subissent depuis quelques années une grave pollution par les nitrates dans les régions d'agriculture intensive. Les teneurs en nitrates dépassent en effet fréquemment la norme souhaitable (25 mg/l) et le seuil limite de potabilité (50 mg/l) préconisés au niveau de la communauté européenne. En raison de la lenteur des infiltrations jusqu'aux couches aquifères, les teneurs en azote pourraient atteindre des niveaux très largement supérieurs au cours de la prochaine décennie.

Teneurs en nitrate des nappes phréatiques françaises en 1983 (d'après la carte établie par le Bureau de Recherches Géologiques et Minières). Le seuil limite de potabilité préconisé au niveau de la C.E.E. se situe à 50 mg/l.

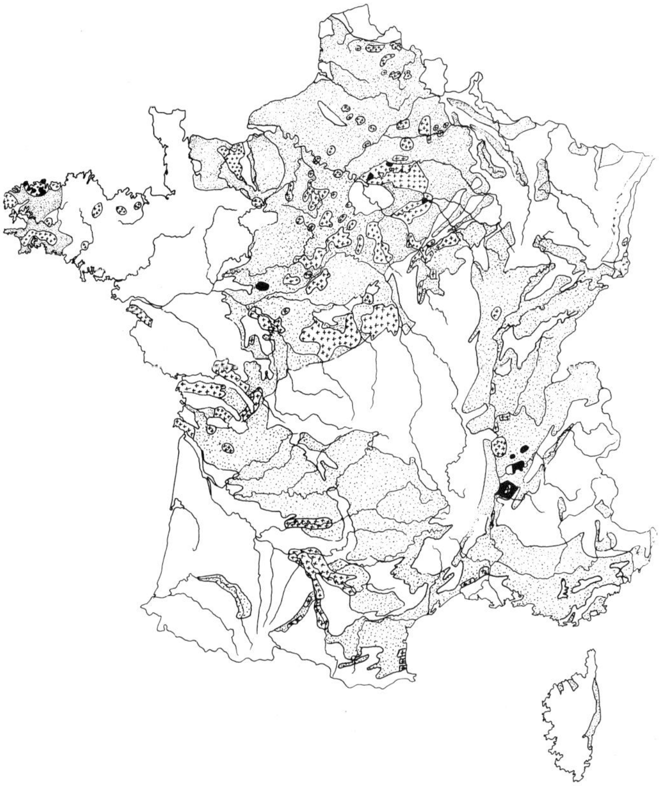

Cette pollution est essentiellement due à l'agriculture (lisiers et engrais azotés). Les pertes d'azote par lessivage dans les sols avoisinent ainsi le quart des apports en engrais, soit 40 kg par hectare sur une terre à blé. Si des solutions rigoureuses ne sont pas envisagées rapidement, une énorme fraction des eaux souterraines européennes sera imbuvable d'ici quelques décennies.

L'accumulation des produits toxiques

En novembre 1986, un incendie de la firme Sandoz installée à Bâle provoquait le rejet de 1 250 tonnes de pesticides dans le Rhin et entraînait une catastrophe écologique considérable. En juin 1988, l'usine Protex, de nombreuses fois récidiviste, était à l'origine d'une grave pollution de la Loire et de ses affluents. Ces pollutions massives et spectaculaires ont marqué les esprits par leur ampleur. Elles ne doivent pas faire oublier cependant les atteintes chroniques, beaucoup plus difficiles à déceler.

Une grande part de la pollution actuelle est liée à l'industrie chimique. Les molécules organiques se comptent par dizaines de milliers et l'impact sur l'environnement de beaucoup d'entre elles est inconnu. Une fraction également très importante de la pollution provient des usines de traitement de surfaces qui rejettent des métaux lourds, tels le chrome, le nickel, le cuivre, le zinc ou le cadmium. Viennent ensuite les industries textiles et de tannage, les fabriques de pâte à papier, et les industries agro-alimentaires (laiteries, brasseries, conserveries, abattoirs et sucreries), responsables d'une grande partie des rejets de matières oxydables. On ne peut oublier les multiples sources diffuses de pollutions comme celles qui correspondent aux rejets d'hydrocarbures et de détergents. Plusieurs produits comme les métaux lourds et les pesticides organochlorés ne se dégradent pas du tout ou sont très peu biodégradables. Cette rémanence provoque leur concentration dans le sédiment des lacs et des rivières et tout au long des chaînes alimentaires. Il semble heureuse-

Qualité des principaux cours d'eau en France (d'après la carte établie par les agences Financières de Bassin en 1987).

___ Eau de bonne qualité

.... Eau de qualité moyenne

.... Eau polluée

.... Eau très polluée

ment que la pollution des eaux douces européennes par les produits toxiques rémanents se soit stabilisée ou ait même regressé depuis la fin des années 1970.

Des espèces menacées

Un grand nombre d'espèces animales inféodées aux eaux continentales sont actuellement menacées. C'est le cas de la loutre *(Lutra lutra)*, du vison *(Mustela lutreola)* et, dans une moindre mesure, du castor *(Castor fiber)* chez les mammifères. Quelque 30 à 40 % des espèces d'oiseaux menacées en Europe sont plus ou moins tributaires des zones humides. Les naturalistes ont constaté une régression alarmante de tous les amphibiens (sur les 28 espèces d'amphibiens présentes en France, 12 sont en voie de disparition !). Les poissons migrateurs anadromes et les poissons nobles ont fortement régressé. Ce recul est lié à la dégradation des biotopes, mais aussi à la surexploitation (chasse et pêche).

PLUIES ACIDES

sols vulnérables

L'augmentation des teneurs de l'atmosphère en oxydes d'azote et en dioxyde de soufre, liée à l'industrie et à l'automobile, est à l'origine du phénomène des pluies acides. Cette pollution aboutit à une acidification alarmante des eaux et à une disparition de la faune sur les sols peu minéralisés, comme en Scandinavie, en Allemagne et aux Pays-Bas. Environ 20 000 lacs suédois et 2 000 lacs norvégiens ont été atteints. Les grands lacs alpins sont quant à eux peu touchés par l'acidification en raison de la nature calcaire du substrat. Le chaulage ou l'injection de soude dans le sédiment peuvent limiter les effets néfastes de l'acidification.

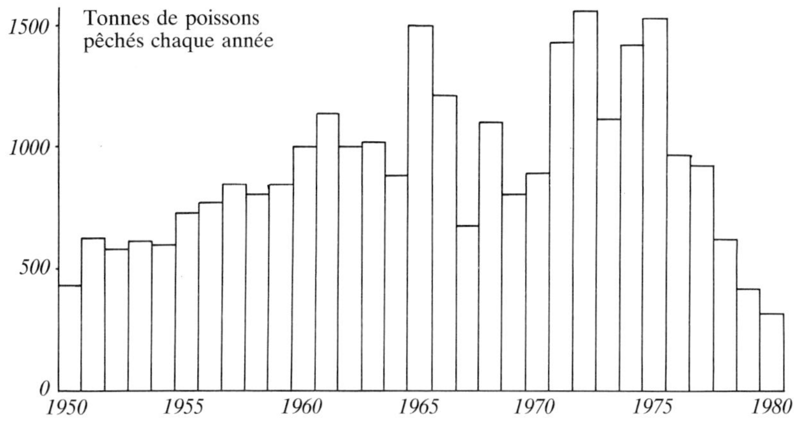

Rendement de la pêche professionnelle dans le lac Léman (d'après les données publiées par la CIPEL). L'augmentation de l'efficacité des techniques de pêche et le phénomène d'eutrophisation ont provoqué un accroissement du rendement jusqu'en 1975. À partir de cette date, on note un déclin alarmant des prises de perches et de corégones (surexploitation et pêche de poissons de plus en plus jeunes du fait de leur croissance plus rapide en milieu eutrophe).

Le prix de l'équilibre

Dès le XIXe siècle, la collecte des eaux usées s'est généralisée dans la plupart des grandes villes européennes. Les eaux d'égouts, rejetées dans les milieux aquatiques ou utilisées pour l'irrigation, s'épuraient lentement sous l'action des micro-organismes. Aujourd'hui, la charge en matières polluées des eaux usées dépasse très largement la capacité d'auto-épuration des milieux naturels (les rejets de l'agglomération parisienne représentent par exemple la moitié du débit de la Seine au cours de l'été). Les stations d'épuration sont donc devenues indispensables pour éviter la mort des écosystèmes aquatiques sous le poids de nos déchets.

Décanter et purifier

Le principe de fonctionnement de ces stations est assez constant. Une première étape mécanique (décantation, filtration, coagulation) permet l'élimination des matières en suspension. Lors d'une deuxième phase d'épuration biologique, les molécules organiques sont dégradées par des bactéries aérobies. Le procédé le plus fréquent est celui des «boues activées», où des cultures bactériennes libres sont maintenues en suspension par brassage et oxygénation dans des bassins d'aération. D'autres procédures plus efficaces ou moins coûteuses (cultures bactériennes fixées, cultures bactériennes anaérobies) sont actuellement en cours de développement. Après une nouvelle étape de décantation pour éliminer les boues résiduelles, l'eau passe parfois par un dispositif tertiaire de traitement chimique (précipitation du phosphore par le chlorure ferrique ou le sulfate d'alumine) avant d'être filtrée et restituée au milieu naturel. Certaines stations d'épuration en milieu urbain incluent également une procédure d'élimination de l'azote par dénitrification (transformation des nitrates en azote gazeux en condition d'anaérobiose). Cette procédure permet d'éliminer près de 80 % de l'azote des eaux polluées, contre 25 à 30 % seulement dans les stations classiques.

La multiplication des stations d'épuration au cours de la dernière décennie a constitué un progrès certain dans la lutte contre la pollution des eaux. Un effort important reste cependant à accomplir. En France, 50 % seulement des eaux usées sont raccordées à une station d'épuration. Le rendement moyen d'élimination des matières biodégradables étant de 70 %, on aboutit à une élimination finale de 35 % de la pollution organique. L'installation de dispositifs de déphosphatation et de dénitrification devrait être généralisée, malgré un surcoût de 30 à 40 %. L'amélioration des réseaux de collecte est indispensable, avec l'intensification des raccordements aux stations d'épuration et la séparation des eaux usées et des eaux de pluie (effet de dilution et raccourcissement du temps de séjour dans les stations d'épuration).

De plus, les stations d'épuration ne résolvent pas tous les problèmes. Environ 700 000 tonnes de boues résiduelles sont produites chaque année en France. Une valorisation agricole est possible, mais elle nécessite de faibles teneurs en microbes pathogènes, en métaux lourds et en produits toxiques non biodégradables. Enfin, les stations d'épuration collectives sont impensables dans les régions où l'habitat est dispersé. Des solutions individuelles efficaces sont à développer pour éviter l'aggravation d'une pollution diffuse et insidieuse des eaux continentales.

Vers une industrie non polluante ?

Selon les sources publiées par le ministère de l'Environnement, la pollution industrielle sur le territoire français a diminué de 34 % pour les matières organiques et de 53 % pour les matières toxiques entre 1974 et 1984. Des résultats encore plus satisfaisants ont été obtenus en R.F.A. grâce à une réglementation très sévère. Cependant, si des diminutions importantes marquent les secteurs de l'industrie du pétrole, de la pâte à papier et, dans une moindre mesure, les industries chimiques et des traitements de surface, les progrès sont minimes ou inexistants dans le secteur agro-alimentaire. De plus, d'importantes disparités existent. De très nombreuses petites entreprises possèdent des structures de détoxication peu performantes lorsqu'elles ne sont pas tout sim-

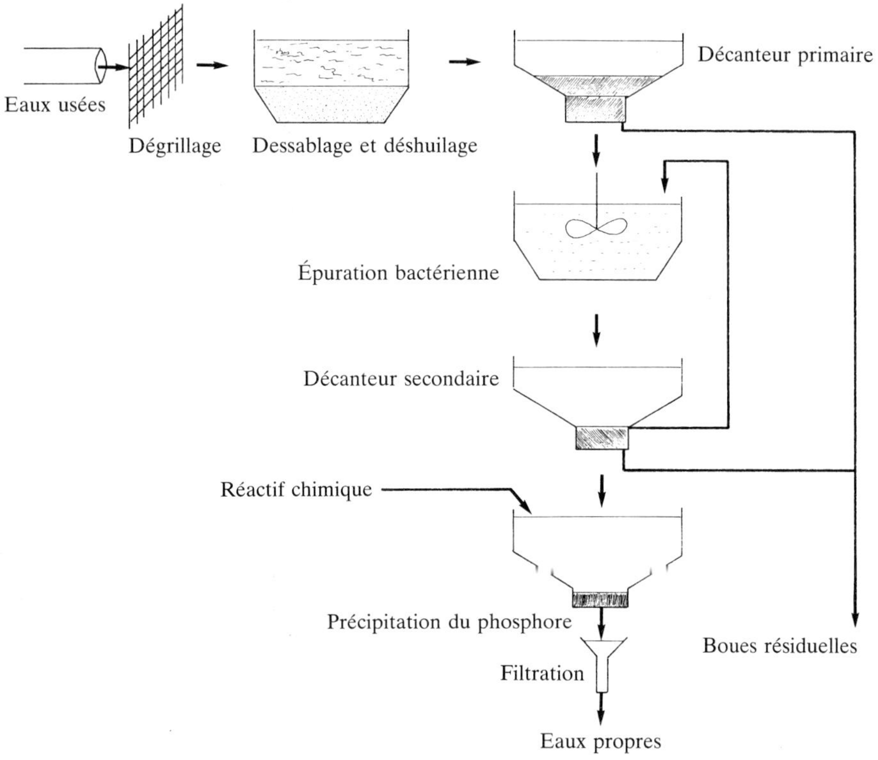

Schéma d'une filière d'épuration des eaux comportant un traitement chimique tertiaire de précipitation du phosphore.

La lutte contre l'eutrophisation des eaux et les proliférations algales nécessite de limiter de façon drastique les apports de phosphates dans les écosystèmes aquatiques continentaux.

plement absentes, entraînant une pollution des eaux ou un mauvais fonctionnement des stations d'épuration lorsqu'elles leur sont raccordées. Enfin, les efforts réels de nombreux industriels ne doivent pas faire oublier la mauvaise volonté évidente de plusieurs entreprises sacrifiant les impératifs de sécurité à la rentabilité immédiate, sous l'œil parfois bienveillant des autorités compétentes. Les nécessaires incitations économiques pour le développement de technologies peu polluantes devraient également être accompagnées d'une sévère réglementation.

Des pratiques agricoles adaptées

Le secteur agricole joue un rôle important dans les problèmes d'eutrophisation des eaux superficielles et de pollution des nappes phréatiques. L'excès de fertilisation, la dégradation de la qualité des sols (appauvrissement en matière organique) et les pratiques culturales participent à l'augmentation de cette pollution diffuse et difficile à maîtriser. Une modification importante des pratiques agricoles semble nécessaire. Les apports d'engrais devraient être plus modérés et fractionnés, les épandages hivernaux d'engrais et de lisier devraient être limités. Une couverture végétale devrait être maintenue en automne et les pratiques culturales devraient être réalisées en vue de limiter l'érosion, le ruissellement et le lessivage des engrais. Dans certains secteurs gravement atteints, des mesures plus drastiques, comme le gel de terres cultivables, pourraient être envisagées.

Homogénéiser les réglementations

Il existe de grandes disparités dans la réglementation des eaux en Europe. Celle-ci est globalement plus sévère en Allemagne et au Danemark qu'en France ou au Royaume-Uni. En Suisse, les lessives phosphatées sont interdites depuis juillet 1986. Cette interdiction a permis une réduction de moitié des teneurs en phosphore dans les rejets ménagers en l'espace de 2 ans. Des restrictions sur les teneurs en phosphates des détergents existent dans d'autres pays (Hollande, Italie, Allemagne, Autriche, Norvège).

La restauration des lacs

L'amélioration des connaissances sur le fonctionnement des écosystèmes lacustres a permis d'envisager plusieurs voies de régénération des lacs eutrophes et pollués. Le principe de base pour permettre un retour progressif du lac vers son état initial réside évidemment dans une limitation des apports en éléments nutritifs et en produits toxiques. Cette action préventive peut être réalisée dans les lacs suffisamment modestes par le détournement de la totalité des eaux usées vers une station d'épuration installée en aval. Une telle approche a été menée avec succès sur le lac d'Annecy et le lac du Bourget. Le délai nécessaire à l'amélioration du plan d'eau peut être très long et dépend de la vitesse de renouvellement des eaux et du relargage éventuel de phosphore contenu dans les sédiments.

Les possibilités d'action curative sont limitées sur les grands lacs profonds et une limitation drastique des apports nutritifs est indispensable. En revanche, plusieurs actions complémentaires peuvent être envisagées dans les lacs de surface modeste ou relativement peu profonds. Il arrive que le sédiment freine considérablement la régénération du milieu par libération de phosphore et de produits toxiques dans l'eau. Il est alors nécessaire d'éliminer les éléments nocifs, par dragage du sédiment pollué (cas du lac Trummen en Suède) ou par pompage des eaux profondes chargées en éléments nutritifs. On peut également empêcher le relargage du phosphore par précipitation dans le sédiment (par exemple par injection de sulfate d'aluminium), par dépôt d'une couche d'argile freinant la diffusion, ou par oxygénation de la couche profonde. Le fauchage des macrophytes en fin de saison empêchera leur décomposition dans le plan d'eau.

Créer des milieux artificiels

L'aménagement de milieux artificiels peut constituer une solution intéressante pour compenser la régression dramatique des zones humides. Les carrières en eau, qui se multiplient très rapidement dans les vallées alluviales, peuvent constituer des biotopes favorables à la flore et à la faune sous réserve d'un aménagement adéquat. L'installation d'une biocénose diversifiée dépend bien sûr de la surface du plan d'eau et de la diversité des berges. Une grande étendue libre de végétation, des zones de hauts fonds, un pourtour découpé, l'alternance de roselières, de prairies humides, de zones boueuses ou couvertes de galets, de berges frangées d'aulnes, de bouleaux ou de saules, la présence d'îles artificielles ou naturelles sont autant de facteurs qui favoriseront la colonisation du milieu par une faune diversifiée. En toute logique, la multiplication de ces milieux devrait permettre de concilier les activités de loisir et les souhaits de protection émis par les naturalistes. De la même manière, l'aménagement de petites mares à amphibiens, exemptes de poissons, est très souhaitable.

Ni catastrophisme, ni aveuglement

L'évolution de la qualité des eaux observée depuis quelques années semble indiquer une certaine amélioration au niveau des grandes sources polluantes et du problème de l'eutrophisation. En revanche, la concentration des nitrates dans les eaux souterraines augmente de manière dramatique et la pollution diffuse est loin d'être éliminée. De nombreuses rivières sont encore très dégradées et quelques pollutions spectaculaires nous ont rappelé la vulnérabilité des grandes vallées fluviales.

Face à ce constat mitigé, il convient de rester vigilant. Il faudra plusieurs décennies pour résorber les pollutions les plus graves. Les gravières aménagées ne remplaceront pas les biotopes exceptionnels disparus. Certaines industries continueront à détourner les réglementations en vigueur ou exporteront leurs usines polluantes et leurs déchets vers des pays à réglementations plus souples. Plusieurs États négligeront d'appliquer les conventions internationales qu'ils auront pourtant signées ou refuseront de coopérer en invoquant le principe de souveraineté nationale.

Face à la priorité donnée de manière quasi systématique aux intérêts économiques, on pourrait être tenté de chiffrer la valeur des eaux continentales. Pourquoi pas ? Leur valeur économique et sociale est évidente ! Mais pourquoi est-il nécessaire de justifier de cette manière une protection pour un environnement que de simples critères écologiques et éthiques devraient suffire à préserver ?

BIBLIOGRAPHIE SOMMAIRE

ÉCOLOGIE DES EAUX CONTINENTALES

Décamps, H. (1971), *La vie dans les cours d'eau,* Que sais-je? P.U.F., Paris.

Dussart, B. (1966), *Limnologie. L'étude des eaux continentales,* Gauthier-Villars, Paris.

Fellrath, M. (1980), *La rivière, milieu vivant,* Payot, Lausanne.

Huet, M. (1949), *Aperçu des relations entre la pente et les populations piscicoles des eaux courantes, Schweiz. Zeit. Hydrol.,* vol. 11.

Hutchinson, G.E. (1957-1967), *A treatise on limnology* (2 volumes), Wiley, New York.

Hynes, H.B.N. (1972), *The ecology of running waters,* Liverpool, Universtity Press.

Illies, J. & L. Botoseneanu (1963), *Problèmes et méthodes de la classification et de la zonation écologique des eaux courantes, considérées surtout du point de vue faunistique, Verh. Internat. Verein. Limnol.,* vol. 12.

Matthey, W., E. Della Santa & C. Wannenmacher (1984), *Manuel pratique d'écologie.* Payot, Lausanne.

Pourriot, R., J. Capblanc, P. Champ & J.A. Meyer (1982), *Écologie du plancton des eaux continentales.* Masson, Paris.

Vivier, P. (1961), *La vie dans les eaux douces,* Que sais-je? P.U.F., Paris.

FLORE ET FAUNE DES EAUX DOUCES

Arnold, E.N. & J.A. Burton (1978), *Le multiguide nature de tous les reptiles et amphibiens d'Europe,* Elsevier Séquoia, Bruxelles.

Bonnier, G. & G. de Layens (1970), *Flore complète portative de la France, de la Suisse et de la Belgique,* Librairie Générale de l'Enseignement, Paris.

Bournérias, M. (1979), *Guide des groupements végétaux de la région parisienne,* Sedes-Masson, Paris.

Bruun, B. & A. Singer (1979), *Le multiguide nature de tous les oiseaux d'Europe,* Elsevier Séquoia, Bruxelles.

Corbet, G. & D. Ovenden (1984), *Le multiguide nature des mammifères d'Europe,* Bordas, Paris.

Descarpentries, A. (1967), *Petits animaux des eaux douces,* Nathan, Paris.

Dottrens, E. (1951), *Les poissons d'eau douce* (2 volumes). Delachaux & Niestlé, Neuchâtel-Paris.

Durantel, P. & P. Enjelvin (1987), *Le multiguide nature des plantes et animaux d'eau douce,* Bordas, Paris.

Fitter, R. & R. Manuel (1986), *Field guide to the freshwater life of Britain and North-West Europe,* Collins, London.

Fournier, P. (1977), *Les quatre flores de France,* Lechevalier, Paris.

Fretey, J. (1975), *Guide des reptiles et batraciens de France,* Hatier, Paris.

Géroudet, P. (1947-56), *La vie des oiseaux* (6 volumes), Delachaux & Niestlé, Neuchâtel-Paris.

Géroudet, P. (1978), *Grands échassiers, gallinacés, râles d'Europe,* Delachaux & Niestlé, Neuchâtel-Paris.

Géroudet, P. (1982-83), *Limicoles, gangas et pigeons d'Europe* (2 tomes), Delachaux & Niestlé, Neuchâtel-Paris.

Guinochet, M. & R. de Vilmorin (1973-1984), *Flore de France* (5 fascicules), C.N.R.S., Paris.

Muus, B.J. et P. Dahlström (1981), *Guide des poissons d'eau douce et Pêche,* Delachaux & Niestlé, Neuchâtel-Paris.

Peterson, R., G. Mountfort & P. Hollom (1984), *Guide des oiseaux d'Europe,* Delachaux & Niestlé, Neuchâtel-Paris.

Phillips, R. (1988), *Fleurs des landes et marais,* Bordas, Paris.

S.F.E.P.M. (1984), *Atlas des mammifères sauvages de France,* Paris.

Tachet, H., M. Bournaud & P. Richaux (1980), *Introduction à l'étude des macro-invertébrés des eaux douces,* Université Lyon I, Association Française de Limnologie.

L'HOMME ET LES EAUX CONTINENTALES

Arrignon, J. (1976), *Aménagement écologique et piscicole des eaux douces,* Gauthier-Villars, Paris.

Billard, R. (éd.) (1980), *La pisciculture en étang,* I.N.R.A., Paris.

Colas, R. (1977), *La pollution des eaux,* Que sais-je? P.U.F., Paris.

Gerdeaux, D. & R. Billard (éds) (1985), *Gestion piscicole de lacs et retenues artificielles,* I.N.R.A., Paris.

Leroy, J.B. (1986), *La pollution des eaux,* Que sais-je? P.U.F., Paris.

Morand-Devillier, J. (1987), *Le droit de l'environnement,* Que sais-je? P.U.F., Paris.

Pesson, P. (éd.) (1976), *La pollution des eaux continentales,* Gauthier-Villars, Paris.

Pétrequin, P. (1984), *Gens de l'eau, gens de la terre. Ethno-archéologie des communautés lacustres,* Hachette.

Prieur, M. (1984), *Droit de l'environnement,* Dalloz, Paris.

Ramade, F. (1977), *Ecotoxicologie,* Masson, Paris.

Ramade, F. (1989), *Éléments d'écologie: écologie appliquée,* Mc Graw Hill.

INDEX

Les chiffres en italique renvoient aux légendes.
Les chiffres en gras renvoient au guide.

A

Ablette, 119, **190**
Abramis brama, 30, 58, 70, 119, **190**
Acariens, **164**, *165*
Accipitridés, **202**
Achètes, **160**
Acipenser sturio, 34, 70, **180**, 237
Acrocephalus, **216**
- *arundinaceus*, **218**
- *melanopogon*, **218**
- *paludicola*, **218**
- *palustris*, **218**
- *schoenobaenus*, **218**
- *scirpaceus*, **218**
Actitis hypoleucos, **212**
Aedes, **178**
Aérobie (Respiration), 16
Aérolaire (Erosion), 44, 46
Aeschna, **176**
Age d'un cours d'eau, 49
Aiguebelette (Lac d'), 83
Alburnoides bipunctatus, 66, **188**
Alburnus alburnus, 119, **190**
Alcédinidés, **202**
Alcedo atthis, **202**
Algues, *102*, 108, 109, 110, *110*, *114*
Alisma gramineum, **138**
- *lanceolatum*, **138**
- *plantago-aquatica*, 106, **138**
Allochtones (Matières), 36
Alluviales (Terrasses), *47*
Alnus glutinosa, 122, **158**
- *incana*, **158**
- *viridis*, **158**
Alosa, 34
- *alosa*, 70
- *phallax*, 70
Alose(s), 34
- feinte, 70
- (Grande), 70
Alytes, *31*
Alytes obstetricans, *31*
Amazone (Fleuve), 39, 50
Amazone-Ucayali (Fleuve), 41
Aménagement (des milieux aquatiques), 238, *239*, 246
Amour-Chilka (Fleuve), 41
Amphibicorises, **174**
Amphibiens, **192**, 242
Amphihalin, 34
Amphipodes, **166**
Amphisbéniens, **200**
Anadrome, 34
Anabaena lutea, *108*
Anas platyrhynchos, **206**
- *querquedula*, **208**
Anatidés, 25, **206**
Anatinés, **206**
Anax, **176**
Ancyle, *63*
Ancylus, **162**
Andromeda polifolia, 126, 127
Andromède à feuilles de polium, 126, 127
Anguilla anguilla, 19, 67, **180**
Anguille(s), 19, 67, **180**, *181*
- de haies, **200**
Anisoptères, **176**, *177*
Annecy (Lac d'), 61, 74, 80, 83, 246
Annélides, **160**
Anodonta, 30
Anophèle, 127
Anopheles, 127, **178**
Anoures, **192**
Anser, **206**
Ansérinés, **206**
Arachnides, **164**
Araignée(s), **164**
- d'eau, **174**, *175*
Aral (Mer d'), 77, 84
Ardea cinerea, **204**
Ardèche (Rivière), *51*
Ardéidés, **204**
Argyroneta aquatica, 20, **164**
Argyronète, 20, **164**, *165*
Arthropodes, **164**, **166**, **168**
Arundo donax, **132**
Arve (Rivière), 41, 49
Arvicola amphibius(ou *sapidius*), **222**
Aselles, **166**, *167*
Asellus, 67, **166**
Askja (Lac d'), 79
Aspe, **188**
Aspius aspius, **188**
Asplanchna, 111
- *girodi*, *114*
Assouan (Barrage d'), 75
Astacus, **166**
- *astacus*, **166**
Athabasca (Lac), 83
Atlantique (Régime), 49
Atterrissement, 73, 120
Aulne (*voir* Aune)
Aune(s), **158**
- blanchâtre, **158**
- glutineux, 122, **158**, *159*
- vert, **158**
Aumar (Lac d'), *96*
Austropotamobius pallides, **166**
Autochtones (Matières), 36
Autotrophes (Organismes), 101
Avocette, **212**
Aydat (Lac d'), 79
Aythya ferina, **208**
Aythyinés, **206**
Aythys fuligula, **208**
Azolacées,**130**
Azote (Cycle de l'), 99, *99*, *240*

B

Bactéries, 108, 109, 110
Baétidés, **170**
Baetis, 64
Baïkal (Lac), 77, 83, 84, *84*, 92
Balais de silence, **132**
Balaton (Lac), *84*, 85, 93
Balbuzard pêcheur (ou fluviatile), *118*, **202**, *203*
Balkach (Lac), *84*
Barbeau canin (ou méditerranéen), **188**
- commun, 67, *68*, 71, **188**, *189*
- (Zone à), 58
Barbus barbus, 58, 67, *68*, **188**
- *meridionalis*, **188**
- *meridionalis petenyi*, **188**
Barge, **212**
Barrages, 75
Bas-Médoc (Palus du), 232
Bassin versant, 36, *39*, 51, 120
Bassinet des marais, **148**, *149*
Bathynella, 61
Batraciens, **192**
Bécasseau, *118*, **212**
Bécassine des marais, *118*, **212**, *213*
Bénit (Lac), *88*
Benthiques (Communautés), 117
Bergantes (Rio), *53*
Bergeronnette(s), **216**
- des ruisseaux, **216**, *217*
- printanière, **216**
Bernaches, **206**
Betula nana, 127, **158**
- *pubescens*, 122, **158**
Beunaz (Lac de la), *72*, 82
Bétulacées, **158**
Bidens tripartita, 122
Bithynia, **162**
Bivalves, *30*, **162**
Blageon, 58, **188**
Blechnum spicant, **130**
Blicca bjoerkna, **190**
Bodensee, 80
Bolsena (Lac de), 79
Bombina variegata, **192**
Boraginacées, **156**
Bosmina, 112
Bosmines, 115
Bosminidés, 112
Bouleau nain, 127, **158**
- pubescent, 122, **158**, *159*
Bourget (Lac du), 80, 83, 117, 246
Bouscarle de Cetti, **216**, **218**
Bouvière, 30, *30*
Bracciano (Lac de), 79
Brachicères, **178**
Brachions, 111
Brachionus, 111
- *calyciflorus*, *114*

Branchies, *18-19*, 19
Branta, **206**
Brème(s), 30, *69*, 70, *70*, *71*, 119, **190**
- bordelière, **190**
- (Zone à), 58
Brenne (Marais de), 74
Brière (Marais de la), 232
Brochet, 67, *69*, 71, 119, *119*, **182**, *183*
Bruant des roseaux, **218**, *219*
Bruyère à quatre angles, 126
Bryophytes, **130**
Bryozoaires, 117
Bucéphalose, **162**, 238
Bucephalus polymorphus, **162**, 238
Bufo bufo, **192**
- *calamita*, **194**
Bufonidés, **192**
Bufo viridis, **192**
Busard(s), **202**
- des roseaux, **202**
Butome en ombelle, **138**, *139*
Butomus umbellatus, **138**
Bythinella, **162**
Bythotrephes longimanus, 113

C

Caenidés, **170**
Calamagrostis neglecta, 127
Calamagrostis négligée, 127
Calanoïdes, 112, *113*, 114
Callitrichacées, **144**
Callitriche, 67, **144**
Callitriches, 67, **144**, *145*
Callitries, **144**
Calluna vulgaris, 126
Callune fausse-bruyère, 126
Calopteryx, **176**
Caltha des marais, **148**, *149*
Caltha palustris, **148**
Camargue (Marais de), 232
Campagnol amphibie (ou aquatique), **222**, *223*
- terrestre, *71*
Canard colvert, *118*, **206**, *207*
- de surface, **206**
- plongeur, **206**
Canaux, 134
Canne à balais, **132**
Canneberge, 126, 127
Capillaires d'eau, **144**
Capromyidés, **222**
Capture d'une rivière, *46*
Carassin, 30
Carassius carassius, 30
Carex, 34, 120, 121, 122, **134**
Carex, 34, 61, **134**
- *acutiformis*, 122
- *ampullacea*, 122
- *cespitosa*, 127
- *chordorrhiza*, 125, 127
- *elata*, 106, 121
Carex étoile des marais, 127
Carex heleonastes, 127
- *lasiocarpa*, 122, 125
- *limosa*, 127
- *paludosa*, 122
- *paniculata*, 121
Carex paniculé, 121
Carex rostrata, 122, 127
- *stricta*, 121
Carnivores, **220**
Carpe, 30, *69*, 70, 71, **190**, *193*
Carrières, 74
Carum verticillatum , 17
Carum verticillé, 17
Caspienne (Mer), 38, 77, 84
Castor, 11, *25*, **222**, *223*, 236
Castor fiber, 11, **222**
Castoridés, **222**
Cariçaie, *107*
Catadrome, 34
Cératophyllacées, **144**
Cératophylles, 17, 28, 107, 108, **144**, *145*
Ceratophyllum, 17, 107, 108, **144**
- *demersum*, **144**
- *submersum*, **144**
Ceriodaphnia, 112
Cettia cetti, 216, **218**
Chabot de rivière, 29, *63*, 66, 119, **184**, *185*
Chaillexon (Lac de), *78*
Chaîne trophique, 101, *102*
Chaleur spécifique, 9
Chambon (Lac), 79
Chanvre d'eau, 122
Chaoboridés, 22
Chaoborus, 111, 113, *116*, 117
Chara, 108
Charadriidés, **212**
Charadrius dubius, **212**
Charaie, *107*
Chardon commun, **156**
- des marais, **156**, *157*
- maraîcher, **156**
Chasse-bosse, **154**, *155*
Châtaigne d'eau, 21, 22, 107
Chéloniens, **200**
Chélopodes, 122
Chenopodium, 122
Chevaine, 66, 71, **188**
Chevalier(s), *118*
- guignette, *63*, **212**, *213*
Chillon (Château de), *226*
Chirocéphalidés, **166**
Chironomes, *69*, **178**, *179*
Chironomidés, 67, 117, **178**
Chironomus, **178**
Chiroptères, **220**
Chloroperlidés, **170**
Chlorophyllien, 11
Choin noirâtre, 106, 126
Chondrostéens, **180**
Chondrostoma nasus, 66, **188**
Chrysomélidés, 21
Chrysophycées, 109
Chrysosplenium oppositifolium, 61
Chydoridés, 117
Cicuta virosa, 122
Cicutaire vireuse, 122
Cincle plongeur, *63*, **216**, *217*
Cinclidés, **216**
Cinclus cinclus, **216**
Cinétique (Energie), 42
Circus aeruginosus, **202**
Cirse des marais, **156**, *157*
Cirsium oleraceum, **156**
- *palustre*, **156**
Cisticola juncidis, 216, **218**
Cisticole des joncs, 216, **218**
Cistude d'Europe, **200**, *201*
Cité lacustre (*voir* Lacustre)
Cladium mariscus, 121
Cladium marisque, 121
Cladocères, 26, 34, 70, 111, 112, *112*, 113, 114, 117, **166**
Clairvaux (Lac de), 80, 229
Cobitis fossilis, 19
Coenagrion, **176**
Coléoptères, 67, 168, **172**
Colloïdale (Matière), 56
Comaret, 127, **152**, *153*
Côme (Lac de), 80, *84*, 85, 90
Como (*voir* Côme)
Composées, **156**
Confluences (Règle des), 56, *57*
Congo (*voir* Zaïre)
Constance (Lac de), 83, *84*, 85
Continental (Régime), 49
Convergence évolutive, 24
Copépodes, *25*, 26, 33, 34, 70, 111, 112, *113*, 115, 117, **166**
Cordiformes (Feuilles), 24
Corduligaster, **176**
Cordulia, **176**
Coregonus, 117, **184**
Corèthres, 22
Corégones, 114, 117, **184**, *185*
Corégonidés, **184**
Coriolis (Force de), 92
Corises, **174**
Corixa, **174**
Cornifle(s), 17
Cottidés, **184**
Cottus gobio, 66, **184**
Couche limite, 40
Couleuvre à collier, **200**, *201*
- vipérine, **200**
Courlis, *118*, **212**
Cours inférieur, 56
- moyen, 56
- supérieur, 56, 61, 83, *84*
Crapaud(s), **192**
- accoucheur, *31*
- calamite, **194**
- commun, **192**, *193*
- des joncs, **194**, *195*
- sonneur à ventre jaune, **192**, *193*
- vert, **192**
Crater (Lac), 83
Cratoneuron, 61
Crenobia alpina, 60
Créteil (Lac de), *73*
Cresson de cheval, **146**, *147*
- de fontaine, **146**, *147*
- doré, 61
- officinal, **146**, *147*
Crossope, **220**, *221*
- de Miller, **220**
Crucifère, **146**, *147*
Crustacés, 62, 117, **166**
Cryptocérates, **174**
Cryptogames (Végétaux), **130**
Cryptophycées, 115
Culex, *179*
Culicidés, **178**, *179*
Culicinés, **178**, *179*
Cutanée (Respiration), 19
Cuticule, 17
Cyanobactéries, 109, *108*, 110
Cyanophycées, 109
Cycle de l'azote (*voir* Azote)
- de l'eau, *13*, *15*
- de la matière, 101
- du phosphore (*voir* Phosphore)
Cyclopides, 114, 115
Cyclopoïdes, 112, *113*
Cyclops, 112
- *vicinus*, 114
Cyclostomes, 34, **180**
Cyclotella, 109

Cygne tuberculé (ou muet, ou domestique), **206**, *207*
Cygnus olor, **206**
Cypéracées, 121, **134**
Cyprinidés, 67, 117, **188**
Cyprinus carpio, 30, 70, **190**

D

Danube (Fleuve), 52
Daphnia, 112
- *cucullata*, *114*
- *obtusa*, *112*
Daphnies, 112, *112*, *114*, 115
Darbon (Lac de), 82, *98*
Débit, 49, 51
Demoiselles, **176**, *177*
Densité, *9*
Desman des Pyrénées, 11, **220**
Diapause, 30, 34
Diaptomus, 112
Diatomées, 109, 115, 116
Diffusion, 33
Dimictique (Lac), *89*
Dinobryon, 109
Diptères, 62, 67, 111, *116*, 168, **178**
Discoglossidés, **192**
Dniepr (Fleuve), 49, 50
Dol (Marais de), 232
Doline (Lac de), *98*
Dolines, 80, 82
Dolomède, **164**
Dolomedes fimbriatus, **164**
Dombes (Etangs de la), 74, 76, 232
Donacie, *21*
Dorine, 61
Doubs (Rivière), 46
Drainage, 231, 237
Dreissena, **162**
- *polymorpha*, 70, 117, **162**, **208**
Dreissénidés, **162**
Dreplanocladus, 125
Drosera, **150**
- *anglica*, **150**
- *intermedia*, **150**
- *longifolia*, 126, **150**
- *rotundifolia*, 126, **150**
Droséra(s), **150**, *151*
- à feuilles longues, **150**
- à feuilles rondes, 126, **150**
- intermédiaire, **150**
Drusus, 65
Dunes, 93
Dysticus, **172**
- *marginalis*, **172**
Dytique(s), *69*, **172**, *173*
- bordé (ou marginé), **172**

E

Ecdyonurus, 64, *64*
Echasse, **212**
Ecrevisse(s), 62, *68*, **166**, *167*
- à pattes blanches, **166**
- à pattes rouges, **166**
- américaine, **166**
Elbe (Fleuve), 52, 232
Elodea canadensis, 28, 67, 108
Elodée du Canada, 28, 67, 108, **140**, *141*
Elodès des marais, **154**, *155*
Emberiza schoeniclus, 216, **218**
Embérézidés, **218**
Emyde, **200**
- lépreuse, **200**
Emydidés, **200**
Emys orbicularis, **200**
Endoptérygotes, **168**
Endoréique (Bassin), 37
Energie cinétique, 42
- lumineuse, 86, 87
- solaire, 86
Engrais, 245
Entomostracés, **166**
Epeorus, **170**
Ephémères, *18*, 62, *63*, 64, *64*, *65*, 66, 67
Ephémérìdés, **170**
Ephéméroptères, 62, **168**
Epi d'eau, **140**
Epilimnion, 87, *89*, 91, 96
Epilobe(s), **152**
- des marais, **152**, *153*
- hérissé, **152**
Epilobium hirsutum, **152**
- *palustre*, **152**
Epinoche, 29, *29*
Epipactis des marais, 126, **154**, *155*
Epipactis palustris, **126, 154**
Epiphytes, 108
Epuration (Station d'), 243, *244*
Eponges, 117
Epiphanes brachionus, *111*
Equisetum, 106, **130**
- *arvense*, 130
- *fluviatile*, 122, 130
- *limosum*, 130
- *maximum*, 130
- *palustre*, 130
Erica tetralix, 126
Erié (Lac), *84*
Eriophorum, 61, **134**
- *angustifolium*, 127, **134**
- *gracile*, **134**
- *latifolium*, 126, **134**
- *scheuchzerii*, **134**
- *vaginatum*, 126, **134**
Eristale, 20, *20*
Eristalis, 20
Erosion, 44, *45*, 47
Erpobdella, **160**
Esox lucius, 67, 119, **182**
Estuaires, 104
Esturgeon, 34, 70, **180**, 237
Etangs, 73, 104
Etiage (Lit d'), 53
Eudiaptomus gracilis, *113*
Euglènes, *10*
Euglena sanguinea, *10*
Eulamellibranches, **162**
Euphorbe des marais, 122
Euphorbia palustris, 122
Euphotique (Zone), 120
Eutrophisation, 100, 240, *245*
Eutrophe (Lac), 96, *97*, 104, 120, *120*
- (Tourbière), 125
Evaporation, *13*
Evapotranspiration, 14
Exoréique (Bassin), 37
Eyre (Lac), *84*

F

Fählensee (Lac), 77
Fauvette(s), *118*, **218**, *219*
- à dos rayé, **218**
- à dos uni, **218**
- des marais, **218**, *219*
- effarvate, **218**
Faux nénuphar, *107*, **142**, *143*
Ferrissia, **162**
Fertö (Lac), *84*
Fiber zibethicus, **222**
Filipendula ulmaria, **152**
Filipendule ulmaire, **152**, *153*
Fjeld, 80
Fjords, 80
Flambe d eau, **146**, *147*
Flèche d'eau, **138**
Flèchière, **138**
Flet, 70
Fleurs d'eau, 109
Fleuve Jaune (Houang Ho), 41
Flûteau, **138**
- à feuilles de graminées, **138**
Fluvial (Réseau), 234
Flux d'énergie, 101
Fontaine (Lac de), *81*
Fontinale (Végétation), 61
Fontinalis, 61, 108
Forêts, 104, 120, 121
Forez (Etangs du), 232
Fougères, **130**
Foulque macroule, 25, *69*, *118*, *123*, **210**, *211*
Fluvial (Régime), 49
Fraxinus excelsior, 122
Frêne, 122
Fulica atra, **210**
Fuligule milouin, **208**, *209*
- morillon, *118*, **208**, *209*

G

Gaillet des marais, 122
Galemys pyrenaicus, 11, **220**
Galium palustre, 122
Gallinago gallinago, **212**
Gallinula chloropus, **210**
Gambusia affinis, 28
Gambusie, 28
Gammares, 62, *63*, **166**, *167*
Gammarus, **166**
Gange-Brahmapoutra (Fleuve), 50
Garda (*voir* Garde)
Garde (Lac de), 80, 83, *84*, 85
Gardon commun (ou blanc), 30, *69*, 70, 71, 119, **190**, *191*
Garonne (Fleuve), 14, 15, *42*, 46, 47, 52
Gastéropodes, 67, **162**, *163*
Gasterosteus aculeatus, 29
Gaviidés, 22
Gaz carbonique, 94, 97, *97*, 98
Gazeux (Echanges), 94
Géocorises, **174**
Gérardmer (Lac de), 80
Gerris, 67, **174**
Gers (Lac de), *78*
Girotte (Lac de la), 82
Glaciations, 44, 47, 227
Glaciers, 12, *12*, 79, *79*, 80, *80*
Glaïeul des marais, **146**, *147*
Glossiphonia, **160**
Glyceria fluitans (ou *G. spicata*), 28, **132**
- *maxima*, 34
Glycérie aquatique, 28, 34
- flottante, **132**, *133*
Gobie, 29
Gobio gobio, 66, **188**
Goéland(s), **214**
- argenté, **214**
- brun, **214**
- cendré, **214**, *215*
- leucophée, **214**
Gomphus, 67
Gonopodium, 28

Goujon, *63*, 66, 71, **188**
Gradient, 54
Graminées, **132**
Grand Coulee (Barrage de), 75
Grand jonc, **132**
Grande-Brière (Marais de la), 232
Grande consoude, **156**, *157*
Grande douve, **148**
Grande laîche, 121
Grand Lac Salé, *84*
Granulométrie, 54, 56
Grassette commune (ou vulgaire), 125, **150**, *151*
Gratiola officinalis, 122
Gratiole officinale, 122
Gravelot (Petit), *68*
Great Slave (Lac), 83
Grèbe(s), *25*, 25
- castagneux, *69*, **204**, *205*
- huppé, *69*, *118*, **204**, *205*
Grenouille agile, **196**
- brune(s), **196**, *197*
- champêtre (ou oxyrhine), **196**
- comestible, **194**
- rieuse, **194**
- rousse, 19, **196**
- verte(s), **194**, *195*
Grenouillette, **148**, *149*
Guérande (Marais de), 232
Guifettes, **214**
Gullfoss (Chute de), *43*
Guttifères, **154**
Gymnocérates, **174**
Gyrinidés, **172**
Gyrins, **172**, *173*
Gyrinus, **172**

H

Haematopodidés, **212**
Haemopis, **160**
Hallorrhagidacées, **144**
Helléborine à grandes feuilles, **154**, *155*
- des marais, **154**, *155*
Helobdella, **160**
Hélocrène (Source), 61
Helodea canadensis, **140**
Hélophytes, 106, *106*, 121
Hemimétaboles, **168**
Hémiptères, **168**
Hépatique(s), **130**
Heptagéniidés, **170**
Hérault (Rivière), 227
Herbe aux abeilles, **152**, *153*
- aux corneilles, **154**, *155*
- à la perchaude, **140**
- à la reine, **152**, *153*
- à la rosée, **150**, *151*
- de Saint-Roch, **156**, *157*
- des étangs, **140**
Herbivores, 114
Héron cendré, *118*, **204**, *205*
Hétérophyllie, 22
Hétéroptères, **174**
Hétérotrophe (Milieu), 54, *55*
Hippuris commun (ou vulgaire), **146**, *147*
Hippuris vulgaris, **146**
Hirondelle de rivage, **216**
Hirudinés, **160**
Hirudo, **160**
Holométaboles, **168**, **172**
Homéothermie, 31
Homo sapiens, 227
Honindalsvatn, 83
Hottonia palustris, 17
Hottonie des marais, 17
Hotu, 66, 67, *68*, 71, **188**
Huîtriers, **212**
Huron (Lac), 83, 84, *84*
Hydracariens, 62, **164**, *165*
Hydres, 117
Hydrocaris morsus-ranae, 21, 107
Hydrochorie, 28
Hydrodynamisme, 22
Hydrogène sulfuré, 94
Hydrogramme, 52
Hydrometra, **174**
Hydrophile brun, **172**, *173*
Hydrophilus piceus, **172**
Hydrophytes, 106, *106*
Hydrosphère, 11, 12
Hydrous piceus, **172**
Hypericum elodes, **154**
Hypnum, 61
Hypolimnion, 87, *89*, 91, 120

I

Ichtyosaures, 24
Ictaluridés, **180**
Ictalurus melas, *181*
- *nebulosus*, *181*
Ienisseï (Fleuve), 41
Ilyocoris cimicoides, **174**
Indicateurs biologiques, 57, *57*, 109
Inondations, 238
Insectes, **168**
Insectivores, **220**
Inule dysentérique, **156**, *157*
Iridacées, **146**
Iris d'eau, **146**, *147*
- des marais, **146**, *147*
- faux-acore, **146**, *147*
- jaune, 106, **146**, *147*
Iris pseudacorus, 106, **146**
Ischnura, **176**
Isoétacées, **130**
Isoetes, 108
Isoètes, 108
Isopodes, **166**
Issyk-Koul (Lac), 83
Itaipu (Barrage d'), 75

J

Jaunet d eau, **142**, *143*
Jonc(s), 122, **136**, *137*
- à balais, **132**
- de rivière, **138**
- des tonneliers, 106
- fleuri, **138**
Jourdain (Le), 38
Joux (Lac de), 77
Juncus, 122, **136**
- *acutiflorus*, **136**
- *articulatus*, **136**
- *bufonius*, **136**
- *conglomeratus*, **136**
- *effusus*, **136**
- *inflexus*, **136**

K

Kariba (Barrage de), 75
Keratella, 111
Kératelles, 111
Koukou Nor (Lac), *84*

L

Labiées, 122, **156**
Lac(s), 73, 76, 88, 91, 104, 118, 245
- tectonique, *77*
Lacerta vivipara, **200**
Laciniées (Feuilles), 22
Ladoga (Lac), 83, *84*
Lacustres (Villages), 229, 230
Laîche(s), 61, 106, 121, **134**, *135*
- à fruits velus, 122
- à longs rhizomes, 125, 127
- cespiteuse, 127
- des bourbiers, 127
- des marais, 122
- élevée, 106, 121
- renflée, 122, 127
Lamellibranches, 70, **162**, *163*
Laminaire (Ecoulement), 42
Lampetra fluviatilis, 34, 70, **180**
- *planeri*, **180**
Lamproie(s), **180**
- de rivière, 34
- fluviatile, 70, **180**
- marine, 34, 70, **180**
- (Petite), **180**
Lancéolées (Feuilles), 22
Landes (Etangs des), 82
Langue de chien, **140**
Laridés, 25, **214**
Larinés, **214**
Larus argentatus, **214**
- *cachinnans*, **214**
- *canus*, **214**
- *fuscus*, **214**
- *ridibundus*, **214**
Larves, 19, 54, *63*, 64, *64*, 67, *69*, 117
Léman (Lac), 15, *38*, 76, 83, *84*, 85, 90, 91, *91*, 92, 93, 117, 240, *243*
Lemna, **144**
- *gibba*, 21, **144**
- *minor*, **144**
- *trisulca*, **144**
Lemnacées, **144**
Lena (Fleuve), 41
Lentibulariacées, **150**
Lenticulaire, **150**, *151*
Lenticule bossue, 21
Lentilles d'eau, **144**, *145*
Lentiques (Eaux), 36
- (Faciès), 67
Leptodora kindtii, 113
Lestes, **176**
Leuciscus cephalus, 66, **188**
- *rutilus* (voir *Rutilus rutilus*)
- *leuciscus*, 67, **188**
- *souffia*, 58, **188**
Lézard vivipare, **200**
Lézards, **200**
Lézards-vers, **200**
Libellula, **176**
Libellules, **176**, *177*
Ligne latérale, 33
Ligulaire de Sibérie, 127
Ligularia sibirica, 127
Limicoles, **212**
Limnadiidés, **166**
Limnea, 67
Limnée, *69*
Limnocrène (Source), 61
Limnologie, 73, 74
Limono-argileux (Substrat), 56
Linaigrette(s), 61, **134**, *135*
- à feuilles étroites, 127
- à feuilles larges, 126

- engainante, 126
Linéaire (Erosion), 44
Lis des eaux, **142**, *143*
Lit (fluvial), 53, *53*
Littorella lacustris, 28
Littorelle, 28
Loche d'étang, *18*, 19, 21
- franche, *63*, 66, *66*
Loch Ness, *81*, 83
Lochs, 80
Locustella, **216**
- *luscinoides*, **218**
- *naevia*, **218**
Locustelle(s), **216**
- luscinoïde, **218**
- tachetée, **218**
Loire (Fleuve), 14, 15, *42*, 52, 233, *233*, 241
Lôncs, 80, *82*
Lorraine (Marais de), 74
Lota lota, 30
Lotiques (Eaux), 36
Lotte, 30
Loutre, 11, 24, *25*, **220**, *221*, 242
Lucioperca lucioperca, 119, **182**
Lugano (Lac de), 80, 90
Lusciniole à moustaches, **218**
Lutra lutra, 11, 25, **220**, 242
Lycopode inondé, **130**
Lycopodiacés, **130**
Lycopodiella inundata, **130**
Lycosidés, *165*
Lymnaea, **162**
Lysimachia nemorum, **154**
- *nummularia*, **154**
- *vulgaris*, **122, 154**
Lysimaque(s), **154**
- des bois, **154**
- rouge, **152**, *153*
- vulgaire, 122, **154**, *155*
Lythracées, **152**
Lythrum salicaire, **152**, *153*
Lythrum salicaria, **152**

M

Mackenzie-Athabasca (Fleuve), 41
Macroinvertébrés, **168**
Macrophytes, 104, *105*, 108, 120, 125
Macrothricidés, 117
Magnocariçaie, 121
Majeur (Lac), 85, 90
Malacostracés, **166**
Malawi (Lac), 83, 84, *84*
Mammifères, **220**
Mammouth, *227*
Maracaibo (Lac de), *84*
Marais, 104, 120, *120*, 121
Mare, *125*
Maremys caspica, **200**
Margaritifera, 62, 68
Marmite de géant, 44
Marouette ponctuée, **210**
Marsilea quadrifolia, **130**
Marsiléacées, **130**
Marsilia à quatre folioles, **130**, *131*
Martin-pêcheur, *68*, **202**, *203*
Massette(s), 106, **136**
- à feuilles étroites, **136**
- à larges feuilles, 121, **136**, *137*
- naine, **136**
Méandres, *37*, 47, *48*
Mégaloptères, 67, **168**
Mékong (Fleuve), 41
Menthe à grenouilles (ou aquatique, ou hérissée), **156**, *157*
Ményanthacées, **142**
Menyanthes trifoliata, 125, **142**
Merle d'eau, **216**
Mésange(s), **216**
- à moustaches, **216**
- bleue, **216**
- rémiz, **216**
Méso-eutrophe (Lac), *87*
Mésolithique, 228, *228*
Mésotrophe (Lac), *103*, 104, *120*
Métabolisme, 95
Métalimnion, 87, *89*
Meurthe (Rivière), 46
Meuse (Fleuve), 46
Michigan (Lac), 83, 84, *84*
Milan noir, **202**
Millefeuille des marais, **150**, *151*
Milvus migrans, **202**
Mississipi-Missouri (Fleuves), 41
Mjosa (Lac), 83, 85
Molinia caerulea, 106, **127, 132**
Molinie bleue, 106, 127, **132**, *133*
Mollusques, 62, 117, **162**
Montriond (Lac de), *78*
Moraines, 80
Morène des grenouilles, 21, 107
Morte (Mer), 38
Moselle (Rivière), 46
Motacilla, **216**
- *cinerea*, **216**
- *flava*, **216**
Mouche de l'aulne, **168**, *169*
- de mai, **170**, *171*
Mouette rieuse, *118*, **214**, *215*
Moule d'eau douce, 70
- zébrée, **162**, **208**
Mousses, 61, 108, 125, **130**
Moustiques, **178**, *179*
Mucus, 24
Mugil, 70
Mulets, 70
Murins, **220**
Musaraigne aquatique, 11, *63*, **220**, *221*
- de Miller, **220**
Muscicapidés, **218**
Mustela lutreola, 242
Mustélidés, **220**
Myocastor coypus, **222**
Myopotame, **222**
Myriophyllaie, *107*
Myriophylle(s), 17, 67, 108, **144**, *145*
Myriophyllum, 17, 67, 108, **144**
- *alterniflorum*, **144**
- *spicatum*, **144**
- *verticillatum*, **144**
Myvatn (Lac), 79

N

Naias
Naïas, 28
Nanoplancton, 115
Nantua (Lac de), 83
Nase, 66, **188**
Nasturtium officinale, **146**
Natrix maura, **200**
- *natrix*, **200**
Naucores, *25*, **174**
Naucoris, **174**
Naucoris cimicoides, **174**
Nauplius, 112
Nématocères, **178**
Nématodes, 117
Nénuphar(s), 106, 120, **142**
- blanc, 17, *17*, 106, **142**, *143*
- faux, *107*, **142**, *143*
- jaune, 106, **142**, *143*
- nain, **142**
Néolithique, *228*, 229, *229*
Neomys anomalus, **220**
- *fodiens*, 11, **220**
Nepa, **174**
- *cinerea*, 20, **174**
Nèpe cendrée, 20, **174**, *175*
Ness (*voir* Loch Ness)
Nettes (Lac des), 80
Neuchâtel (Lac), *84*, 85
Neuromastes, 33
Neusiedlersee, *84*
Nicaragua (Lac de), *84*
Niger (Fleuve), 41
Nil (Fleuve), 41
Niphargus, 61
Nitella, 108
Nival (Régime), 49
Noemacheilus barbatulus, 66
Notonecta, **174**
Notonectes, *20*, **174**, *175*
Nummulaire, **154**
Nupharaie, *107*
Nuphar luteum, 106, **142**
- *pumilum*, **142**
Nyassa (*voir* Malawi)
Nymphaea alba, 17, *17*, 106, **142**
Nymphéa blanc, **142**, *143*
Nymphéacées, **142**
Nympheau, **142**, *143*
Nymphoides peltata, *107*, **142**

O

Ob-Irtych (Fleuve), 41
Odonates, 67, **176**
Oedicnème criard, *68*
Oenanthe aquatica, 122, **154**
Oenanthe aquatique, 122
Oenanthe crocata, **154**
Oenanthe fistuleuse, 122
Oenanthe fistulosa, 122
- *fluviatilis*, **154**
Oenanthe safranée, **154**, *155*
Oie(s), **206**
- cendrée, *90*
Oiseau(x), *118*
- aquatiques, *118*
Oligochètes, 67, **160**, *161*
Oligotrophe (Lac), *87*, 96, *96*, *97*, 104, *120*
Ombilics, 80
Omble(s), 119, **186**
- chevalier, **186**
- de fontaine, **186**
- du Canada, **186**
Ombre(s), *57*, *63*, 66
- commun (ou de rivière), **184**, *185*
- (Zone à), 58
Ombrogène (Tourbière), 124
Onagracées, **152**
Ondatra zibethicus, **222**
Onega (Lac), *84*
Ontario (Lac), 83, *84*
Ophidiens, **200**
Orchidacées, **154**
Orchis, 126
Orconectes limosus, **166**
Orénoque (Fleuve), 50
Oscillatoria rubescens, 110
Osmose, 33

Osmunda regalis, **130**
Ostéichthyens, **180**
Ostracodes, 117
Ourmiah (Lac), *84*
Ours (Grand Lac de l'), *84*
Oxycoccus quadripetala, 126
Oxygénation, 95
Ozone, 10

P

Palée, **184**
Paléolithique, 226, *227*
Paludisme (*voir* Malaria)
Palustre (Habitat), *229*
Pandion haliaetus, **200**
Pandionidés, **202**
Panurus biarmicus, **216**
Paramécies, 111
Parana (Rio), 41, 50
Parnassia palustris, 126, **150**
Parnassiacées, **150**
Parnassie des marais, 126, **150**, *151*
Parus caeruleus, **216**
Passériformes, **216**
Paturin des marais, 122
Pavin (Lac), 83
Pêche, *232*
Perca fluviatilis, 67, 119, **182**
Perche fluviatile, *25*, 67, 71, 119, *119*, **182**, *183*
Percidés, **182**
Périphyton, 61, 67
Perles, *18*, 62, *62*, 66, **170**, *171*
Perlidés, **170**
Perlodidés, **170**
Persicaire des eaux, **140**
Pesse d'eau, **146**, *147*
Pesticides, 241
Pétasite officinal, 61
Petasites officinalis, 61
Petit gravelot, **212**, *213*
Petit nénuphar, **142**, *143*
Petite douve, **148**
Petite grenouille verte, **194**
Petite laîche, 125, 126
Petite lamproie, **180**
Petromyzon marinus, 34, 70
Peuplier blanc, 122
- tremble, 122
pH, 97
Phalaris arundinacea, 121
Philonotis, 61
Phosphore (Cycle du), 94, 100, *100*, *240*
Photosynthèse, *10*, 54, 95, *97*, 109
Photosynthétiques (Espèces), 101, 108
Phoxinus phoxinus, 58, 66, **188**
Phragmitaie, *107*
Phragmite(s), **216**
- aquatique, **218**
- commun, **132**
- des joncs, **218**
Phragmites australis (ou *P. communis*), 34, 106, 121, **132**
Phréatique (Nappe), 14, 240, *241*
Phryganes, 62, 65, 66, 67
Phryganidés, **168**
Physa, **162**
Phytoplancton, 26, 54, 101, *103*, 116
Pin à crochets, 126
Pinguicula vulgaris, 125, **150**
Pinus uncinata, 126
Pirata, *165*
Pirates, *165*
Pisidium, 117, **162**
Planaire(s), 62, **160**, *161*
- alpine, 60
Plancton, 21, *102*
Planctonophage (Espèce), *102*
Planorbe, *69*
Planorbis, 67, **162**
Plantain d'eau, 106, **138**, *139*
- d'eau lancéolé, **138**
Plateau, **142**, *143*
Plathelminthes, **160**
Platichthys flesus, 70
Plécoptères, *18*, 62, *62*, **168**
Plongeon,25
Pluies acides, 242
Pluvier, **212**
Pluviométrie, 49, 50
Pluvio-océanique (Régime), 49
Pô (Fleuve), 52
Poa palustris, 122
Podiceps cristatus, **204**
- *ruficollis*, **204**
Podicipédidés, **204**
Poïkilothermie, 30, 31
Poisson-chat, **180**, *181*
Poissons, *32*, *103*, 117, **180**
Poitevin (Marais), 232
Pollinisation, 26
Pollution, 234, 240
Polygonacées, **140**
Polygonum, 122
- *amphibium*, 24, 108, 122,**140**
Polyphemus pediculus, 113
Polystichum, **130**
Populage des marais, **148**, *149*
Populus alba, 122
- *tremula*, 122
Porte-bois, *69*
Porzana porzana, **210**
Potamogeton, 17
Potamogétonacées, **140**
Potamogeton crispus, 106, **140**
- *densus*, **140**
- *fluitans*, 67, **140**
- *natans*, 21, 106
- *pectinatus*, 106, **140**
Potamon, 58, 59
Potamot(s), 17, 106, 120, **140**
- à feuilles nageantes, **140**, *141*
- à feuilles opposées, **140**
- crépu, 106, **140**
- des rivières, **140**
- flottant, 67
- nageant, 21, 106, **140**, *141*
- pectiné, 106, **140**
Potentilla palustris, **152**
Potentille des marais, 127, **152**, *153*
Poule d'eau (ou des marais), **210**, *211*
Prairies, 104, *107*, 120
Précipitations, *13*
Prêle(s), 106, **130**, *131*
- des bourbiers, 122, 130
- des champs, 130
- des marais, 130
- élevée, 130
Primevère farineuse, 126
Primula farinosa, 126
Primulacées, **154**
Producteurs, 101, 105, 110
Production algale, 110
Profil d'équilibre, *42*, 43, 44
Prosobranches, **162**
Protozoaires, 111
Ptérydophytes, **130**
Puces d'eau, 112
Pulicaire dysentérique, **156**, *157*
Pulicaria dysenterica, **156**
Pulmonés, **162**
Punaises aquatiques, *20*, 67, **174**
Pyramide des énergies, 101, *103*
Pyrrhosoma, **176**

Q

Quatre-Cantons (Lac des), 85, 90
Queue d'aronde, **138**
Quiescence, 34

R

Ragondin, **222**
Râle d'eau, *118*, **210**
Rallidés, **210**
Rallus aquaticus, **210**
Rana arvalis, **196**
- *dalmatina*, **196**
- *esculata*,**194**
- *lessonae*, **194**
- *ridibunda*, **194**
- *temporaria*, 19, **196**
Ranatra linearis, 20, **174**
Ranatre linéaire, 20, **174**
Ranidés, **194**
Ranunculus, 17, 122,**148**
- *aquatilis*, 22, **148**
- *circinatus*, **148**
- *divaricatus*, **148**
- *flammula*, **148**
- *fluitans*, 61, 67, **148**
- *lingua*, **148**
Rapaces, **202**
Rat musqué, *69*, **222**
Rats d'eau, **222**, *223*
Récurvirostridés, **212**
Régime (des eaux), 49, *50*
Reine des pré, **152**, *153*
Remiz pendulinus **216**
Renonculacées, 122, **148**
Renoncule(s), 17, *26*, **148**
- à feuilles capillaires, **148**, *149*
- aquatique, 22, **148**, *149*
- divariquée, **148**
- flottante, 61, 67, **148**
Renouée amphibie (ou aquatique), 24, 107, 122, **140**, *141*
Reptiles, **200**
Respiration, 16, 54
Retenues artificielles, 74, 76
Rhéocrène (Source), *60*, 61
Rhin (Fleuve), 46, 49, 50, 52, 234, 241
Rhithrogena, 62, *64*
Rhithron, 58, 59
Rhizomes, 28, 34, 35, 121
Rhodeus amarus, 30
Rhône (Fleuve), 14, 15, 41, 49, 50, 52, 233
Rhyacophila, 64
Rhynchospora, 127
Rhynchospore, 127
Riparia riparia, **216**
Roche, **190**
Rongeurs, **220**, **222**
Rosacées, **152**
Roseau à balais, **132**
- à quenouille, **132**
- commun, 34, 106, 121, **132**, *133*
Rosée du soleil, **150**, *151*
Rosclière, 121
Rossolis, **150**, *151*
- à feuilles rondes, *126*

- à longues feuilles, 126
Rotengle, 30, 70, **190**
Rotifères, 25, 34, 111, *111*, *114*, 115, 117
Rousserolle(s), **216**
- effarvate, **218**
- turdoïde, *69*, **218**
- verderolle, **218**
Rubanées (Feuilles), 22
Rubanier(s), 34, **136**
- dressé, **136**, *137*
- nain, **136**
- simple, **136**
Rutilus rutilus, 30, 70, 119, **190**

S

Sagette, **138**
Sagittaire(s), *23*
- à feuilles en flèche, **138**, *139*
- fléchière, 22, **138**
Sagittaria sagittifolia, 22, **138**
Saïmaa (Lac), 85
Saint-Point (Lac de), 77
Sainte-Croix (Retenue de), 74
Salade de chouette, **146**, *147*
Salamandra salamandra, **196**
Salamandre tachetée (ou commune, ou terrestre), **196**, *197*
Salamandridés, **192**
Salicacées, **158**
Salicaire commune, **152**, *153*
Salinité, 94
Salix alba, 122, **158**
- *cinerea*, 122
- *laponum*, 127
Salé (Grand Lac), *84*
Salmo, **186**
- *gairdneri*, 67
- *salar*, 29, 70, **186**, 237
- *trutta trutta*, 34, **186**
- *trutta fario*, 58, *63*, 66, **186**
- *trutta lacustris*, 117, **186**
Salmonidés, 66, 117, **186**
Salvelinus alpinus, 117, **186**
- *fontinalis*, **186**
- *namaycush*, **186**
Salvinacés, **130**
Sandre, 119, **182**, *183*
«Sang des Bourguignons», 110
Sangsues, 67, *69*, 117, *161*
Sarcelle d'été, **208**, *209*
Sargasses (Mer des), **180**
Saule(s), **158**
- blanc, 122, **158**, *159*
- cendré, 122
- des Lapons, 127
Saumâtre, 33
Saumon atlantique, 29, 34, 66, 70, 71, **186**, *187*, 237
Sauriens, **200**
Saxifraga, 61
- *hirculus*, *127*
Saxifrage(s), 61
- oeil-de-bouc, 127
Scardinius erythrophthalmus, 30, 70, **190**
Scatella, 60
Scheuchzeria palustris, 127
Scheuchzérie des marais, 127
Schoenoplectus lacustris, 106, **134**
Schoenus nigricans, 106, 126
Scirpaie, *107*
Scirpe(s), 122, 125
- lacustre, **134**, *135*
Scirpus, 122
- *lacustris*, 106, **134**
Scolopacidés, **212**
Scorpidium, 125
Scutari (Lac), 85
Sécheresse, 238
Sédiments, 56, 100
Sédimentation, 47
Seiches, 92, *93*
Seine (Fleuve), *14*, 15, *42*, 50, 52, 233, *233*
Senèze (Tourbière de), 124
Serpent d'eau (ou nageur), **200**
Serre-Ponçon (Retenue de), 74, *239*
Sialis, 67, **168**
Silice, 94, 116
Silo, *64*, 65
Silure glane, **180**
Siluridés, 29, **180**
Silurus glanis, **180**
Simuliidés, *63*, 64, *64*, **178**, *179*
Simulium, 64, **178**
Solaire (Energie), 86
Sologne (Etangs et marais de), 74
Solubilité, 95
Souchet d'eau, **148**, *149*
Souci des marais, **148**, *149*
Sources, 60
Sparganium, 34, 106, **136**
- *erectum*, **136**
- *minimum*, **136**
- *simplex*, **136**
Sphaeridés, 117, **162**
Sphaerium, **162**
Sphagnum, 126, **130**
Sphaignes, **126**, *126*, **130**, *131*
Spiraea ulmaria, **152**
Spirlin, 66, **188**
Spirodela, **144**
Spirodela polyrrhiza, **144**
Squamates, **200**
Station d'épuration (*voir* Epuration)
Stenophylax, *64*, 65
Sterne(s), **214**
- pierregarin, *68*, *118*
Sterninés, **214**
Stomates, 17, 24
Stratification (de l'oxygène), 96
Stratification (des eaux), 54, 89, *89*
Supérieur (Lac), 84
Sylans (Lac de), *78*
Sylviinés, **218**
Sympetrum, **176**
Symphytum officinale, **156**
Syrphidés, 20

T

Tahoe (Lac),83
Talpidés, **220**
Tamise (Fleuve), 54
Tanche commune, 30, *69*, 70, 71, **190**, *191*
Tanganyika (Lac), 77, 83, 84, *84*
Tavaneuse (Lac de), 80
Tchad (Lac), *84*
Téléostéens, *19*, **180**
Température, *9*, 58
«Terps», 237
Têtard (chabot), 66
Theodoxus, **162**
Thermocline (Zone), 87
Thymallidés, **184**
Thymallus thymallus, 58, 66, **184**
Tinca tinca (ou *T. vulgaris*), 30, 70, **190**
Tintinnidés, 111
Titicaca (Lac), 83, *84*
Topogène (Tourbière), 124
Torrens (Lac), *84*
Tortues, **200**
- bourbeuse (ou des marais), **200**, *201*
Touradon, 121
Tourbe, *232*
Tourbières, 120, 124, *124*
Trapa natans, 21, 107
Trèfle d'eau, 125, **142**, *143*
Trématode, 238
Trichoptères, 62, *63*, 64, *64*, *65*, **168**, *169*
Triclades, **160**
Tringa hypoleucos, 212
Triopsidés, **166**
Triton(s), **198**, *199*
- alpestre, **198**, *199*
- crêté, **198**
- helvétique
- marbré, **198**
- palmé, **198**
- ponctué (ou commun, ou lobé), **198**, *199*
Triturus alpestris, **198**
- *cristalus*, **198**
- *helveticus*, **198**
- *marmoratus*, **198**
- *vulgaris*, **198**
Trolle, **148**
Trollius europaeus, **148**
Trophique (Réseau), *101*
Trophique (Chaîne), 101, *102*
Truite(s), *19*, 66, *66*, 71
- arc-en-ciel, 67
- de lac, 117, **186**
- de mer, 34, **186**
- fario (ou commune, ou de rivière), *63*, 66, 119, **186**, *187*
- (Zone à), 58
Tsana (Lac), *84*
Ts'ing Hai (Lac), *84*
Turbellariés, **160**
Typha, 106, **136**
- *angustifolia*, **136**
Typhaie, *107*
Typha latifolia, 121, **136**
- *minima*, **136**
Typhoides arundinacea, 121
Typologie des cours d'eau, 58

U

Ulmaire, **152**, *153*
Unio, 30
Urodèles, **192**
Utriculaire commune, 107, **150**, *151*
- mineure, 125
Utricularia minor, 126
- *vulgaris*, 107, **150**

V

Vaccinium oxycoccos, 126, 127
Vairon, 58, *63*, 66, 119, **188**, *189*
Vallisneria spiralis, 27, *27*
Vallisnérie, 27, *27*
Vallon (Lac de), *78*
Valvata, **162**
Vandoise, 67, *68*, **188**
Vatnajökull (Glacier), *12*
Velia, **174**
Vélies, **174**
Venern (Lac), *84*, 85
Vengeron, **190**
Verdon (Rivière), 44
Verne, **158**, *159*
Veronica beccabunga, **146**
Véronique beccabonga, **146**, *147*

- d'eau, **146**, *147*
Ver(s), 62
- annelé(s), **160**
- à queue de rat, 20
- de vase, 67
- plat(s), **160**
Vessie natatoire, 22
Vettern (Lac), 85
Versant (Bassin), 36, *39*, 51
Victoria (Lac), 84, *84*
Viola palustris, 127
Violette des marais, 127
Vipera berus, **200**
Vipère péliade, **200**
Vipérine (Couleuvre), **200**
Viscosité, 22
Vison d'Europe, **220**, 242
Vitesse de l'eau, 40, *40*
Viviparus, **162**
Vistule (Fleuve), 52
Volga (Fleuve), 52,85
Volvox aureus, *110*

W

Winnipeg (Lac), *84*
Wolffia, **144**
- *arrhiza*, **144**

Y

Yang Tse Kiang (Fleuve ex-Bleu), 41, 50

Z

Zaïre (Fleuve), 41, 50
Zonation écologique, 105
1 - végétale, *122*
Zone à barbeau, 58, 59
- à brème, 58, 59
- à cyprinidés, 58
- à flet, 59
- à ombre, 58, 59
- à salmonidés, 58
- à truite, 58, 59, 104
- humide, 76
- littorale, 105, *105*, 106, *106*, 117
- pélagique, 105, *105*
- trophogène, 105, *105*
- tropholytique, 105, *105*
Zoobenthos, 111, 117
Zooplancton, *102*, 103, *103*, 111, 114, *114*, 116
Zooplanctonophages (Espèces), *102*, 103, *113*
Zurich (Lac de), *84*

Impression I.M.E. - 25-Baume-les-Dames
Dépôt légal : Février 1991
N° imprimeur : 7817
Imprimé en France